高职高专物联网专业规划教材

嵌入式应用技术与实践

杨亦红　金永敏　编著

化学工业出版社

·北京·

本书以 Cortex-M3 核的 STM32F103ZE 为目标处理器，介绍嵌入式系统及其应用技术，本书结合高职高专电子信息类专业学生的特点，体现项目化教学特色，注重实践教学任务的安排，突出应用性。

本书共分 6 章，主要内容包括：嵌入式系统基本知识及课程的学习方法，ARM 公司及架构的背景知识，常见的 Cortex-M3 微控制器产品，教学开发板的组成与各部分外设模块，RealView MDK 的安装与配置，标准外设库的结构和使用，STM32F10x 处理器中主要的处理器资源及其简单应用，如电源、时钟系统、GPIO、LCD、LED 数码管、ADC、USART、通用定时器等，USB 体系框架和 STM32F10x 的 USB 模块，μCOS-Ⅱ操作系统特点及其在 STM32F103ZE 上的移植方法等。

本书配套资料中有所有示例和任务的参考例程。本书适合作为电子信息工程技术专业、物联网专业、自动化专业、计算机及应用等专业学生学习嵌入式技术基础的理论与实训一体化教材或实训教材，也可作为相关专业技术人员的参考书。

图书在版编目（CIP）数据

嵌入式应用技术与实践/杨亦红，金永敏编著. —北京：化学工业出版社，2014.5
ISBN 978-7-122-20124-9

Ⅰ.①嵌… Ⅱ.①杨…②金… Ⅲ.①微型计算机-系统设计-教材 Ⅳ.①TP360.21

中国版本图书馆 CIP 数据核字（2014）第 054879 号

责任编辑：王听讲　　　　　　　　　　　文字编辑：云　雷
责任校对：蒋　宇　　　　　　　　　　　装帧设计：王晓宇

出版发行：化学工业出版社（北京市东城区青年湖南街 13 号　邮政编码 100011）
印　　装：大厂聚鑫印刷有限责任公司
787mm×1092mm　1/16　印张 15¼　字数 376 千字　2014 年 8 月北京第 1 版第 1 次印刷

购书咨询：010-64518888（传真：010-64519686）　售后服务：010-64518899
网　　址：http://www.cip.com.cn
凡购买本书，如有缺损质量问题，本社销售中心负责调换。

定　价：35.00 元

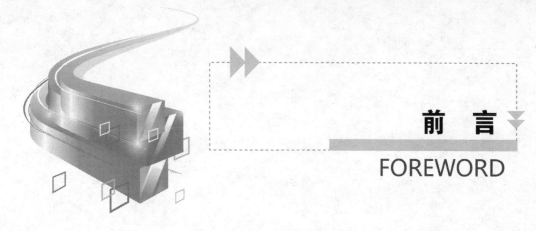

前 言

FOREWORD

当今嵌入式产品市场的蓬勃发展，表明 ARM 处理器应用技术已经成为嵌入式技术的代名词。在经典处理器 ARM11 后的处理器产品，改用 Cortex 命名，而 M3 是为其三个系列产品 A、R、M 中 M 系列的第一款处理器，专注于低成本嵌入式领域需求，正在逐步占领传统单片机的市场。

本书基于 Cortex-M3 核的 STM32F103ZE 为目标处理器，结合高职高专电子信息类专业学生的特点，体现项目化教学特点，注重实践教学任务的安排，增强课程与实际电子系统的结合性，突出课程的应用性，从而为电子信息、自动化、计算机等专业的学生，在嵌入式系统应用与开发这一具有广阔前景的领域就业创造有利条件。

本书共分 6 章，主要包括以下内容。

第 1 章介绍了嵌入式系统基本知识，包括嵌入式系统的定义、开发流程与开发模式、特点与发展趋势及课程的学习方法等。

第 2 章介绍了 ARM 公司及架构的背景知识，并重点描述了 Cortex-M3 处理器的编程模型、寄存器、存储器管理、异常和中断等技术，并简要介绍了目前常见的 Cortex-M3 微控制器产品。

第 3 章介绍了教学开发板的组成与各部分外设模块，讲解了 RealView MDK 的安装与配置，说明了标准外设库的结构，并通过实例说明 RealView MDK 的操作环境，最后提供了 2 个任务，帮助读者快速学习开发环境和使用标准外设库。

第 4 章讲解了 STM32F10x 处理器中主要的处理器资源及其简单应用，如电源、时钟系统、GPIO、LCD、LED 数码管、ADC、USART、通用定时器等，并安排了相关的任务，帮助学生熟悉这些知识，能使用该处理器进行嵌入式系统设计。

第 5 章介绍了 USB 体系框架和 STM32F10x 的 USB 模块，并安排一个 USB 接口的 LED 控制器任务，通过实例对 HID 类设备进行了简单介绍。

第 6 章简要介绍了 μCOS-Ⅱ 操作系统，并对其在 STM32F103ZE 上的移植方法作了说明，最后通过实例介绍了在 μCOS-Ⅱ 操作系统下的项目设计。

我们将为使用本书的教师免费提供电子教案和配套资料，需要者可以到化学工业出版社教学资源网站 http://www.cipedu.com.cn 免费下载使用。

本书可作为电子信息工程技术专业、物联网专业、自动化专业、计算机及应用等专业学生学习嵌入式技术基础的实训教材或理实一体化教材，也可作为相关专业技术人员的参考书。

本书第 4 章由金永敏参与编写，其余由杨亦红编写，杨亦红对全书进行了统稿。本书编写过程中得到了浙江工业职业技术学院电气工程分院的相关领导、电子信息教研室同事们的帮助和支持，在此一并表示感谢。

编者

2014 年 6 月

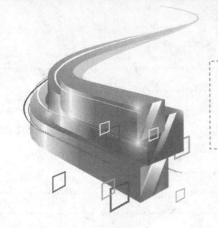

目 录

CONTENTS

Chapter 01

认识嵌入式系统

（1）嵌入式系统的初步认识，包括定义、基本组成。

（2）嵌入式系统的开发流程与开发模式。

（3）嵌入式系统的特点和发展趋势。

（4）介绍嵌入式技术学习方法，并通过一个任务训练，讲解嵌入式技术相关资料的查询方法。

📖 **本章教学导航**

教 学 目 标			建议课时	教学方法
了解	熟悉	学会		
（1）业界对嵌入式技术的一些热门应用领域和发展趋势。 （2）一些常用的嵌入式技术相关网站与论坛	（1）嵌入式系统的定义 （2）嵌入式系统的基本组成 （3）嵌入式系统的特点	（1）搜索引擎查找资料的使用方法。 （2）维普或万方等图书馆期刊资源库的使用方法	6课时	任务驱动法 分组讨论法 理论实践一体化 讲练结合

1.1 嵌入式系统的定义

嵌入式系统（Embedded System）本身是一个相对模糊的定义，目前嵌入式产品正以非常迅猛的速度不断渗透到我们周围的各个领域，小到手机、iPad、机顶盒、智能家居、医疗仪器、汽车电子，大到通信基站、航天卫星、现代化工业控制等（表1-1给出了部分应用例子）。

在市场上存在的电子产品中，以传统单片机技术、模拟电子技术和数字电子技术相结合而开发的电子产品占有相当大的比例。但随着嵌入式处理器的崛起，我们周围的各个领域，小到手机、iPad、机顶盒、智能家居、医疗仪器、汽车电子，大到通信基站、航天卫星、现代化工业控制等领域无不贴上了嵌入式系统产品的标签，并且随着嵌入式处理器的性能的不断增强和价格的不断下降，事实上以 ARM cortex-m 系列处理器为代表的嵌入式处理器正在逐步占领传统单片机的市场，代表了现代电子设计的主流趋势。

现在智能手机作为嵌入式技术应用中最大的消费电子领域的典型产品，已得到了快速普及和大面积应用，势必在未来几年取得突飞猛进的发展，基于 3G 移动平台的研发（特别是

Android 平台的开发）需求将快步增长。与此同时，随着物联网成为国家发展战略，其受重视的程度不言而喻，相信随着对物联网发展的大力扶植和产业推动，其必将会更快速地推动智能化电子应用领域的扩张，传感网络、RFID、短程无线网络将会更多依赖嵌入式技术，嵌入式技术将会成为非常热的领域。据报道，2011 年中国嵌入式软件市场规模已达到 4650 亿左右。来自 2010～2011 年度的行业调查数据显示，目前嵌入式产品应用最多的三大领域是"消费电子、通信设备、工业控制"，所占比例分别是 26%、17% 和 13%，三大领域所占比例之和接近 60%，与上一年调查数据持平（如图 1-1 所示）。

表 1-1　嵌入式系统应用举例

销售终端	身份识别设备	工业自动化	消费电子	建筑安防消防	医疗	通信领域	家电	称量仪器
银行的读卡机，收银机，热敏打印机，票据验证，包裹跟踪，自动售货机	安全和生物特征识别，公路自动收费系统	现场数据采集器，电表，可编程逻辑控制器（PLC），工业缝纫机	计算机外设，游戏手柄，玩具，万能遥控器，卫星收音机	报警系统，控制面板	心脏监控，便携式测试仪器	同声翻译系统，光纤接入控制，3G 基站监控	电动自行车，变频空调，洗衣机	电子秤，电表，水表

也正是由于嵌入式系统已经渗透到我们生活中的每个角落，包括工业、服务业、消费电子等，而恰恰由于这种范围的扩大，使得"嵌入式系统"更加难以明确定义。

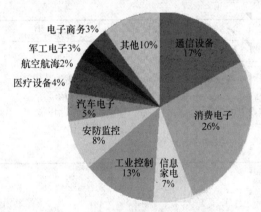

图 1-1　嵌入式系统所属行业分布图

国际电气和电子工程师协会（IEEE，Institute of Electrical and Electronics Engineers）对嵌入式系统的定义是：嵌入式系统是"控制、监视或者辅助装置、机器和设备运行的装置"。从中可以看出嵌入式系统是软件和硬件的综合体，还可以涵盖机械等附属装置。

目前业界普遍认同的定义是：嵌入式系统是以应用为中心、以计算机技术为基础、软件硬件可裁剪、适应应用系统对功能、可靠性、成本、体积、功耗等严格要求的专用计算机系统。

从以上定义可以得知嵌入式系统是一种软硬件相结合的综合性系统，是与各个行业的具体应用相结合的产物，它的学习特别强调实践，没有实践的经验积累，很难掌握嵌入式系统开发的精髓。

1.2　嵌入式系统的基本组成

一个嵌入式系统装置一般都由嵌入式计算机系统和执行装置组成。嵌入式计算机系统是整个嵌入式系统的核心，由硬件层、中间层、系统软件层和应用软件层四个部分组成（如图 1-2 所示），用于实现对其他设备的控制、监视或管理等功能。执行装置，如微电机、继电器等也称为被控对象，它可以接受嵌入式计算机系统发出的控制命令，执行所规定的操作或任务。后文所述嵌入式系统即指的是嵌入式计算机系统。

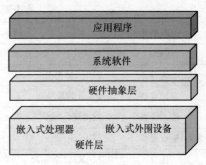

图1-2 嵌入式计算机系统的组成结构

1.2.1 硬件层

嵌入式硬件层由嵌入式微处理器、存储器（SDRAM、ROM、Nor Flash、NAND Flash等）、通用设备接口、I/O接口（A/D、D/A、I/O等）以及相关外围设备组成。

嵌入式处理器是硬件层的核心，目前全世界嵌入式微处理器已经有超过1000多种，主流的体系有ARM、MIPS、PowerPC、X86和SH等。按2011年的一份调查报告显示，ARM处理器已占据了90％以上的市场份额，ARM架构和ARM架构处理器在手机、平板电脑等移动设备处于事实上的垄断地位。虽然ARM9系列仍然是ARM市场占有率最高的ARM处理器（45％），但Cortex系列处理器作为未来ARM公司主打产品线，其市场份额目前已占15％，超过了ARM11系列，几乎与嵌入式行业发展初期，曾经是最主流的ARM7系列处理器市场份额不相上下，特别是Cortex-A系列，基本上是目前流行消费电子产品硬件平台的代名词，包括苹果最新的iPhone和iPad，均采用Cortex-A8处理器，是目前主流ARM处理器中性能最高的处理器。作为ARM公司未来的主打产品线，采用最新ARMv7架构的Cortex系列产品将会在未来的嵌入式处理器市场上大放异彩，抢占更多的市场份额。

嵌入式系统需要存储器来存放和执行代码，存储器包含Cache、主存和辅助存储器（图1-3）。Cache全部集成在嵌入式微处理器内，通常是SRAM，可分为数据Cache、指令Cache或混合Cache，存放的是最近一段时间微处理器使用最多的程序代码和数据，微处理器尽可能地从Cache中读取数据，而不是从主存中读取，这用以克服存储器（如主存和辅助存储器，相对处理器来说访问速度较低）访问瓶颈，使处理速度更快，实时性更强。

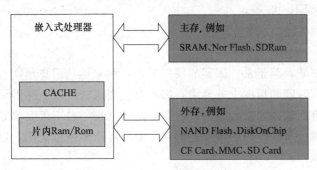

图1-3 嵌入式系统的存储结构

主存用来存放系统和用户的程序及数据，可以位于微处理器的内部或外部，一般其容量为256KB～1GB，SDRAM通常作为主存，通常程序会加载到主存运行，其运行速度高，但需要动态刷新存储的数据，且掉电后丢失信息。Nor Flash与NAND Flash是嵌入式系统中作为外存的应用最广泛的两种非易失性存储器，通常为海量存储器的flash都是NAND结构，类似于硬盘，而一些当成Rom使用的Flash为NOR结构。

嵌入式系统中常用的通用设备接口有A/D（模/数转换接口）、D/A（数/模转换接口），I/O接口有RS-232接口（串行通信接口）、Ethernet（以太网接口）、USB（通用串行总线接口）、音频接口、VGA视频输出接口、I2C（现场总线）、SPI（串行外围设备接口）和IrDA（红外线接口）等，表1-2给出了典型嵌入式系统与PC的比较。

表 1-2　典型嵌入式系统与 PC 的比较

设备名称	嵌入式系统	PC
CPU	嵌入式处理器（ARM，MIPS 等）	CPU(Intel、AMD 等)
内存	SDRAM 芯片	SDRAM 或 DDR 内存条
存储设备	Flash 芯片	硬盘
输入设备	触摸屏，按键	鼠标、键盘、麦克等
输出设备	LCD	显示器
接口	MAX232 等芯片	主板集成
其他设备	音频芯片、USB 芯片、网卡芯片等	主板集成或外接卡

1.2.2　硬件抽象层

硬件抽象层，也即板级支持包（BSP，Board Support Package），它将系统上层软件与底层硬件分离开来，使系统的底层驱动程序与硬件无关，上层软件开发人员无需关心底层硬件的具体情况，根据 BSP 层提供的接口即可进行开发。该层一般包含相关底层硬件的初始化、数据的输入/输出操作和硬件设备的配置功能。

1.2.3　系统软件层

系统软件是整个嵌入式系统的控制和管理核心，由操作系统内核（有些嵌入式系统没有操作系统）、文件系统、图形用户接口、网络系统及通用组件模块组成。其中常见的嵌入式操作系统有：μCOS-II、嵌入式 Linux、FreeRTOS、WindosCE/Phone/Embeded、Android、iPhones OS、VxWorks、Symbian、OSEK-OS 等。

1.2.4　应用软件层

嵌入式应用软件是针对特定应用领域，基于某一固定的硬件平台，用来达到用户预期目标的计算机软件。由于用户任务可能有时间和精度上的要求，因此有些嵌入式应用软件需要特定嵌入式操作系统的支持。嵌入式应用软件和普通应用软件有一定的区别，它不仅要求其准确性、安全性和稳定性等方面能够满足实际应用的需要，而且还要尽可能地进行优化，以减少对系统资源的消耗，降低硬件成本。

嵌入式系统中的应用软件是最活跃的力量，每种应用软件均有特定的应用背景，目前市场上有包括浏览器、Email 软件、文字处理软件、通信软件、多媒体软件、个人信息处理软件、智能人机交互软件、各种行业应用软件等。嵌入式应用软件专业性强，不像操作系统和支撑软件那样受制于国外产品垄断，是我国嵌入式软件的优势领域。

1.3　嵌入式系统的开发流程与开发模式

1.3.1　嵌入式系统的开发流程

嵌入式系统的开发流程一般包括如下步骤：系统定义与需求分析、系统设计方案的初步确立、初步设计方案性价比评估与方案评审论证、完善初步方案、初步方案实施、软硬件集成测试、系统功能性能测试及可靠性测试（图 1-4）。

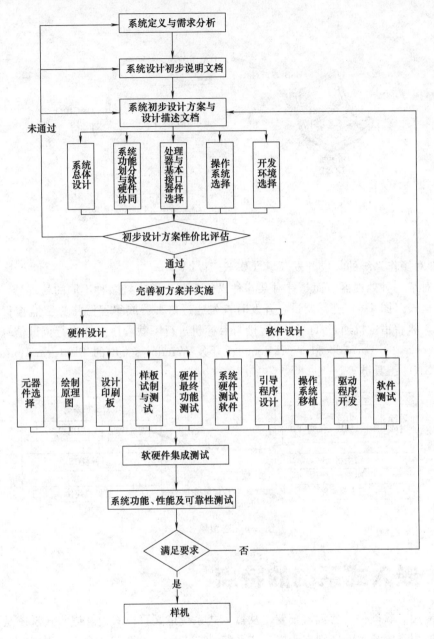

图 1-4 嵌入式系统的开发流程

1.3.2 嵌入式系统的开发模式

嵌入式系统开发通常采用目标机-宿主机模式。宿主机（通常是 PC 机）运行一些软件进行程序编辑、编译和调试，这些软件通常会集成在一个集成开发环境（IDE）里。

1）传统的单片机开发环境

主要针对特定处理器的，而不是针对特定程序或者操作系统的，调试时主要以仿真器为工具，使用在线仿真模式（图 1-5）。在无操作系统的程序或没有指定编译环境和集成开发环境的操作系统（如 μCOSⅡ，Nucleus 等）的场合中经常使用这种模式，这也是最广泛使用的模式。

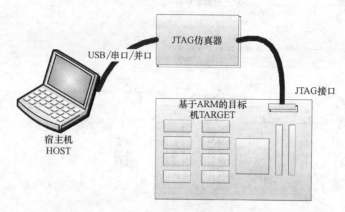

图 1-5 在线仿真模式

2）针对操作系统的集成开发环境（如 KEIL uVison）

不针对某一种处理器，而是针对某一种操作系统，并支持多种不同的处理器。主要采用驻留监控模式（图 1-6）进行调试，开发时首先通过仿真器或编程器将驻留监控程序下载至目标系统，然后宿主机通过 TCP/IP 链接与目标机进行下载程序、并进行调试信息交互。如开发 VxWorks 的 Tornado 和 WorkBench、开发 Windows CE 的 Platform Builder、开发 Linux 的 GNU 工具链等。

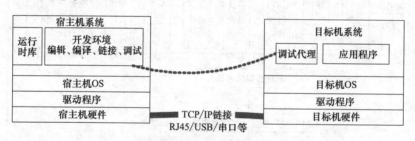

图 1-6 驻留监控模式

1.4 嵌入式系统的特点

（1）专用、软硬件可剪裁可配置。从嵌入式系统定义可以看出，嵌入式系统是面向应用的，它和通用系统最大的区别在于嵌入式系统功能专一。根据这个特性，嵌入式系统的软、硬件可以根据需要进行精心设计、量体裁衣、去除冗余，以实现低成本、高性能。也正因如此，嵌入式系统采用的微处理器和外围设备种类繁多，系统不具通用性。

（2）低功耗、高可靠性、高稳定性。嵌入式系统大多用在特定场合，要么是环境条件恶劣，要么要求其长时间连续运转，因此嵌入式系统应具有高可靠性、高稳定性、低功耗等性能。

（3）软件代码短小精悍、可固化。由于成本和应用场合的特殊性，通常嵌入式系统的硬件资源（如内存等）都比较少，因此对嵌入式系统设计也提出了较高的要求。嵌入式系统的软件设计尤其要求高质量，要在有限资源上实现高可靠性、高性能的系统。虽然随着硬件技术的发展和成本的降低，在高端嵌入式产品上也开始采用嵌入式操作系统，但其和PC资源比起来还是少得可怜，所以嵌入式系统的软件代码依然要在保证性能的情况下，占用尽量少的资源，保证产品的高性价比，使其具有更强的竞争力。为了提高执行速度和系统可靠性，嵌入式系统中的软件一般都固化在存储器芯片或单片机本身中，而不是存储于磁盘中。

（4）实时性。很多采用嵌入式系统的应用具有实时性要求，所以大多嵌入式系统采用实时性系统。但需要注意的是嵌入式系统不等于实时系统。

（5）弱交互性。嵌入式系统不仅功能强大，而且要求使用灵活方便，一般不需要类似键盘、鼠标等。人机交互以简单方便为主。

（6）开发工具和环境要求。嵌入式系统软件开发通常需要专门的开发工具和开发环境。

（7）人员要求。要求开发、设计人员有较高的技能。

以上特点决定了它是一个技术密集、资金密集、高度分散、不断创新的知识集成系统，从事嵌入式系统开发的人才也必须是复合型人才。在实际工作中，由于嵌入式产品的差异很大程度在软件上，嵌入式设备的增值很大程度上也取决于嵌入式软件，使得很多公司将硬件设计包给了专门的硬件公司设计，自己只负责开发软件。因此嵌入式软件开发人才的需求量远远大于硬件开发人才，嵌入式系统项目研发差不多80％以上的工作量都是在软件部分，软件是嵌入式系统中最核心的部分，也是体现嵌入式系统优势的最关键部分，但兼具硬件知识的嵌入式软件工程师，会在职场更占优势。

1.5　嵌入式系统的发展趋势

未来嵌入式系统的发展将呈现如下发展趋势。

1）小型化、智能化、网络化、可视化

随着技术水平的提高和人们生活的需要，嵌入式设备（尤其是消费类产品）正朝着小型化便携式和智能化的方向发展。如果你携带笔记本电脑外出办事，你肯定希望它轻薄小巧，甚至你可能希望有一种更便携的设备来替代它，目前的上网本、MID（移动互联网设备）、便携投影仪等都是因类似的需求而出现的。对嵌入式而言，可以说是已经进入了嵌入式互联网时代（有线网、无线网、广域网、局域网的组合），嵌入式设备和互联网的紧密结合，更为我们的日常生活带来了极大的方便和无限的想象空间。嵌入式设备功能越来越强大，未来我们的冰箱、洗衣机等家用电器都将实现网上控制；异地通信、协同工作、无人操场场所、安全监控场所等的可视化也已经成为了现实，随着网络运载能力的提升，可视化将得到进一步完善。人工智能、模式识别技术也将在嵌入式系统中得到应用，使得嵌入式系统更具人性化、智能化。

2）多核技术的应用

人们需要处理的信息越来越多，这就要求嵌入式设备运算能力更强，因此需要设计出更强大的嵌入式处理器，多核技术处理器在嵌入式中的应用将更为普遍。

3）低功耗（节能）、绿色环保

在嵌入式系统的硬件和软件设计中都在追求更低的功耗，以求嵌入式系统能获得更长的可靠工作时间。如：手机的通话和待机时间，MP3听音乐的时间等。同时，绿色环保型嵌入式产品将更受人们青睐，在嵌入式系统设计中也会更多的考虑如：辐射和静电等问题。

4）云计算、可重构、虚拟化等技术被进一步应用到嵌入式系统中简单讲，云计算是将计算分布在大量的分布式计算机上，这样只需要一个终端，就可以通过网络服务来实现我们需要的计算任务，甚至是超级计算任务。云计算（Cloud Computing）是分布式处理（Distributed Computing）、并行处理（Parallel Computing）和网格计算（Grid Computing）的发展，或者说是这些计算机科学概念的商业实现。在未来几年里，云计算将得到进一步发展与应用。

可重构性是指在一个系统中，其硬件模块或（和）软件模块均能根据变化的数据流或控制流对系统结构和算法进行重新配置（或重新设置）。可重构系统最突出的优点就是能够根据不同的应用需求，改变自身的体系结构，以便与具体的应用需求相匹配。

虚拟化是指计算机软件在一个虚拟的平台上而不是真实的硬件上运行。虚拟化技术可以简化软件的重新配置过程，易于实现软件的标准化。其中 CPU 的虚拟化可以单 CPU 模拟多 CPU 并行运行，允许一个平台同时运行多个操作系统，并且都可以在相互独立的空间内运行而互不影响，从而提高工作效率和安全性，虚拟化技术是降低多内核处理器系统开发成本的关键。虚拟化技术是未来几年最值得期待和关注的关键技术之一。

随着各种技术的成熟与在嵌入式系统中的应用，将不断为嵌入式系统增添新的魅力和发展空间。

5）嵌入式软件开发平台化、标准化、系统可升级，代码可复用将更受重视

嵌入式操作系统将进一步走向开放、开源、标准化，组件化。嵌入式软件开发平台化也将是今后的一个趋势，越来越多的嵌入式软硬件行业标准将出现，最终的目标是使嵌入式软件开发简单化，这也是一个必然规律。同时随着系统复杂度的提高，系统可升级和代码复用技术在嵌入式系统中得到更多的应用。另外，因为嵌入式系统采用的微处理器种类多，不够标准，所以在嵌入式软件开发中将更多的使用跨平台的软件开发语言与工具，目前，Java语言正在被越来越多的使用到嵌入式软件开发中。

6）嵌入式系统软件将逐渐 PC 化

需求和网络技术的发展是嵌入式系统发展的一个原动力，随着移动互联网的发展，将进一步促进嵌入式系统软件 PC 化。如前所述，结合跨平台开发语言的广泛应用，那么未来嵌入式软件开发的概念将被逐渐淡化，也就是嵌入式软件开发和非嵌入式软件开发的区别将逐渐减小。

7）融合趋势

嵌入式系统软硬件融合、产品功能融合、嵌入式设备和互联网的融合趋势加剧。嵌入式系统设计中软硬件结合将更加紧密，软件将是其核心。消费类产品将在运算能力和便携方面进一步融合。传感器网络将迅速发展，其将极大地促进嵌入式技术和互联网技术的融合。

8）安全性

随着嵌入式技术和互联网技术的结合发展，嵌入式系统的信息安全问题日益凸显，保证信息安全也成了嵌入式系统开发的重点和难点。

1.6 怎样学习嵌入式系统

从嵌入式系统的定义与应用可知，嵌入式系统其实是专用计算机系统，其软硬件都是定制的，但其核心概念还在计算机系统。嵌入式系统学习的重点也在计算机系统上。一方面，学习者需要牢固掌握计算机系统本身的概念。从工程实践意义上来看，嵌入式系统的学习主

要是要学会如何构件硬件平台，进行硬件设计，选择能够满足应用要求的最佳的嵌入式操作系统，并完成 Bootloader、BSP 和驱动程序的编写、移植、调试等过程，另外为了满足行业需求，最终还需要在所建立的系统上编写调试相应的应用程序，并进行性能的测试和检查。

因此学习嵌入式系统，其基本方法如下。

（1）使用搜索引擎 google 或 baidu 可解决大多数问题，这是学习嵌入式系统最好的老师。

（2）尽可能多结合实际项目或任务，及时总结项目实施经验，有机会的话尽可能多向在公司上班的嵌入式高手请教，如果资金允许也可以参加一些培训班。

（3）不要忽视或小看"低层"的东西，比如：数字电路、模拟电路、51 单片机等。

学习或积累计算机组成原理、PCB 设计与制作、C 语言、数据结构、C＋＋语言等的知识，掌握一、两种常用处理器，比如 AT89C51、Cortex-M3、ARM9 等，并熟悉相关的开发平台（如 Keil）。

（4）掌握嵌入式操作系统的一般概念，入门阶段可选择开源的 μCOS-Ⅱ（不是自由软件，用于商业目的时须取得许可证），有机会可以进一步接触并学习通信协议栈、GUI、应用程序的设计。

最重要的是：争取每天都有进步，学习过程要保持信心和浓厚的兴趣，在不断的项目或任务实践中提升自己。

任务 1-1　嵌入式技术的资料获取与信息查询

◀任务要求▶

（1）获取嵌入式技术相关信息。

① 嵌入式系统的定义及热门应用领域。

② 你手上的数码产品，如手机的硬件参数，延伸知识，确定其 CPU 的型号（一般是基于 ARM 核的）、外围器件等技术参数信息。

③ 国内关于嵌入式系统的学科竞赛情况。

④ ARM 公司及 ARM 技术的相关新闻、体系架构发展、合作伙伴等资讯信息。

（2）获取嵌入式技术相关技术资料。

①《Cortex-M3 技术参考手册》（Cortex-M3 Technical Reference Manual）

②《ARMv7-M 应用程序级架构参考手册》（ARMv7-M Application Level Architecture Reference Manual）

③《STM32F10x 微控制器参考手册》

④《Cortex-M3 权威指南》

◀任务目标▶

（1）专业能力目标。

① 掌握搜索引擎查找资料的使用方法。

② 掌握维普或万方等图书馆期刊资源库的使用方法。

③ 了解一些常用的嵌入式技术相关网站与论坛。

④ 理解业界对嵌入式技术相关术语，了解相应热门应用领域。

（2）方法能力目标。

① 自主学习：会根据任务要求分配学习时间，制定工作计划，形成解决问题的思路。

② 信息处理：能通过查找资料与文献，对知识点的通读与精读，快速取得有用的信息。

③ 数字应用：能通过一定的数字化/多媒体手段将任务完成情况呈现出来。

（3）社会能力目标。

① 与人合作：小组工作中，有较强的参与意识和团队协作精神。

② 与人交流：能形成较为有效的交流。

③ 解决问题：能有效管控小组学习过程，解决学习过程中出现的各类问题。

（4）职业素养目标。

① 平时出勤：遵守出勤纪律。

② 回答问题：能认真回答任务相关问题。

③ 6S 执行力：学习行为符合实验实训场地的 6S 管理。

引导问题

（1）什么是嵌入式系统？嵌入式系统的热门应用领域有哪些？

（2）列举你所知道的电子产品，按嵌入式系统的定义，看其可否贴上"嵌入式系统"的标签。

（3）ARM 公司的业务模式是怎样的？ARM 体系架构的历史发展过程是怎样的？

（4）你所知道的国内著名的与嵌入式系统相关的公司有哪些？

考核评价

本单元的考核评价表如表 1-3 所示。

表 1-3 任务 1-1 的考核表

评价方式	标准分 共100分		考 核 内 容										计分
教师评价	专业能力	70	（1）获取嵌入式技术相关信息										
			①	②	③	④	⑤	⑥	⑦	⑧	⑨	⑩	
				/	/	/	/	/	/				
			（2）获取嵌入式技术相关技术资料										
			①	②	③	④	⑤	⑥	⑦	⑧	⑨	⑩	
					/	/	/	/	/				
自我评价	方法能力	10	①自主学习		②信息处理			③数字应用					
小组评价	社会能力	10	①与人合作		②与人交流			③解决问题					
	职业素养	10	①出勤情况		②回答问题			③6S 执行力					
	备注		专业能力目标考核按任务要求各项进行，每小项10分										

（1）使用搜索引擎谷歌 Google 或百度 baidu，进行关键字搜索，并获得有用的网站地址。

① 提取主题关键词：嵌入式、ARM、芯片、cortex-M3、51、电子产品、NAND Flash、发展趋势等。

② 登录搜索引擎网站，以百度为例：启动 IE 或其他网页浏览器，在地址栏输入：http://www.baidu.com/，回车后进入百度主页，并输入关键词，如果有几个关键词则中间空格隔开，输入完毕后点按钮"百度一下"。选取相关链接进入，阅读并在必要时记录相关主题的信息。

（2）登录嵌入式相关论坛或技术社区，以与非网 http://www.eefocus.com/bbs 为例，注册一个账号，登录后浏览并找到 STM32 社区，或发表或参与某个主题的讨论。

（3）使用电子图书馆或文献数据库。以浙江工业职业技术学院图书馆 http://tsg.zjipc.cn/为例，登录网站后，有：同方知网 cnki 数据库、超星电子图书、维普中文科技期刊、读秀学术搜索等数据库链接可用（各高校或机构可能视数据库购买情况不同而不同），它们各有特点。

如同方知网 http://www.cnki.net/数据库平台，它提供基础科学、文史哲、工程科技、信息科技等十大领域的文献、期刊、博硕士、会议、报纸、外文文献、年鉴、百科词典、统计数据、专利标准等信息的查询。检索方式有全文、主题、篇名、作者、单位、关键词、摘要等多种方式。登录后可采用对应检索方式下载相关资料。

本章小结

本章主要介绍了嵌入式系统的应用，基本组成，特点、发展趋势等基本知识，并提出了嵌入式系统的基本学习方法。

另外，安排了一个同步任务，倡导同学使用各种互联网、数据库资源完成相关知识的搜集、总结与学习。

思考与练习

1. 什么是嵌入式系统？嵌入式系统的一般组成结构是怎样的？

2. 列举嵌入式产品，并据此说明嵌入式系统的特点。

3. 嵌入式系统的 BooTLoader 的功能是什么？BSP 的作用是什么？

4. 判断下列说法的正确与否。

（1）嵌入式系统是以应用为中心、以计算机技术为基础、软件硬件可裁剪、适应应用系统对功能、可靠性、成本、体积、功耗等严格要求的专用计算机系统。

（2）所有的嵌入式系统都是以多任务方式工作的。

（3）嵌入式系统必须有操作系统，单片机应用系统不属于嵌入式系统。

（4）在设计嵌入式产品时产品的功耗一般不予考虑。

（5）嵌入式系统的开发一般采用宿主机/目标机方式，其中宿主机一般是 PC 机或台式机。

（6）嵌入式系统的开发模式包括：在线仿真模式和驻留内存模式。

（7）JTAG 是联合测试行动小组定义的一种国际标准测试协议，主要用于芯片内部测试及系统仿真。

5. 简要说明嵌入式系统的发展趋势。

6. 某电子产品的硬件示意图如题图 1-1 所示。采用 STM32F103ZET6 作为 CPU，软件采用 μCOS II 操作系统。请回答下面的问题。

（1）针对存储器类型的特点，比较说明 SRAM、SDRAM、Nor Flash、Nand Flash 等存储器的特点。填写题表 1-1。

题表 1-1

存储器类型	数据是否容易丢失（易失/非易失）	相对读写速度（填较快或较慢）
SRAM		
Nor Flash	非易失	
NAND Flash		

（2）该电子产品中，所运行的软件如题表 1-2 所示。题图 1-2 是该电子产品中的软件层次关系图，共分 3 类软件。请在下表对应位置填入对应的软件类型编号（每类只能填一个编号）。

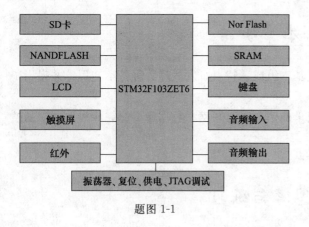

题图 1-1

题图 1-2

题表 1-2

软件	所属软件类型	软件	所属软件类型
记事本		FAT 文件系统	
电源管理		字处理软件	
触摸屏驱动软件		录音机	
μC/GUI 窗口管理软件		LCD 驱动程序	
音频播放器		游戏软件	

7. 结合身边的嵌入式电子产品如手机、数码相机、机顶盒等，说明从底层硬件到上层应用软件，试分析一般嵌入式系统的组成主要分为哪几个部分，并写出各部分所完成的功能。

8. 在各选择项中选择正确的答案。

（1）为了提高嵌入式软件的可移植性，应注意提高它的_____。

A. 易用性　　　　　B. 简洁性　　　　　C. 可靠性　　　　　D. 设备无关性

（2）JTAG 仿真器的一端与目标板相连，另一端则与主机的调试环境相连。它与主机的连接方式通常很少用_____。

A. 网口方式　　　　B. JTAG　　　　　C. 并口　　　　　　D. USB

（3）以下产品中属于嵌入式系统的是_____。

A. 台式电脑　　　　B. 保温杯　　　　　C. 笔记本电脑　　　D. 手机

（4）下面操作系统中_____最方便移植到嵌入式设备中。

A. DOS　　　　　　B. UNIX　　　　　C. Windows xp　　　D. LINUX

（5）和 PC 系统机相比嵌入式系统不具备以下哪个特点_____。

A. 系统内核小　　　B. 专用性强　　　　C. 可执行多任务　　D. 系统精简

第2章

Chapter **02** 走进ARM Cortex-M3 微处理器

本章内容提要

Cortex-M3 是 ARM 公司推出的一款基于 ARM V7 的处理器核，适合于汽车电子、医疗器械、玩具、无线网络消费电子等多种领域，具有高性能、低功耗、稳定、片上外设丰富、存储容量充足等特点，大有在 MCU 应用领域里取代传统的 8/16 位处理器的趋势。

本章主要通过介绍 Cortex-M3 的基本背景知识，及以 ST 公司和 TI 公司为代表的芯片生产商的产品系列，使读者初步了解 ARM Cortex-M3 及其应用和以 Cortex-M3 为核的处理器芯片的选型等知识。

本章教学导航

教　学　目　标			建议课时	教学方法
了解	熟悉	学会		
（1）ARM 公司及 ARM 体系架构。 （2）Cortex-M3 与 8051 的差别与优势	（1）Cortex-M3 的编程模型和寄存器 （2）Cortex-M3 的存储器管理 （3）Cortex-M3 的异常处理机制	（1）学习资源如芯片手册、固件库手册的下载和资料的归类、分析。 （2）Cortex-M3 微处理器芯片的选型	8 课时	任务驱动法 分组讨论法 理论实践一体化 讲练结合

2.1 ARM 公司及 ARM 架构

ARM 公司成立于 1990 年，是 "AdvanceRISC Machines Ltd. ," 的简称，当时它是三家公司的合资：苹果电脑，VLSI 技术（公司）以及 Acorn（Acorn RISC Machine）电脑公司。与从研发到生产到出货垂直整合的 Intel 公司有很大不同，它不生产和销售实际的半导体芯片。ARM 公司采取的是授权与提成的商业模式（Intellectual Property Core, IP-Core）：ARM 公司自己研发处理器体系架构，然后将这套架构的知识产权有偿授权给处理器制造厂商如高通、三星等半导体厂商，这些厂商造出的每一块使用 ARM 体系结构的芯片只需向 ARM 公司交付低廉的提成即可。最后由 OEM 客户采用这些芯片来构建基于 ARM 技术的系统产品。这种商业模式实际上组建起了一个庞大的产业同盟。

由于这种创新的商业模式和低廉的成本，加上 ARM 体系的低功耗特点，让 ARM 体系在对价格敏感和续航能力敏感的 32 位嵌入式电子消费品市场如虎添翼，现在全球 95％以上的手机以及超过四分之一的电子设备都在使用 ARM 技术，ARM 芯片甚至在对运算速度要求更高的上网本、平板电脑也大有跟 Intel 的 ATOM 处理器一较高低的实力。苹果 iPad 就是采用的 ARM 深度定制的一款处理器架构 A4，其他还有众多运行着 Android 系统的平板产品、智能手机产品等大都也都采用 ARM 体系结构的处理核心。至 2011 年底，它就通过其合作伙伴销售了超过 200 亿枚基于 ARM 的处理器芯片，而且 ARM 芯片的每天出货量都超过 1000 万片。

ARM 在嵌入式领域已取得了巨大成功，ARM 体系结构在移动电子消费品市场展现出了无与伦比的优势。ARM 公司 2012 年第四季度以及 2012 年全年的财报显示：2012 年全年来看 ARM 的总营业收入达到了 9.131 亿美元，其税前净利润为 4.355 亿美元，同比增长高达 20％。第四季度 ARM 架构的处理器全球出货量为 25 亿颗，而整个 2012 年 ARM 架构的处理器全球出货量达到了 87 亿颗，而从芯片架构的授权来看就为 ARM 贡献了 1.22 亿美元的收入，同比增长了 21％，相比行业 3％的下滑还是相当给力的。ARM 预计：随着移动智能设备的普及，到 2017 年全球 ARM 架构处理器的总出货量将会高达 410 亿颗。

ARM 开发了许多配套的基础开发工具、硬件以及软件产品，以方便产品推广。2004 年，ARM 发布了基于 ARMv7 架构的 Cortex 处理器系列，同时发布作为新型处理器系列中首款的 ARM Cortex-M3，现在 ARM Cortex-M3 处理器已许可给 80 个以上的 ARM 合作伙伴（图 2-1）。

图 2-1　使用 ARM Cortex-M3 授权的公司（举例）

2.1.1　ARM 体系架构的发展历史

1）ARM 架构发展阶段

1983 年 10 月，ARM 公司的前身 Acorn 公司，启动了 Acorn RISC 项目，由 VSLI 技术公司负责生产，并于 1985 年 4 月 26 日推出了第一颗 ARM 芯片，ARM1 Sample 版（仅 25000 个晶体管，且没有乘法部件）。当时在 80386 的光环下，几乎无人问津，在苹果与 VLSI 注资之前，12 个员工挤在谷仓中办公，且没有资金自己生产芯片，所以它转为只负责芯片的设计，通过授权的方式出售芯片设计。1986 年，具有 32 位数据总线，26 位地址总线，16 个 32 位寄存器的 ARM2 处理器实现产能量产。20 世纪 80 年代后期，苹果电脑开始与 Acorn 合作开发新版的 ARM 核心。

2）ARM 的新发展

1991 年，与苹果的合作造就了 ARM6，并进入了苹果的 Apple Newton PDA 和 Acorn Risc-PC 成为了它们的处理器。在该年正式成立了 ARM 公司，并作为 Acorn 的子公司。

1993 年，Cirrus Logic 和德州仪器公司先后加入 ARM 阵营，TI 公司为 ARM 带来了命运的转机，它说服了当时一家并不知名的芬兰公司与他们一道进入通信移动市场，这家公司叫诺基亚。通过与诺基亚和德州仪器的合作，ARM 发明了 16 位 Thumb 指令集。

1995 年，著名处理器制造商 DEC 获得了 ARM 的全部指令集授权，开始研发 Strong-ARM CPU。DEC 在设计中注入了许多 Alpha 处理器的先进元素，使 ARM 处理器达到了前所未有的高度。1997 年，由于英特尔与 DEC 的专利官司，DEC 将 StrongARM 的所有技术转让给了英特尔。这就是 21 世纪初风靡全球的英特尔 Xscale（基于 StrongARM）处理器。英特尔的处理器技术极大地促进了 ARM 内核的发展，并一举击败了当时红遍全球的摩托罗拉半导体 68K 处理器。

2006 年，英特尔业绩跌入低谷，英特尔将 PXA 系列处理器出售给了 Marvell。此时的 ARM 已经汲取了足够的能量和优秀理念，开始朝嵌入式和移动终端领域进发。内核授权模式让半导体和芯片生产商们进入处理器制造领域的难度锐减，加入 ARM 阵营的制造商越来越多。而此时，x86 阵营再想在手持设备领域与之竞争，却发现这个名叫 ARM 的对手拥有遍布全球的芯片制造商。自此，ARM 在移动终端领域一骑绝尘。

2.1.2　ARM 处理器的各种架构版本

ARM 内核、处理器并不是单一的，而是遵循相同设计理念、使用相似指令集架构的一个内核、处理器系列。ARM 的体系结构的发展经历了 ARMv4、ARMv4T、ARMv5TE、ARMv5TEJ、ARMv6、ARMv7 体系结构等几个关键时期。目前有 7 种产品系列，它们是 ARM7、ARM9、ARM9E、AMR10E、ARM11、SecureCore 及 Cortex 系列。

ARMv4T 架构引进了 16 位 Thumb®指令集和 32 位 ARM 指令集，目的是在同一个架构中同时提供高性能和领先的代码密度。16 位 Thumb 指令集相对于 32 位 ARM 指令集可缩减高达 35％的代码大小，同时保持 32 位架构的优点。典型处理器为 ARM7TDMI。

ARMv5TEJ 架构引进了数字信号处理（DSP）算法（如饱和运算）的算术支持和 Jazelle®Java 字节码引擎来启用 Java 字节码的硬件执行，从而改善用 Java 编写的应用程序的性能。与非 Java 加速内核比较，Jazelle 将 Java 执行速度提高了 8 倍，并且减少了 80％的功耗。许多基于 ARM 处理器的便携式设备中已使用此架构，目的是在游戏和多媒体应用程序的性能方面提供显著改进的用户体验。典型处理器为 ARM926EJ-S 和 ARM968E-S。

ARMv6 架构引进了包括单指令多数据（SIMD）运算在内的一系列新功能。SIMD 扩展已针对多种软件应用程序（包括视频编解码和音频编解码）进行优化，对于这些软件应用程序，SIMD 扩展最多可将性能提升四倍。此外，还引进了作为 ARMv6 体系结构的变体的 Thumb-2 和 TrustZone 技术。典型处理器为 ARM1176JZ 和 ARM1136EJ。

ARMv6 架构为低成本、高性能设备而设计，而以前由 8 位设备占主导地位的市场提供 32 位功能强大的解决方案。其 16 位 Thumb 指令集架构允许设计者设计门数最少却十分经济实惠的设备。始终如一的中断处理结构和编程器模式为所有 Cortex-M 系列处理器（从 Cortex-M0 理器到 Cortex-M3 处理器）提供了完全向上兼容的途径。典型处理器为 Cortex-M0 和 Cortex-M1。

所有 ARMv7 架构配置都实现了 Thumb-2 技术（一个经过优化的 16/32 位混合指令集），在保持与现有 ARM 解决方案的代码完全兼容的同时，既具有 32 位 ARMISA 的性能优势，又具有 16 位 ThumbISA 的代码大小优势。增加 NEON™技术扩展，可将 DSP 和媒体处理吞吐量提升高达 400％，并提供改进的浮点支持以满足下一代 3D 图形和游戏以及传统嵌入式控制应用的需要。ARM 的架构版本见图 2-2。

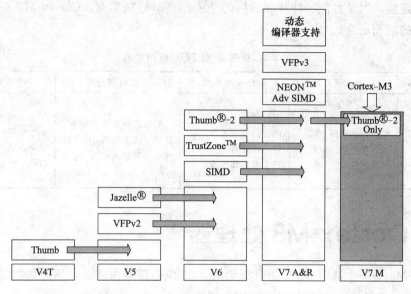

图 2-2　ARM 的架构版本

处理器命名方法经历了以下 2 个阶段。

（1）早期 ARM 采用如下的命名规则来描述一个处理器，在"ARM"后的字母和数字表明了一个处理器的功能特性，但要注意这里并不包括命名规则，也不包含体系结构（ISA）的版本信息（表 2-1）。

表 2-1　经典 ARM 处理器的命名方式

命 名 格 式	说　明
ARM {x}{y}{z}{T}{D} {M}{I}{E}{J}{F}{-S}	x—系列　y—存储管理/保护单元　Z—cache　T—Thumb 16 位译码器　D—JTAG 调试器　M—快速乘法器　I—嵌入式跟踪宏单元　E—增强指令基于 TDMI　J—Jazelle F—向量浮点单元　S—可综合版本

早期 ARM7TDMI［T 代表 Thumb 指令集，D 是说支持 JTAG 调试（Debugging），M 意指快速乘法器，I 则对应一个嵌入式 ICE 模块］，后来，这 4 项功能成为基本功能，形成了一套新的命名方法。

（2）架构 7 时代，ARM 改革了一度使用的、冗长的、需要"解码"的数字命名法，转到另一种看起来比较整齐的命名法。比如，ARMv7 的 A、R、M 三个款式都以 Cortex 作为主名。

Cortex-A 系列：针对复杂 OS 和应用程序（如多媒体）的应用处理器，用于高端消费电子设备、网络设备、移动互联网设备和企业市场。支持 ARM、Thumb 和 Thumb-2 指令集，强调高性能与合理的功耗，存储器管理支持虚拟地址。典型处理器有 Cortex-A15、Cortex-A9、Cortex-A8 和 Cortex-A5。

Cortex-R 系列：针对实时系统的嵌入式处理器，用于高性能实时控制系统（包括汽车和大容量存储设备）。支持 ARM、Thumb 和 Thumb-2 指令集，强调实时性，存储管理方面在 MPU（内存保护单元）的基础上实现了受保护内存系统架构，只支持物理地址。典型处理器有：Cortex-R4（F）。

Cortex-M 系列：针对价格敏感应用领域的嵌入式处理器，只支持 Thumb-2 指令集，强调操作的确定性，以及性能、功耗和价格的平衡。典型处理器有：Cortex-M3（表 2-2 列出几种处理器的应用场合）。

表 2-2　处理器（CPU）应用列表

Cortex-A 系列	Cortex-R 系列	Cortex-M 系列	ARM7/9/11 等经典 CPU	ARM 专业 CPU
智能手机 智能本和上网本 电子书阅读器 数字电视 家用网关 各种其他产品	汽车制动系统 动力传动解决方案 大容量存储控制器 网络和打印	微控制器 混合信号设备 智能传感器 汽车电子和气囊	生态系统和资源丰富，适用于成本敏感，上市时间要求紧迫的应用	SecurCore 面向高安全性应用的处理器 FPGA Cores 面向 FPGA 的处理器

2.2　Cortex-M3 处理器

Cortex-M3 是一个基于 RISC 指令集架构的 32 位处理器内核。内部的数据路径是 32 位的，寄存器是 32 位的，存储器接口也是 32 位的。

Cortex-M3 采用了基于三级流水线的哈佛结构，拥有独立的指令总线和数据总线，可以让取指与数据访问并行不悖。但指令总线和数据总线共享同一个存储器空间（一个统一的存储器系统，共为 4G 存储空间）。换句话说，不是因为有两条总线，可寻址空间就变成 8GB 了。

Cortex-M3 处理器在结构上包括以图 2-3 中所示的处理器内核、NVIC（Nested Vectored Interrupt Controller）、MPU（Memory Protect Unit）、总线接口单元和跟踪调试单

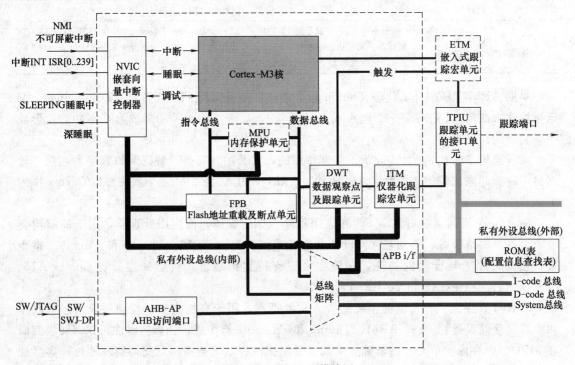

图 2-3　Cortex-M3 模块图

元。跟踪调试接口包括：跟踪端口（TP，Trace Port）、调试访问端口（DAP，Debug Access Port）。

数据观察点及跟踪单元 DWT（Data WatchPoint and Trace）提供观测点及指令执行统计、仪器化跟踪单元 ITM（Instrumentation Trace Macrocell）可跟踪 OS（Operating System）和应用程序事件、嵌入式跟踪宏单元 ETM（Embedded Trace Macrocell）可发出指令跟踪流中的触发数据包。这些单元的跟踪信息经 TPIU（Trace Port Interface Unit）合并，格式化后由 TP 端口输出。

Cortex-M3 提供一个可选的存储保护器 MPU，而且在需要的情况下也可以使用外部的 cache。同时支持小端模式和大端模式。Cortex-M3 内部还有一些调试组件，用于在硬件水平上支持调试操作，如指令断点、数据观察点等。另外，为支持更高级的调试，还有其他可选组件，包括指令跟踪和多种类型的调试接口。各模块功能说明见表 2-3。

表 2-3　各模块功能说明

模　块	功　能　说　明
NVIC	嵌套向量中断控制器
SYSTICK Timer	一个简易的周期定时器,用于提供时基,亦被操作系统所使用
MPU	存储器保护单元(可选)
CM3BusMatrix	内部的 AHB(Advanced High-performance Bus)互连
AHB to APB	把 AHB 转换为 APB(Advanced Peripheral Bus)的总线桥
SW-DP/SWJ-DP	串行线调试端口/串行线 JTAG 调试端口。通过串行线调试协议或者是传统的 JTAG 协议(专用于 SWJ-DP),都可以用于实现与调试接口的连接
AHB-AP	AHB 访问端口,它把串行线/SWJ 接口的命令转换成 AHB 数据传送
ETM	嵌入式跟踪宏单元(可选组件),调试用。用于处理指令跟踪
DWT	数据观察点及跟踪单元,调试用。这是一个处理数据观察点功能的模块
ITM	仪器化跟踪宏单元
TPIU	跟踪单元的接口单元。所有跟踪单元发出的调试信息都要先送给它,它再转发给外部跟踪捕获硬件的
FPB	Flash 地址重载及断点单元
ROM 表	一个小的查找表,其中存储了配置信息

2.2.1　Cortex-M3 的编程模型

Cortex-M3 处理器采用 ARM v7-M 架构，它包括所有的 16 位 thumb 指令集和基本的 32 位 thumb-2 指令集架构。它不能执行 ARM 指令。

注：Thumb 指令集是 ARM 指令集的子集，重新被编码为 16 位。它支持较高的代码密度以及 16 位或小于 16 位的存储器数据总线系统。Thumb-2 在 thumb 指令集架构（ISA）上进行了大量的改进，它与 thumb 相比，代码密度更高，并且通过使用 16/32 位指令，提供更高的性能。

支持线程模式和处理模式两种工作模式。

（1）在复位时处理器或异常返回会进入线程模式，特权和用户（非特权）代码能够在线程模式下运行。

（2）出现异常时处理器进入处理模式，在处理模式中，所有代码都是特权访问的。处理模式始终是特权访问，线程模式可以是特权或非特权访问。

注：非特权执行时对有些资源的访问受到限制或不允许访问。特权执行可以访问所有资源。

支持以下两种工作状态。

（1）Thumb 状态：这是 16 位和 32 位半字对齐的 thumb 和 thumb-2 指令的正常执行状态。

（2）调试状态：处理器停机调试时进入该状态。

2. 2. 2 Cortex-M3 的寄存器

Cortex-M3 有 13 个 32 位通用寄存器：R0～R12；分组的堆栈指针 R13（别名 SP_process 和 SP_main）；链接寄存器 R14（LR）；程序计数器 R15（PC）；1 个程序状态寄存器 xPSR（表 2-4）。绝大多数 16 位的 Thumb 指令只能访问低寄存器，32 位的 Thumb-2 指令可以访问所有寄存器。

1）PC 与程序分支

更新 R15，即程序计数器 PC 会引起一次程序的分支（但是不更新 LR 寄存器），但必须保证加载到 PC 的数值是奇数（即 LSB＝1），以表明这是在 Thumb 状态下执行。倘若 LSB＝0，则视为企图转入 ARM 模式，CM3 将产生一个 fault 异常。

因为 Cortex-M3 内部使用了指令流水线，读 PC 时返回的值是当前指令的地址＋4。比如说：0x1000:　　MOV　　R0,　　PC　　;　　R0＝0x1004

表 2-4　Cortex-M3 的寄存器列表

低寄存器	R0	R1	R2	R3	R4	R5	R6	R7
高寄存器	R8	R9	R10	R11	R12			
堆栈指针寄存器	R13		支持主堆栈和进程堆栈。主堆栈指针 MSP 用于操作系统及异常处理例程，是复位后默认使用的堆栈，进程堆栈指针 PSP 由用户的应用程序代码使用，堆栈指针的最低两位总是 0，即堆栈是 4 字节对齐的。任何时候只有一个主堆栈和用户堆栈可见，由 R13 指示					
	MSP	PSP						
连接寄存器	R14(LR)		调用一个子程序时，该寄存器存储返回地址					
程序计数寄存器	R15(PC)		指向当前的程序地址。如果修改它的值，就能改变程序的执行流，在 M3 中 PC 的最低位总是读回 0，但在分支或直接写 PC 时，最低位应为 1，以保证在 Thumb 状态下执行					
程序状态字寄存器组	xPSR	APSR	记录 ALU 标志(0 标志,进位标志,负数标志,溢出标志),执行状态,以及当前正服务的中断号					
		IPSR						
		EPSR						
中断屏蔽寄存器	PRIMASK		禁止除 NMI、硬 fault 异常外的所有中断(仅 1 位)					
	FAULTMASK		禁止除 NMI 外的所有 fault 异常(仅 1 位)					
	BASEPRI		最多 9 位(由表达优先级的位数决定),所有优先级号大于等于此值的中断都被关闭(优先级号越大,优先级越低)。但若被设成 0,则不关闭任何中断,0 也是缺省值					
控制寄存器	CONTROL		CONTROL[1]：0＝选择主堆栈指针 MSP(复位后的缺省值)1＝选择进程堆栈指针 PSP CONTROL[0]：0＝特权级的线程模式 1＝用户级的线程模式					

2）SP 与堆栈操作

堆栈是一种存储器的使用模型。它由一块连续的内存和一个栈顶指针组成，用于实现"后进先出"的缓冲区。其最典型的应用，就是在数据处理前先保存寄存器的值，再在处理任务完成后从中恢复先前保护的这些值。

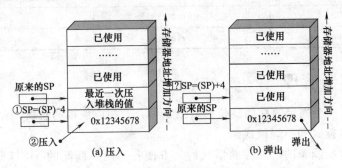

图 2-4　堆栈数据的压入和弹出

Cortex-M3 使用的是"向下生长的满栈"模型。堆栈指针 SP 指向最后一个被压入堆栈的 32 位数值。在下一次压栈 PUSH 时，SP 先自减 4，再存入新的数值［图 2-4（a）］。出栈 POP 操作刚好相反：先从 SP 指针处读出上一次被压入的值，再把 SP 指针自增 4 ［图 2-4（b）］。

Cortex-M3 使用双堆栈机制（图 2-5）：①当 CONTROL［1］＝0 时，只使用 MSP，此时用户程序和异常 handler 共享同一个堆栈。这也是复位后的缺省使用方式。②当 CONTROL［1］＝1 时，线程模式将不再使用 MSP，而改用 PSP（handler 模式永远使用 MSP）模式将不再使用 MSP，而改用 PSP（handler 模式永远使用 MSP）模式将不再使用 MSP，而改用 PSP（handler 模式永远使用 MSP）。

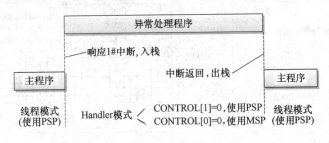

图 2-5　双堆栈机制

2.2.3　数据类型

Cortex-M3 支持 32 位字类型、16 位半字类型和 8 位字节类型三种数据类型。

处理器以小端格式（Little-endian）或大端模式（Big-endian）访问存储器中的数据。在小端存储器格式中，一个字的最低地址的字节为该字的最低有效字节，而在大端格式中，一个字中最低地址的字节为该字的最高有效字节，而最高地址的字节为最低有效字节。

访问代码或访问系统空间 SCS 和私有外设总线 PPB 空间必须采取小端格式，其余可由配置管脚 BIGEND 选择，该管脚在存储器复位时被采样。

比如：32bit 宽的数 0x12345678 在小端模式以及大端模式 CPU 内存中的存放方式（假设从地址 0x40000000 开始存放）见表 2-5。

表 2-5　大端模式与小端模式

内存地址	小端模式存放内容	大端模式存放内容
0x40000000	0x78	0x12
0x40000001	0x56	0x34
0x40000002	0x34	0x56
0x40000003	0x12	0x78

2.2.4　存储器管理

Cortex-M3 有一个固定的存储器映射（图 2-6），及相应使用的总线，存储器可使用非对齐访问，支持大端模式和小端模式。

预先定义好"粗线条的"的存储器映射，方便在不同厂商间的 MCU 间进行代码移植，比如：各厂商的芯片中 NVIC、MPU、DWT、ETM、ROM 表等 PPB 设备都在同一地址处布置寄存器，半导体厂家可以在此框架下定义继续芯片特定的存储器映射细节。

Cortex-M3 通过位带区对存储器位进行的原子性访问，相较传统单片机"读—修改—写"的访问方式大大提高了访问效率。

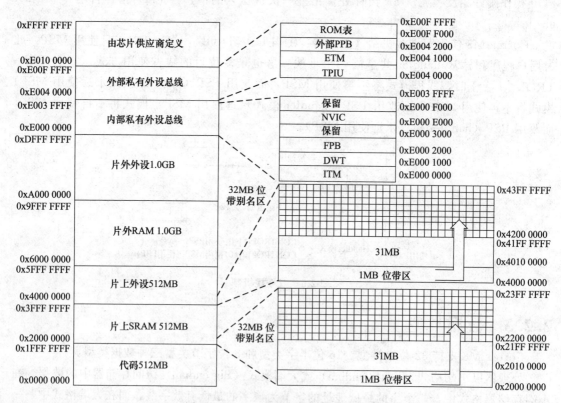

图 2-6　Cortex-M3 的存储器映射结构

存储器映射包括两个位带区，分别处于 SRAM 和外设存储区的最低 1MB，这两个存储区各自的位带别名区中的一个字（Word，32 位）映射为位带区中的一个位（Bit），其映射关系式为：别名地址（Word 地址）＝ 位带别名区基地址＋位带区字节偏移地址×32＋位序号×4。

例如：0x2200 001C 映射为位带区的 0x2000 0000 的位置处的字节的第 7 位：

0x2200 0000＋0×32＋7＝0x2200 001C

如果以一句预定义 define 语句来说明，则可以用：

♯defineBITBAND(addr, bitnum) \
((addr＆0xF0000000)＋0x2000000＋((addr ＆0xFFFFF)<<5)＋(bitnum<<2))

似乎损失了一些地址空间，但 4GB 空间在 MCU 中是很宽裕的（MCU 一般只需要几百 KB 的空间），却可以在位操作时，略去屏蔽操作，优化了 RAM 和 I/O 寄存器的读写操作，提高了位操作的速度。

2.2.5　存储器访问涉及的总线操作

存储器访问涉及的总线操作如下。

① 代码区的访问：指令取指在 ICode 总线上执行，数据访问在 DCode 总线上执行。

② SRAM、外设、外部 RAM、外部设备的访问：指令取指和数据访问都在系统总线上执行。

③ SRAM 的 bitband 和外设的 bitband 别名区域的访问。其中数据访问可用别名，指令访问不用别名。

④ 专用外设总线对 ITM、NVIC、FPB、DWT、MPU 的访问在处理器内部专用外设总线上执行。对 TPIU、ETM 和 PPB 存储器映射的系统区域的访问在外部专用外设总线上执行。该存储区为从不执行（XN），因此指令取指是禁止的。它也不能通过 MPU（如果有）修改。

⑤ 厂商系统外设的系统部分。该存储区为从不执行（XN），因此指令取指是禁止的。它也不能通过 MPU（如果有）修改。

2.2.6　异常和中断

中断与异常的区别在于，中断对 Cortex-M3 内核来说，都是"意外突发事件"，其请求信号来自 Cortex-M3 内核的外面，来自各种片上外设和外扩的外设，对 Cortex-M3 来说是"异步"的；而异常则是因 Cortex-M3 内核的活动产生的——在执行指令或访问存储器时产生，因此对 Cortex-M3 来说是"同步"的。但在"中断"主程序运行过程的特点是一样的，基于这一点，本书经常混用"异常"和"中断"这两个术语。

1) 复位序列与中断处理流程

Cortex-M3 复位后，首先读取下列两个 32 位整数的值：从地址 0x0000 0000 处取出 MSP 的初始值。从地址 0x0000 0004 处取出 PC 的初始值，即复位向量，LSB 必须是 1（表示是 Thumb 指令），然后从这个值所对应的地址处取指。复位异常过程见图 2-7。

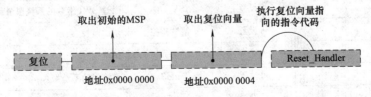

图 2-7　复位异常过程

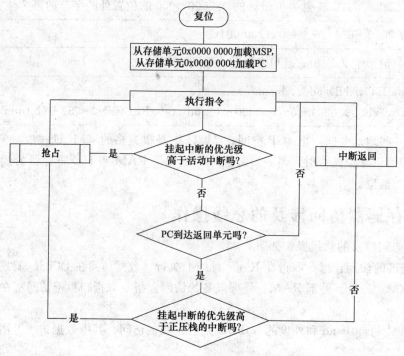

图 2-8　中断处理过程

如果中断事件发生，Cortex-M3 就进入中断处理流程，如图 2-8 所示。

Cortex-M3 使用了 11 种系统异常（保留了 4＋1 个挡位），外加 240 个外部中断输入（表 2-6 和表 2-7），所有中断机制都由 NVIC 实现，其中断优先级的位可配置为 3～8 位。其中 3 个系统异常：复位，NMI 以及硬 fault 有固定的优先级，并且它们的优先级号是负数，从而高于所有其他异常。所有其他异常的优先级则都是可编程的。

表 2-6　系统异常

位置	优先级	优先级类型	名称	说　　明
0	—	—	—	复位时作为栈顶地址加载到 MSP
1	−3	固定	Reset	复位
2	−2	固定	NMI	不可屏蔽中断
3	−1	固定	硬件失效	所有类型的失效
4	0	可设置	存储管理	存储器管理
5	1	可设置	总线错误	预取指失败,存储器访问失败
6	2	可设置	错误应用	未定义的指令或非法状态
7～10	—	—	—	保留
11	3	可设置	SVCall	通过 SWI 指令的系统服务调用
12	4	可设置	调试监控	调试监控器
13	—	—	—	保留
14	5	可设置	PendSV	可挂起的系统服务
15	6	可设置	SysTick	系统嘀嗒定时器

表 2-7　外部中断

位置	优先级	优先级类型	名称	说　　明
16	7	可设置	IRQ#0	外中断#0
17	8	可设置	IRQ#1	外中断#1
...	...	...		...
255	246	可设置	IRQ#239	外中断#239

2）异常抢占与异常优先级

优先级的数值越小，则优先级越高。根据应用中断和复位控制寄存器中的 PRIGROUP 区的设定，Cortex-M3 还把 256 级优先级按位分成高低两段，分别称为抢占优先级和子优先级，如果两个异常的抢占优先级相同，则由子优先级决定是否进行中断嵌套（表 2-8）。

表 2-8　优先级分组

PRIGROUP[2:0]	中断优先级区，PRI_N[7:0]				
	二进制点的位置	抢占区	子优先级区	抢占优先级的数目	子优先级的数目
b000	bxxxxxxx. y	[7:1]	[0]	128	2
b001	bxxxxxx. yy	[7:2]	[1:0]	64	4
b010	bxxxxx. yyy	[7:3]	[2:0]	32	8
b011	bxxxx. yyyy	[7:4]	[3:0]	16	16
b100	bxxx. yyyyy	[7:5]	[4:0]	8	32
b101	bxx. yyyyyy	[7:6]	[5:0]	4	64
b110	bx. yyyyyyy	[7]	[6:0]	2	128
b111	b. yyyyyyyy	无	[7:0]	0	256

3）异常处理机制

Cortex-M3 搭载了一个嵌套向量中断控制器 NVIC，在出现异常时，自动将处理器状态，即将 xPSR、PC、R0～R3、R12、LR 等 8 个寄存器保存到堆栈中（SP 将减少 8 个字，见图 2-9），并在中断服务程序（ISR）结束时自动从堆栈中恢复。在状态保存的同时取出向量快速地进入中断。Cortex-M3 的中断延迟只有 12 个时钟周期（ARM7 需要 24～42 个时钟周期）。

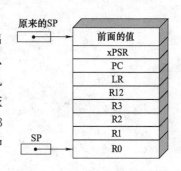

图 2-9　中断时的堆栈压栈操作

当新异常比当前异常或任务有更高优先级时，则中断当前操作流，响应新的中断，并执行新的 ISR，于是就产生了中断嵌套。异常产生时，处理器的状态将自动入栈保存；与此同时，相对应的中断向量被取出。保存处理器状态后，将执行 ISR 的第一条指令，进入了处理器流水线的执行阶段。这就是异常抢占（Pre-emption），如图 2-10 所示。

Cortex-M3 支持"末尾链锁"（tail-chaining，有的称"咬尾"）中断技术，它能够在退出一个 ISR 并进入另一个高优先级中断时略过 8 个寄存器的出栈和压栈操作（无多余的状态保存和恢复操作），从而加速中断响应过程。这使得背靠背（back-to-back）中断的响应只需要 6 个时钟周期（图 2-11）。

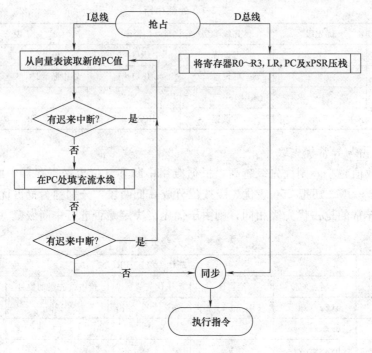

图 2-10 "抢占"细节

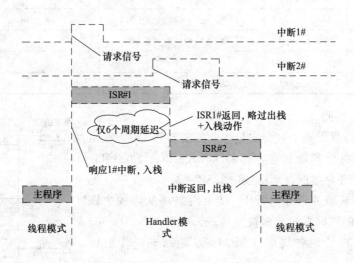

图 2-11 末尾链锁

Cortex-M3 也支持高优先级中断请求"迟来"(Late-arriving)中断处理技术,在前一个 ISR 还没有进入执行阶段时,如果有一个更高优先级的中断到达,这时在继续保存处理器状态后,直接抢占前一个中断,载入新中断向量,执行迟到中断的 ISR 的第一条指令(图 2-12)。

异常返回时,如果没有挂起的异常,或没有比栈中的 ISR 优先级更高的异常,则处理器执行出栈返回操作。ISR 完成时,将自动通过出栈操作恢复进入 ISR 之前的处理器状态。在恢复处理器状态的过程中,如果有一个新到的中断比正在返回的 ISR 或任务拥有更高优先级,则抛弃当前的操作并对新的中断作"末尾链锁"处理(图 2-12)。

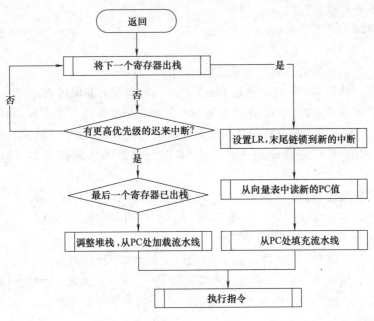

图 2-12 "返回"细节

2.3 Cortex-M3 处理器产品

Cortex-M3 处理器内核是单片机的中央处理单元（CPU）。完整的基于 CM3 的 MCU 还需要很多其他组件。在芯片制造商得到 CM3 处理器内核的使用授权后，它们就可以把 CM3 内核用在自己的硅片设计中，添加存储器、外设、I/O 以及其他功能块（图 2-13）。不同厂家设计出的单片机会有不同的配置，包括存储器容量、类型、外设等都各具特色。

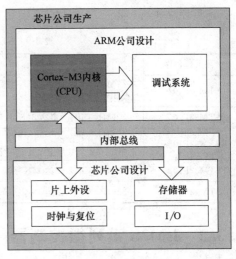

图 2-13　基于 COTEX-M3 的处理器芯片结构

目前 Cortex-M3 处理器内核的授权客户数已达到 28 家，包括东芝、ST、Ember、Accent、Actel、ENERGY、ADI、NXP、TI、Atmel、Broadcom、Samsung、Zilog 和 Renesas，其中 ST、TI、NXP、Atmel 和东芝已经推出基于 Cortex-M3 的 MCU 产品。

2.3.1 STM32 系列微控制器

STM32 系列是 STMicroelectronics（简称 ST，意法半导体）公司基于 ARM Cortex-M 的一个主流的微控制器系列，用以适应工业、医疗和消费电子市场的各种应用需求，共有：基本型 stm32f101，USB 基本型 stm32f102，增强型 stm32F103，互联型 stm32f105/74 个产品线，各产品线之间引脚、外设和软件兼容。

1）STM32 系列命名规则

STM32 F 103 C 6 T 7 x x x

      1   2 3 4 5 6 7 8

第 1 部分，产品系列名，固定为 STM32。

第 2 部分，产品类型：F 表示这是 Flash 产品，目前没有其他选项。

第 3 部分，产品子系列：103 表示增强型产品，101 表示基本型产品，105 表示集成一个全速 USB 2.0 Host/Device/OTG 接口和两个具有先进过滤功能的 CAN2.0B 控制器，107 表示在 STM32F105 系列基础增加一个 10/100 以太网媒体访问控制器（MAC），互联型产品。

第 4 部分，管脚数目：T＝36 脚；C＝48 脚；R＝64 脚；V＝100 脚；Z＝144 脚

第 5 部分，闪存存储器容量：6＝32K 字节；8＝64K 字节；B＝128K 字节；C＝256K 字节 D＝384K 字节； E＝512K 字节

第 6 部分，封装信息：H＝BGA；T＝LQFP；U＝VFQFPN

第 7 部分，工作温度范围：6＝工业级，－40～85℃   7＝工业级，－40～105℃

第 8 部分，可选项：此部分可以没有，可以用于标示内部固件版本号。

2）STM32F10x 的片上资源

所有产品线都包括：多达 512K 字节闪存、2 个通道 12 位 DAC＊、2-4 个 16 位定时器、多种通信外设：2～5 个 USART，1～3 个 SPI，1～2 个 I^2C、ETM＊、FSMC＊、SDIO、2×I^2S、主振荡器 4～16MHz、内置 8MHz 和 40kHz、阻容振荡器、实时时钟 RTC、2×看门狗、复位电路、7～12 路 DMA、80％通用 I/O 管脚等（加＊者为大容量型增加内容），其余资源见表 2-9。

表 2-9 STM32F10x 的资源描述

产品系列名称	资 源 描 述
STM32F107	72MHz CPU 多达 64K 字节 SRAM、USB2.0 OTG 全速、2 个 CAN 2.0B 2 个音频级 I^2S、以太网 IEEE1598
STM32F105	72MHz CPU 多达 64K 字节 SRAM、USB2.0 OTG 全速、2 个 CAN 2.0B 2 个音频级 I^2S
STM32F103	72MHz CPU、20～64K 字节 SRAM、2～3 个 12 位 ADC(1μs)温度传感器、USB2.0 全速、CAN 2.0B、1～2 个专用 PWM 定时器
STM32F102	48MHz CPU、多达 16K 字节 SRAM、1 个 12 位 ADC(1μs)温度传感器、USB2.0 全速
STM32F101	36MHz CPU、多达 16K 字节 SRAM、1 个 12 位 ADC(1μs)温度传感器

2.3.2 LM3S 系列微控制器

被 TI 收购前的 Luminary Micro 是一家仅有 60 人的小的、针对特定市场的公司，销售基于 ARM 低价位、低功耗的紧缩型 Cortex-M3 核的 32 位 MCU，其 Stellaris 系列 MCU 定位于要求强大控制处理与连接功能的低成本应用，如运动控制、远程监控、楼宇控制、工厂自动化、测量测试和医疗仪表等。

最新推出的第四代 Stellaris 器件——LM3S9000 Series 在通用处理性能方面取得了最新突破，实现了连接性、存储器配置以及高级运动控制的完美结合，还可为客户提供业界标准 ARM Cortex-M3 内核的通用处理性能以及 Stellaris 产品系列的高级通信功能，如 10/100M 以太网 MAC＋PHY、CAN、USB OTG、USB 主机/装置、SSI/SPI、UART、I2S 以及

I2C 等（表 2-10）。

表 2-10 　LM3S 系列的资源描述

产品系列名称	资　源　描　述
S100 系列	20MHz CPU，8KByte FLASH，2KByte SRAM，少管脚 SOIC-28 封装。集成模拟比较器、UART、SSI、通用定时器、I2C、CCP 等外设
S300 系列	25MHz CPU，16KByte FLASH，4KByte SRAM，LQFP-48 封装。ADC、带死区 PWM、温度传感器、模拟比较器、UART、SSI、通用定时器、I2C、CCP 等外设
S600 系列	50MHz CPU，32KByte FLASH，8KByte SRAM，LQFP-48 封装。正交编码器、ADC、带死区 PWM、温度传感器、模拟比较器、UART、SSI、通用定时器、I2C、CCP 等外设
S800 系列	50MHz CPU，64KByte FLASH，16KByte SRAM，LQFP-48 封装。正交编码器、ADC、带死区 PWM、温度传感器、模拟比较器、UART、SSI、通用定时器、I2C、CCP 等外设
S1000 系列	50MHz CPU，64～256KByte FLASH，16～64KByte SRAM，LQFP-100 封装。睡眠模块、正交编码器、ADC、带死区 PWM、温度传感器、模拟比较器、UART、SSI、通用定时器、I2C、CCP 等外设
S2000 系列	50MHz CPU，64～256KByte FLASH，8～64KByte SRAM，LQFP-100 封装。CAN 控制器、睡眠模块、正交编码器、ADC、带死区 PWM、温度传感器、模拟比较器、UART、SSI、通用定时器、I2C、CCP 等外设
S3000 系列	50MHz CPU，128KByte FLASH，32～64KByte SRAM，LQFP-64/LQFP-100 封装。USB HOST/DEVICE/OTG、睡眠模块、正交编码器、ADC、带死区 PWM、温度传感器、模拟比较器、UART、SSI、通用定时器、I2C、CCP、DMA 控制器等外设。芯片内部固化驱动库
S5000 系列	50MHz CPU，128KByte FLASH，32～64KByte SRAM，LQFP-64/LQFP-100 封装。CAN 控制器、USB HOST/DEVICE/OTG、睡眠模块、正交编码器、ADC、带死区 PWM、温度传感器、模拟比较器、UART、SSI、通用定时器、I2C、CCP、DMA 控制器等外设。芯片内部固化驱动库
S6000 系列	50MHz CPU，64～256KByte FLASH，16～64KByte SRAM，LQFP-100 封装。100MHz 以太网、睡眠模块、正交编码器、ADC、带死区 PWM、温度传感器、模拟比较器、UART、SSI、通用定时器、I2C、CCP 等外设
S8000 系列	50MHz CPU，64～256KByte FLASH，16～64KByte SRAM，LQFP-100 封装。100MHz 以太网、CAN 控制器、睡眠模块、正交编码器、ADC、带死区 PWM、温度传感器、模拟比较器、UART、SSI、通用定时器、I2C、CCP 等外设
S9000 系列	100MHz CPU，128～256KByte FLASH，64～96KByte SRAM，LQFP-100 封装。100MHz 以太网、CAN 控制器、USB OTG、外部总线 EPI、ROM 片上 StellarisWare 软件、睡眠模块、正交编码器、ADC、带死区 PWM、温度传感器、模拟比较器、UART、SSI、通用定时器、I2S、I2C、CCP、高精度振荡器、DMA 等外设

2.3.3　LPC17XX 系列微控制器

LPC1768 是 NXP 公司推出的基于 ARMCortex-M3 内核的微控制器 LPC17XX 系列中的一员。LPC17XX 系列 Cortex-M3 微处理器用于处理要求高度集成和低功耗的嵌入式应用。LPC1700 系列微控制器的操作频率可达 100MHz（新推出的 LPC1769 和 LPC1759 可达 120MHz）。LPC17XX 系列微控制器的外设组件包含高达 512kB 的 flash 存储器、64kB 的数据存储器、以太网 MAC、USB 主机/从机/OTG 接口、8 通道 DMA 控制器、4 个 UART、2 条 CAN 通道、2 个 SSP 控制器、SPI 接口、3 个 IIC 接口、2 输入和 2 输出的 IIS 接口、8 通道的 12 位 ADC、10 位 DAC、电机控制 PWM、正交编码器接口、4 个通用定时器、6 输出的通用 PWM、带有独立电池供电的超低功耗 RTC 和多达 70 个的通用 IO 管脚（表 2-11）。

表 2-11 LPC17XX 系列的资源描述

型号	f_{max} /MHz	FLASH /kB	RAM /kB	I/O 引脚	UART	I²C	I²S	SPI	SSP	ADC	DAC	定时器	PWM	I/O 电压 /V	CPU 电压 /V
LPC1751	100	32	8	52	4	3		2	2	6		6	6	3.3	3.3
LPC1752	100	64	16	52	4	3		2	2	6		6	6	3.3	3.3
LPC1754	100	128	32	52	4	3		2	2	6	1	6	6	3.3	3.3
LPC1756	100	256	32	52	4	3	1	2	2	6	1	6	6	3.3	3.3
LPC1758	100	512	64	52	4	3	1	2	2	6	1	6	6	3.3	3.3
LPC1764	100	128	32	70	4	3		2	2	8		6	6	3.3	3.3
LPC1765	100	256	64	70	4	3	1	2	2	8	1	6	6	3.3	3.3
LPC1766	100	256	64	70	4	3	1	2	2	8	1	6	6	3.3	3.3
LPC1767	100	512	64	70	4	3	1	2	2	8	1	6	6	3.3	3.3
LPC1768	100	512	64	70	4	3	1	2	2	8	1	6	6	3.3	3.3
LPC1788	120	512	96	165	5	3	1	3	3	8	1	4	6	3.3	—

本章小结

本章对 ARM 公司及架构的背景知识进行了介绍，并重点描述了 Cortex-M3 处理器的编程模型、寄存器、存储器管理、异常和中断等技术要点，并简要介绍了目前市面上常见的 Cortex-M3 微控制器产品。

思考与练习

1. 简述 Cortex-M3 内核的主要技术特性与结构。

2. Cortex-M3 是否支持 ARM 指令？采用哪种指令集架构？

3. 说明小端格式与大端格式的差别。

4. 试画出 Cortex-M3 的存储器映射图，并说明存储器位操作区域的特点。

5. 说明 Cortex-M3 核的中断处理流程。什么是末尾链锁？什么是中断迟来？

6. 查找资料，了解 STM32 及 LM3S 系列微控制器的特点和应用。

7. 判断下列说法的正确与否。

(1) ARM Cortex-M3 不仅是一个 32 位处理器 IP 核，而且是市场实际可售的硬件芯片。

(2) ARM 的 V7 架构版本，主要包括 A、R、M 三个系列，其中 M 系列的应用领域与传统单片机的应用领域重合。

(3) 线程（Thread）模式下，所有代码都是特权访问的，且只能使用主堆栈指针（SP _ main）。

(4) PC 寄存器又叫程序计数器，由于 M3 内部使用了指令流水线，故读 PC 时返回的值是当前指令的地址+4。

（5）在小端存储器格式中，一个字的最低地址的字节是该字的最低有效字节。

（6）ARM Cortex-M3 支持共 1GB 的可寻址内存空间。

（7）位段别名区（Bit Band Alias）中的每一个字都映射到位段区（Bit Band Region）中的一个位。

（8）Cortex-M3 是使用了基于哈佛结构的 3 级流水线内核。

（9）使用尾链（tool chain）技术，在一个异常处理即将返回时，有高优先级的异常发生，这时将跳过处理器状态的出栈过程，而直接执行新的异常服务处理程序。

（10）Arm Cortex-M3 内核在复位后，从异常向量表的 0x0000 0000 开始执行复位异常响应程序。

（11）Cortex-M3 系列处理器支持 Thumb 指令集。

（12）Cortex-M3 系列处理器支持 Thumb-2 指令集。

（13）Cortex-M3 系列处理器内核采用了哈佛结构的三级流水线。

（14）Cortex-M 系列不支持 Thumb-2 指令集。

（15）Contex-M3 系列处理器内核采用了冯诺依曼结构的三级流水线。

（16）当处理器在 Thread 模式下，代码一定是非特权的。

（17）Context-M3 处理器可以使用 4 个堆栈。

（18）在系统复位后，所有的代码都使用 Main 栈。

（19）高寄存器可以被所有的 32 位指令访问，也可以被 16 位指令访问。

（20）在系统层，处理器状态寄存器分别为：APSR，IPSR，PPSR。

（21）APSR 程序状态寄存器的 28 位，当 V=0，表示结果为无溢出。

（22）所谓不可屏蔽的中断就是优先级不可调整的中断。

（23）向量中断控制器只负责优先级的分配与管理，中断的使能和禁止和它无关。

（24）中断的优先级和它在中断向量表里的位置没有关系。

（25）当抢占式优先级不一样时，一定会发生抢占。

（26）向量中断控制器允许有相同的优先级。

（27）如果两个中断的抢占式优先级相同，则按先来后到的顺序处理。

（28）从某种意义上说，异常就是中断。

8. 在各选择项中选择正确的答案。

（1）在 STM32F10x 中，某内存地址空间为 0x0000 0000～0x1FFF FFFF，其应该是属于_____区。

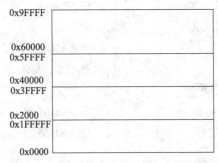

题图 2-1　STM32 的存储器组织结构简图

A. 代码（Code）   B. 片上 SRAM

C. 片上外设（Peripheral）   D. 片外 RAM

（2）ARM 公司是专门从事_____的。

A. 基于 RISC 技术 IP 核的设计开发   B. ARM 芯片生产

C. 软件设计   D. ARM 芯片销售

（3）Thumb 指令集和 Thumb 2 指令集分别是_____的。

A. 8 位，16 位   B. 16 位，32 位   C. 16 位，16 位   D. 32 位，16 位

（4）存储一个 32 位数 0x2168465 到 2000H～2003H 四个字节单元中，若以小端模式存储，则 2000H 存储单元的内容为_____。

A. 0x21   B. 0x68   C. 0x65   D. 0x02

（5）Cortex-M3 使用基于_____的存储器体系结构，它的指令和数据各占一条总线，它的指令与数据可以从内存中同时读取，加快了程序的执行速度。

A. 冯·诺依曼结构   B. 哈佛结构   C. 普林斯顿结构

（6）中断向量是指_____。

A. 中断断点的地址   B. 中断向量表起始地址

C. 中断处理程序入口地址   D. 中断返回地址

（7）根据 STM32 的存储器组织形式，系统代码区存在于题图 2-1 所示的_____地址空间区域内。

A. ①   B. ②   C. ③   D. ④

（8）在以 STM32F10x 为嵌入式处理器的系统的存储结构中，存取速度最快的是_____。

A. 片上 RAM   B. 寄存器组   C. Flash   D. 片外 RAM

（9）寄存器 R13 除了可以做通用寄存器外，还可以做_____。

A. 程序计数器   B. 链接寄存器   C. 栈指针寄存器   D. 基址寄存器

（10）根据位带区别名地址计算公式：别名地址（Word 地址）= 位带别名区基地址＋位带区字节偏移地址×32 ＋位序号×4，别名地址 0x2200 001C 映射为位带区地址为 0x2000 0000 的位置处的字节的第_____位。

A. 5   B. 6   C. 7   D. 8

（11）STM32F103VBT6 资源不包括_____。

A. 128k 的 Flash   B. 100 个引脚   C. USB 接口   D. USB OTG 接口

（12）Cortex-M3 采用_____流水线结构。

A. 3 级   B. 4 级   C. 5 级   D. 6 级

（13）Cortex-M3 处理器采用_____架构。

A. ARM v7-M 架构   B. ARM v4-M 架构

C. ARM v6-M 架构   D. 以上都不是

（14）以下哪个表述不正确_____。

A. ARM 是一个公司的名称   B. ARM 是对一类微处理器的通称

C. ARM 是一种技术的名字   D. ARM 是一款芯片的名称

第3章

Chapter 03 STM32F10x微控制器
与开发平台

本章内容提要

（1）STMircroelectronics 公司的基于 Cortex-M3 内核的 STM32F10x 芯片系列的系统架构、存储空间分配及实验开发板的组成和功能。

（2）软件开发环境的介绍与初步使用。

本章教学导航

教 学 目 标			建议课时	教学方法
了解	熟悉	学会		
（1）STM32F103x 小系统的结构。 （2）开发板的组成和功能。 （3）固件库 FW Lib2.0 的结构	（1）STM32F10x 的系统架构和存储空间分配 （2）RealView MDK 环境的安装与配置 （3）标准外设库的结构和使用方法	（1）初步使用开发板硬件。 （2）初步使用 Real-View MDK 环境，会进行调试除错。 （3）会使用标准外设库组织工程	12 课时	任务驱动法 分组讨论法 理论实践一体化 讲练结合

3.1 STM32F10x 微控制器

3.1.1 系统架构

微控制器主系统由以下部分构成（图 3-1）。

（1）四个驱动单元：Cortex™-M3 内核 DCode 总线（D-bus）、系统总线（S-bus）、通用 DMA1 和通用 DMA2。

（2）四个被动单元：内部 SRAM、内部闪存存储器、FSMC、AHB 到 APB 的桥（AHB2APBx，它连接所有的 APB 设备）。

① ICode 总线。将 Cortex™-M3 内核的指令总线与闪存指令接口相连接。指令预取在此总线上完成。

② DCode 总线。将 Cortex™-M3 内核的 DCode 总线与闪存存储器的数据接口相连接

（常量加载和调试访问）。

③ 系统总线。连接 Cortex™-M3 内核的系统总线（外设总线）到总线矩阵，总线矩阵协调着内核和 DMA 间的访问。

④ DMA 总线。将 DMA 的 AHB 主控接口与总线矩阵（协调着 CPU 的 DCode 和 DMA 到 SRAM、闪存和外设的访问）。

⑤ 总线矩阵。协调内核系统总线和 DMA 主控总线之间的访问仲裁（轮换算法）。AHB 外设通过总线矩阵与系统总线相连，允许 DMA 访问。

⑥ AHB/APB 桥（APB）。在 AHB 和 2 个 APB 总线间提供同步连接。APB1 操作速度限于 36MHz，APB2 操作于全速（最高 72MHz）。

注：在每一次复位以后，所有除 SRAM 和 FLITF 以外的外设都被关闭，在使用一个外设之前，必须设置寄存器 RCC＿AHBENR 来打开该外设的时钟。

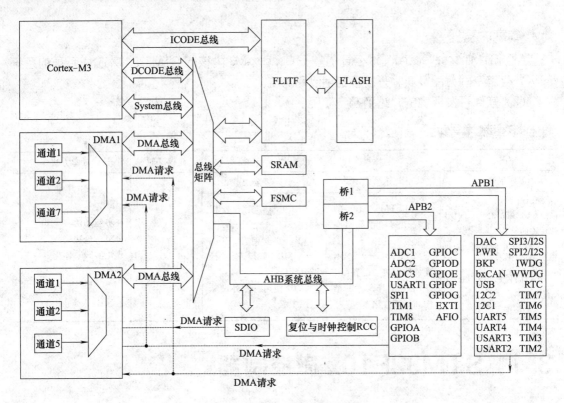

图 3-1　STM32F10x 系统架构

3.1.2　存储空间分配

按照 Cortex-M3 对存储空间管理框架的划定，STM32F10x 的程序存储器、数据存储器、寄存器和输入输出端口被组织在同一个 4GB 的线性地址空间内，数据字节以小端格式存放在存储器中，且可访问的存储器空间被分成 8 个主要块，每个块为 512MB（图 3-2）。

1）STM32F10x 的外设寄存器位置

STM32F10x 的相关片上外设寄存器在存储空间中位置如表 3-1。并且这些外设寄存器正落在位带区 0x4000 0000-0x4010 0000 中，表明这些寄存器的每一个位可以用位带别名地址来访问：位别名地址＝bit＿band 基地址＋（字节偏移×32）＋（位编号×4），如 0x4002

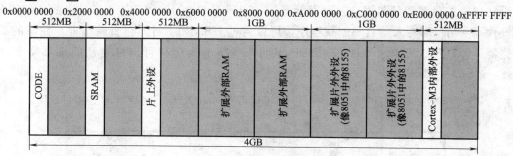

保留　　已占用

0x0000 0000　0x2000 0000　0x4000 0000　0x6000 0000　0x8000 0000　0xA000 0000　0xC000 0000　0xE000 0000　0xFFFF FFFF

| 512MB | 512MB | 512MB | 1GB | 1GB | 512MB |

| CODE | SRAM | 片上外设 | 扩展外部RAM | 扩展外部RAM | 扩展片外外设（像8051中的8155） | 扩展片外外设（像8051中的8155） | Cortex-M3内部外设 |

4GB

图 3-2　存储空间的划分

2000 的第 2 位的位别名地址：0x4200 0000＋(0x4002 2000－0x4000 0000)＊32＋2＊4，即：0x4222 0008。

表 3-1　STM32F10x 的外设寄存器位置

起始地址	外设	总线	起始地址	外设	总线
0x4002 2400～0x4002 3FFF	保留	AHB	0x4000 8000～0x4000 77FF	保留	APB1
0x4002 2000～0x4002 23FF	闪存存储器接口		0x4000 7000～0x4000 73FF	电源控制	
0x4002 1400～0x4002 1FFF	保留		0x4000 6C00～0x4000 6FFF	后备寄存器（BKP）	
0x4002 1000～0x4002 13FF	复位和时钟控制		0x4000 6800～0x4000 6BFF	保留	
0x4002 0400～0x4002 0FFF	保留		0x4000 6400～0x4000 67FF	bxCAN	
0x4002 0000～0x4002 03FF	DMA		0x4000 6000～0x4000 63FF	USB/CAN 共享的 SRAM512 字节	
0x4001 3C00～0x4001 3FFF	保留	APB2	0x4000 5C00～0x40005FFF	USB 寄存器	
0x4001 3800～0x4001 3BFF	USART1		0x4000 5800～0x4000 5BFF	I2C2	
0x4001 3400～0x4001 37FF	保留		0x4000 5400～0x4000 57FF	I2C1	
0x4001 3000～0x4001 33FF	SPI1		0x4000 5000～0x4000 4FFF	保留	
0x4001 2C00～0x4001 2FFF	TIM1 时钟		0x4000 4800～0x4000 4BFF	USART3	
0x4001 2800～0x4001 2BFF	ADC2		0x4000 4400～0x4000 47FF	USART2	
0x4001 2400～0x4001 27FF	ADC1		0x4000 4000～0x4000 3FFF	保留	
0x4001 2000～0x4001 1FFF	保留		0x4000 3800～0x4000 3BFF	SPI2	
0x4001 1800～0x4001 1BFF	GPIO 端口 E		0x4000 3400～0x4000 37FF	保留	
0x4001 1400～0x4001 17FF	GPIO 端口 D		0x4000 3000～0x4000 33FF	独立看门狗（IWDG）	
0x4001 1000～0x4001 13FF	GPIO 端口 C		0x4000 2C00～0x4000 2FFF	窗口看门狗（WWDG）	
0x4001 0C00～0x4001 0FFF	GPIO 端口 B		0x4000 2800～0x4000 2BFF	RTC	
0x4001 0800～0x4001 0BFF	GPIO 端口 A		0x4000 2400～0x4000 0FFF	保留	
0x4001 0400～0x4001 07FF	EXTI		0x4000 0800～0x4000 0BFF	TIM4 定时器	
0x4001 0000～0x4001 03FF	AFIO		0x4000 0400～0x4000 07FF	TIM3 定时器	
			0x4000 0000～0x4000 03FF	TIM2 定时器	

2）内嵌 FLASH 存储器（CODE 区）

STM32F10x 系列产品，都有一个内嵌的 FLASH 存储器，根据型号不同，占用存储空间 0x0800 0000～0x01FFF FFFF 存储区间,主要分成三段:0x0800 0000～0x0801 FFFF 为代码驻留的主存储器(即用户闪存存储器),0x1FFF F000～0x1FFF F7FF 中的 2K 字节为系统代码(出厂时写入的自举加载程序,可以通过 USART1 对闪存重新编程)驻留的系统存储器,0x1FFF F800～0x1FFF F9FF 中的 512 字节为用户可选可定制的选项字节(图 3-3)。

图 3-3　内嵌 FLASH 存储器的地址空间

除此,对 FLASH 存储器的访问控制由表 3-1 中 0x4002 2000～0x4002 23FF 处的 FLASH 存储器寄存器的配置来实现。

3) 嵌入式 SRAM

STM32F10xxx 内置 20K 字节的静态 SRAM。它可以以字节、半字(16 位)或全字(32 位)访问。SRAM 的起始地址是 0x2000 0000,同样位带区 0x2000 0000～0x2010 0000 中的各个字的每个位也可以用位带别名地址来访问,如映射别名区中 SRAM 地址为 0x20000300 的字节中的位 2:0x22006008 = 0x22000000 +(0x300 × 32)+(2 × 4),对 0x22006008 地址的写操作和对 SRAM 中地址 0x20000300 字节的位 2 执行读-改-写操作有着相同的效果。

4) 启动代码映射模式选择

STM32F10x 的启动有三种模式(表 3-2),分别可以通过引脚 BOOT1,BOOT0 来选择(在复位后第 4 个上升沿或退出 STANDBY 挂起模式时被采样),从而使相应的存储介质内的启动代码映射到起始地址为 0x0000 0000 的 boot 空间(此时原来的空间仍可访问)。

表 3-2　启动模式选择

启动模式选择管脚		启动模式	说　明
BOOT1	BOOT0		
X	0	用户闪存存储器	用户闪存存储器被选为启动区域
0	1	系统存储器	系统存储器被选为启动区域
1	1	内嵌 SRAM	内嵌 SRAM 被选为启动区域

启动延时结束时,PC 寄存器装入 0x0000 0000 地址,然后 CPU 将从 0x0000 0000 开始执行代码。

3.1.3　STM32F103XX 介绍

STM32F103xC、STM32F103xD 和 STM32F103xE 增强型系列使用高性能的 ARM®

Cortex™-M3 32 位的 RISC 内核，工作频率为 72MHz，内置高速存储器（高达 512K 字节的闪存和 64K 字节的 SRAM），丰富的增强 I/O 端口和连接到两条 APB 总线的外设。所有型号的器件都包含 3 个 12 位的 ADC、4 个通用 16 位定时器和 2 个 PWM 定时器，还包含标准和先进的通信接口：多达 2 个 I2C、3 个 SPI、2 个 I2S、1 个 SDIO、5 个 USART、1 个 USB 和 1 个 CAN（图 3-4）。封装形式从 64 脚至 144 脚的五种不同封装，相应的外设配置也不尽相同。

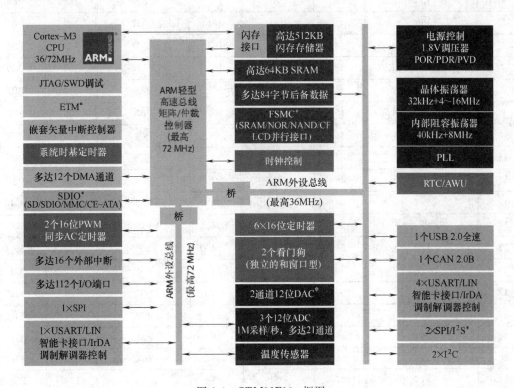

图 3-4　STM32F10x 框图

STM32F103 是增强型系列，工作在 72MHz，带有片内 RAM 和丰富的外设（基本型系列 STM32F101，工作在 36MHz，拥有相同的片内闪存选项，在软件和引脚封装方面兼容）。

1）STM32F103ZE 的原理图符号，封装与引脚

由于产品型号和封装较多，这里仅用 STM32F103ZE 进行简要说明，其他请参考相应的芯片数据手册。

该芯片为 144 引脚的 LQFP 封装，部分引脚是具有复用功能（第二、三可选功能，见图 3-5）的，可以在软件中用重映射设定究竟使用引脚的哪一功能，表 3-3 也给出了该芯片的引脚分布。

2）供电方案

STM32F103xx 芯片正常工作需要三组电压，VDD/VSS（2～3.6V）、VDDA/VSSA（2～3.6V）及电池 VBAT（1.8～3.6V）。当关闭 VDD 时，VBAT，通过内部电源开关为 RTC、外部 32kHz 振荡器和后备寄存器供电（图 3-6）。

（1）VDD 引脚必须连接带外部稳定电容器（五个 100nF 的陶瓷电容器和一个钽制电容器（最小 4.7μF，典型的为 10μF））的 VDD 电压，如果 ADC 被使用，VDD 的范围必须被

表 3-3　STM32F103ZE 引脚分布

引脚	名称	引脚	名称	引脚	名称	引脚	名称
1	PE2	37	PA3	108	VDD_2	144	VDD_3
2	PE3	38	VSS_4	107	VSS_2	143	VSS_3
3	PE4	39	VDD_4	106	NC	142	PE1
4	PE5	40	PA4	105	PA13	141	PE0
5	PE6	41	PA5	104	PA12	140	PB9
6	VBAT	42	PA6	103	PA11	139	PB8
7	PC13-TAMPER-RTC	43	PA7	102	PA10	138	BOOT0
8	PC14-OSC32_IN	44	PC4	101	PA9	137	PB7
9	PC15-OSC32_OUT	45	PC5	100	PA8	136	PB6
10	PF0	46	PB0	99	PC9	135	PB5
11	PF1	47	PB1	98	PC8	134	PB4
12	PF2	48	PB2	97	PC7	133	PB3
13	PF3	49	PF11	96	PC6	132	PG15
14	PF4	50	PF12	95	VDD_9	131	VDD_11
15	PF5	51	VSS_6	94	VSS_9	130	VSS_11
16	VSS_5	52	VDD_6	93	PG8	129	PG14
17	VDD_5	53	PF13	92	PG7	128	PG13
18	PF6	54	PF14	91	PG6	127	PG12
19	PF7	55	PF15	90	PG5	126	PG11
20	PF8	56	PG0	89	PG4	125	PG10
21	PF9	57	PG1	88	PG3	124	PG9
22	PF10	58	PE7	87	PG2	123	PD7
23	OSC_IN	59	PE8	86	PD15	122	PD6
24	OSC_OUT	60	PE9	85	PD14	121	VDD_10
25	NRST	61	VSS_7	84	VDD_8	120	VSS_10
26	PC0	62	VDD_7	83	VSS_8	119	PD5
27	PC1	63	PE10	82	PD13	118	PD4
28	PC2	64	PE11	81	PD12	117	PD3
29	PC3	65	PE12	80	PD11	116	PD2
30	VSSA	66	PE13	79	PD10	115	PD1
31	VREF−	67	PE14	78	PD9	114	PD0
32	VREF+	68	PE15	77	PD8	113	PC12
33	VDDA	69	PB10	76	PB15	112	PC11
34	PA0-WKUP	70	PB11	75	PB14	111	PC10
35	PA1	71	VSS_1	74	PB13	110	PA15
36	PA2	72	VDD_1	73	PB12	109	PA14

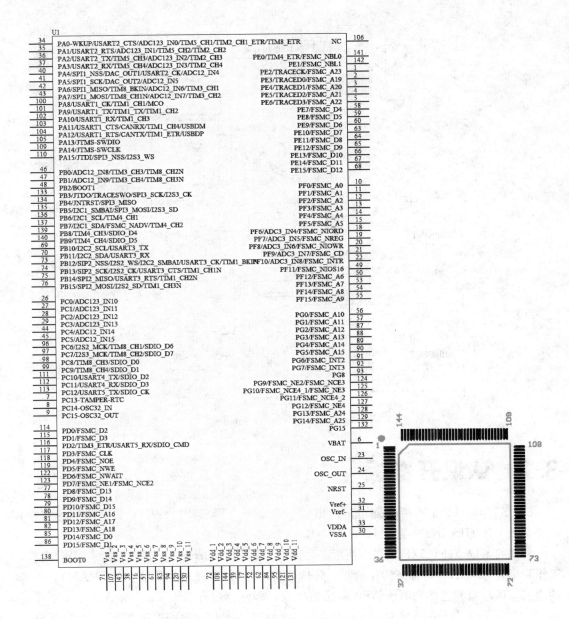

图 3-5　STM32F103ZE 原理图符号及 LQFP144 封装

控制在 2.4～3.6V；如果 ADC 没有被使用，VDD 的范围为 2～3.6V。

（2）VBAT 引脚必须被连接到外部电池（1.8V＜VBAT＜3.6V），如果没有外部电池，这个引脚必须被连接到带 100nF 陶瓷电容器的 VDD 电压上。

（3）VDDA 引脚必须被连接到两个外部稳定电容器（10nF 陶瓷电容器＋1μF 钽制电容器）。

（4）VREF＋引脚可以被连接到 VDDA 外部电源。如果一个单独的外部参考电压提供给 VREF＋，两个 10nF 和一个 1μF 的电容器必须被连接到这个引脚上。在所有情况下，VREF＋必须被保持在 2.0V 到 VDDA 之间。

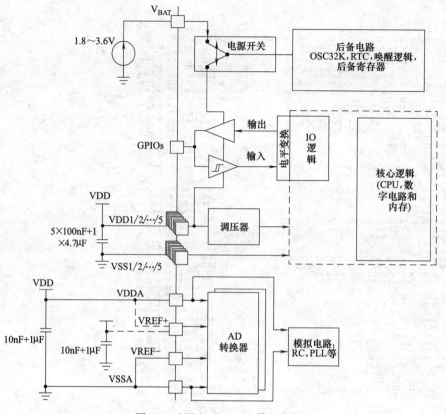

图 3-6　STM32F103ZE 供电方案

3.2　认识开发板

EM-STM3210E 是英蓓特公司新推出的一款基于 STM32F103ZET6 的全功能评估板，配合调试工具 ULINK2 一起使用 (图 3-7)。

所用的 STM32F103ZE 增强型使用高性能的 ARM® Cortex™-M3 32 位的 RISC 内核，工作频率为 72MHz，内置高速存储器 (高达 512K 字节的闪存和 64K 字节的 SRAM)，丰富的增强 I/O 端口和连接到两条 APB 总线的外设。器件都包含 3 个 12 位的 ADC、4 个通用 16 位定时器和 2 个 PWM 定时器，还包含标准和先进的通信接口：多达 2 个 I2C、3 个 SPI、2 个 I2S、1 个 SDIO、5 个 USART、一个 USB 和一个 CAN。

(1) 该开发板可选两种供电方式，通过 JP5 选择以下其中一种方式供电：①通过主板电源端子 CN1 输入 5V DC；②通过主板上 USB 端口 (CON1) 供电，供电电流小于 500mA (也可进行 USB 全速通讯)。另外，后备电池可维持备份区信息不丢失。

(2) 开发板采用 32kHz 晶振作为 RTC 的时钟源 (LSE)，8MHz 晶振作为 MCU 的时钟源 (HSE)，通过 SW2、SW1 选择，SW1＝0 时，选择从用户 flash 启动，否则 (SW1＝1)：①如果 SW2＝0，则从系统 flash 启动 (内置 BootLoader 以从串口用 ISP 下载程序)；②SW2＝1，则从 SRAM 启动。

(3) 在输入方面，开发板配置了三种类型的显示器件：①4 个发光二极管用于程序功能测试。②配置了 4 个 8 段共阳极的数码管用于显示数字。③配置了一个 320×240 像素真彩

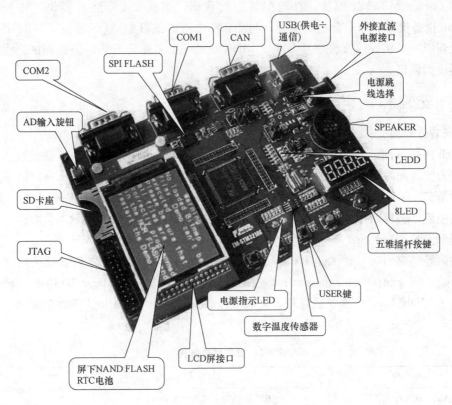

图 3-7　EM-STM3210E 开发板实物图

LCD 显示屏。另外，开发板配置了一个具备四个方向和确定功能的摇杆手柄、Reset、Wakeup、Temper 和 User 等 4 按键。

（4）开发板配置了一个 USB device 端口、2 个 UART 和一个 CAN 2.0 通信端口。COM1 串口可用于通过 JSP 方式下载程序。两路 UART 中，UART2 支持 RTS/CTS 握手信号，UART1 不支持 RTS/CTS 握手信号。

（5）为 STM32F103ZE 外扩了 2MB NOR FLASH、128MB NAND FLASH、128KB SRAM、8M 字节 SPI Flash，可用于需较大存储容量的应用场合。

（6）有两种调试接口：①CON3，标准的 20 脚 JTAG 仿真调试接口；②CON3 中第 7 针（SWDIO），第 9 针（SWCLK）支持新的 ARM Cortex-M3 串行调试功能（SWD）。

（7）其余外设有：I2C 接口的温度传感器 STLM75M2E 连接到 I2C1 接口上，由两个分立的 N 通道增强型 MOS-FET 用于转换电平，使得不同电压的器件能接入到同一 I2C 总线上的。通过外置的 Speaker 可以播放音频文件，DAC 输出与 Speaker 的连接可由 JP6 控制。

3.3　REALVIEW MDK 的安装与配置

RealView MDK（Microcontroller Development Kit）开发套件源自德国 Keil 公司，是 ARM 公司目前最新推出的针对各种嵌入式处理器的软件开发工具。RealView MDK 集成了业内最领先的技术，包括 µVision3 集成开发环境与 RealView 编译器。支持 ARM7、ARM9

和最新的 Cortex-M3 核处理器，自动配置启动代码，集成 Flash 烧写模块，具备强大的 Simulation 设备模拟、性能分析等功能，与 ARM 之前的工具包 ADS 等相比，RealView 编译器的最新版本可将性能改善超过 20％。MDK 配合 ulink 进行下载，仿真调试。也可以使用模拟器进行调试。

3.3.1 安装和认识 MDK4.70

1）安装过程简介

去 keil 网站（网址是 https：//www.keil.com/download/product/）下载安装文件，双击运行进入安装向导，在向导的指引下依次完成如下动作：选择接受 license，选择安装目录（一般是 C：\ Keil），输入用户信息，然后等待安装进程，当安装过程进行到完成 KEIL 的文件复制后，将提示用户选择是否安装示例文件，选择好后继续安装示例。在向导的最后一步将提示安装 Ulink pro Driver。

安装向导结束后，启动 Keil uVision4，如果是 Windows 7 则要作为管理员启动，使用菜单：File＞＞License Management…，在之后的对话框中输入 License ID Code，确认。这样就完成了 MDK 4.70 全部安装过程。之后可以在安装目录 C：\ keil 下找到如表 3-4 的目录结构。

表 3-4　安装目录结构

文 件 夹	内 容
C：\KEIL\ARM\BIN$xx$	μVision4/ARM 工具链的可执行文件
C：\KEIL\ARM\Boards	各种开发板特定的示例程序
C：\KEIL\ARM\Examples	通用示例程序
C：\KEIL\ARM\Flash	Keil ULINK USB-JTAG 适配器的 Flash 编程算法文件
C：\KEIL\ARM\HLP	μVision4/Keil ARM 工具链的在线帮助文档
C：\KEIL\ARM\INC C：\KEIL\ARM\RV31	C/C＋＋ 头文件及特定设备的编译器头文件
C：\KEIL\ARM\RL	RL-ARM Real-Time Library 部件
C：\KEIL\ARM\RT Agent	Real-Time Agent 实例和配置文件
C：\KEIL\ARM\Startup	特定设备的微控制器启动文件
C：\KEIL\ARM\Utilities	各种示例所使用的工具软件
C：\KEIL\UV4	通用 μVision4 文件

2）MDK 4.70 使用界面

在 μVision4 中，用户可以按照自己的使用习惯重新定义工作环境，但通常可以划分为三个主要的区域（图 3-8）。

① 工程窗口区域作为屏幕的一部分，主要显示工程窗口，函数窗口，参考书窗口，和寄存器窗口；

② 在编辑窗口区中，用户可以编辑源代码，查看性能和分析信息及检查反汇编代码；

③ 输出窗口提供包括调试、内存、符号、调用栈、局部变量、命令、浏览信息及文件内查找等相关的信息。

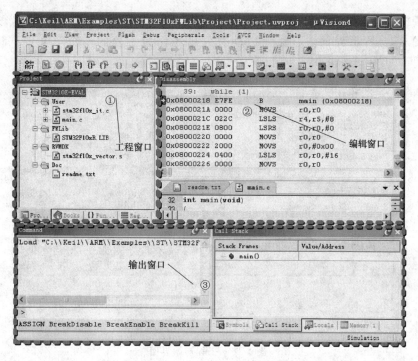

图 3-8　μVISION4 工作区

3.3.2　初步使用 MDK 4.70

1）新建工程

使用菜单：project＞＞New Project…，在之后的对话框后选择工程文件的保存目录，然后下一步提示你选择目标设备：Select Device for Target 'Target1'，在这里找到开发所用的芯片：STMicroelectronics 公司的 STM32F103ZE，然后点击 OK（图 3-9）。

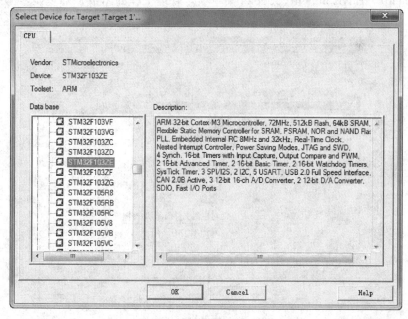

图 3-9　选择目标设备芯片

当出现提示是否拷贝启动文件 startup _ stm32f10x _ hd. s 到工程文件夹时，选择"是"，这时出现图 3-10 所示界面。可见该启动文件已经作为工程的一个源文件，置于 Source Group1 中。

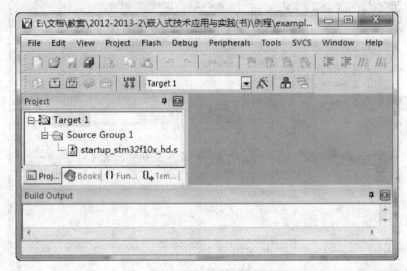

图 3-10　工程初始界面

这里，启动代码和系统硬件结合紧密，大多数用汇编语言编写，因而成为许多工程师难以跨越的门槛。RealView MDK 的 μVision4 工具可生成完善的启动代码，并提供图形化的窗口，随您轻松修改，能大大节省时间，提高开发效率。

还有一个与启动相关的文件是：system _ stm32f10x. c，它主要初始化 stm32f10x CPU 所需要的时钟（位置在 C：\ Keil \ ARM \ Startup \ ST \ STM32F10x \ 下，也可以拷贝到工程目录）、及中断向量表的位置，需要把它也加入工程中，现在使用：Project＞＞Manage＞＞Components，Environment，Books 菜单项，管理工程的组成、环境及参考书等各部分（图 3-11）。

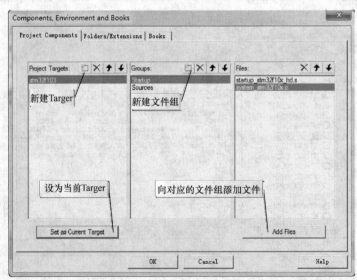

图 3-11　管理工程的组成

2）添加用户代码

现在需要往工程里添加代码了。这里简单地使用开发板的电路，显示 LED 的控制。使用：Project＞＞New，然后打开一个新的编辑界面，输出以下代码，并保存为 main. c，注意千万不要少输了 . c，然后再加入工程的 source 文件组，工程的最终文件组成见图 3-12。

```c
#include "stm32f10x.h"
#define GPIOLED GPIOF
const unsigned long led_mask[] = { 1UL <<  6, 1UL <<  7, 1UL << 8, 1UL << 9};
unsigned int LED_NUM = sizeof(led_mask)/sizeof(unsigned long);
void LED_Init (void)
{
  RCC->APB2ENR |= (1UL << 7);                    /* 打开 GPIOF 时钟  */
  GPIOLED->ODR  &= ~0x000003C0;                  /* 关闭所有 LED   */
  /* 配置 LED 端口(GPIOF 引脚 6,7,8,9)为推挽输出,时钟 50MHz */
  GPIOLED->CRL  &= ~0xFF000000;  GPIOLED->CRL  |=  0x33000000;
  GPIOLED->CRH  &= ~0x000000FF;  GPIOLED->CRH  |=  0x00000033;
}
// 打开 LED
void LED_On (unsigned int num) {
  if (num < LED_NUM) {
    GPIOLED->BSRR = led_mask[num];
  }
}
// 关闭 LED
void LED_Off (unsigned int num) {
  if (num < LED_NUM) {
    GPIOLED->BRR = led_mask[num];
  }
}
//LED 状态切换输出
void LED_Out(unsigned int num) {
    if (GPIOLED->ODR & led_mask[num]) LED_Off (num);
  else LED_On(num);
}
//系统定时器异常处理
void SysTick_Handler (void) {
  static unsigned long ticks = 0;
  int i;
  if (ticks++ >= 99) {                           /* 每秒切换 LED */
```

```
    ticks    = 0;
      for (i = 0; i < LED_NUM; i++) LED_Out (i);
    }
  }
  int main (void)
  {
    LED_Init();
    //设置系统定时器每 100 个系统时钟周期溢出一次
  SysTick_Config(SystemCoreClock / 100);
    while (1) ;
  }
```

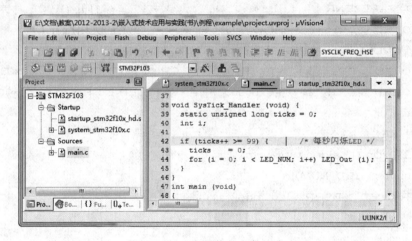

图 3-12　工程最终的文件组成

有读者会注意到这里对于 RCC 的寄存器 APB2ENR，GPIO 的 ODR、CRL、BSRR、BRR 等寄存器的值如何给出，这实际上是建立在理解芯片和开发板手册的基础上的。

为了简化这一设置过程，实际上在 ARM 公司引导下，许多公司基于 CMSIS 推出了对应芯片的编程固件库，如 ST 公司就推出了标准外设库。现在作为第一个程序例子，还是按不使用库的形式举例。

3）配置工程

现在，需要对工程的编译、链接等过程进行控制，可使用 Project>>Options for Target 'STM32F103' 菜单项（注 STM32F103 可随着所设置的 Target 名改变），见图 3-13。

这里 Target 选项卡主要设置代码占用的存储器内存布局，及是否使用操作系统和库；Output，Listing 选项卡主要设置编译、链接过程中的生成文件及存放目录（图 3-14 和图 3-15），以上三张选项卡一般使用默认设置就可以了。

如果为了使编译生成的中间文件单独存放到某个目录，则可以在 Output 里设置（图 3-14）。注意为了生成某些编程器所需要的 HEX 文件，需要在这里选择 Create HEX File。

更重要的影响编译成功与否的设置，需要在 C/C++选项卡、Debug 选项卡、Link 选项卡中进行。C/C++选项卡中可以设置预定义常量，头文件搜索路径及编译优化参数等，一般只需要设置通常作为特定代码的编译开关的预定义常量，及头文件的搜索路径即可（图

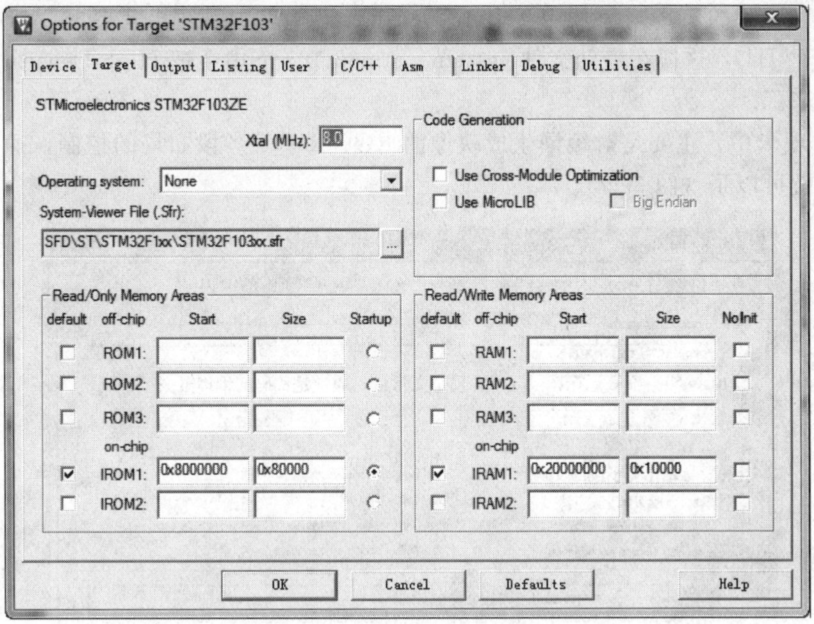

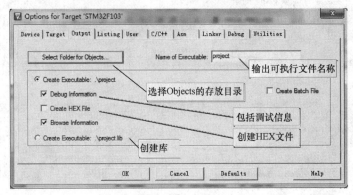

图 3-13　TARGET 选项设置

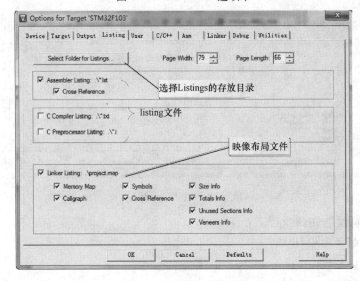

图 3-14　OUTPUT 选项卡

图 3-15　LISTING 选项卡

3-16）。由于使用的 CPU 是属于 High Density 芯片，所以这里要输入预定义常量
STM32F10x＿HD，这样在启动文件 system＿stm32f10x.c 中会把 High Density 芯片相关的
代码编译进来。

Link 选项卡中，主要是对编译生成映像的 RO、RW 等各段布局的控制，通常使用推荐
的默认配置就可以了（图 3-17）。

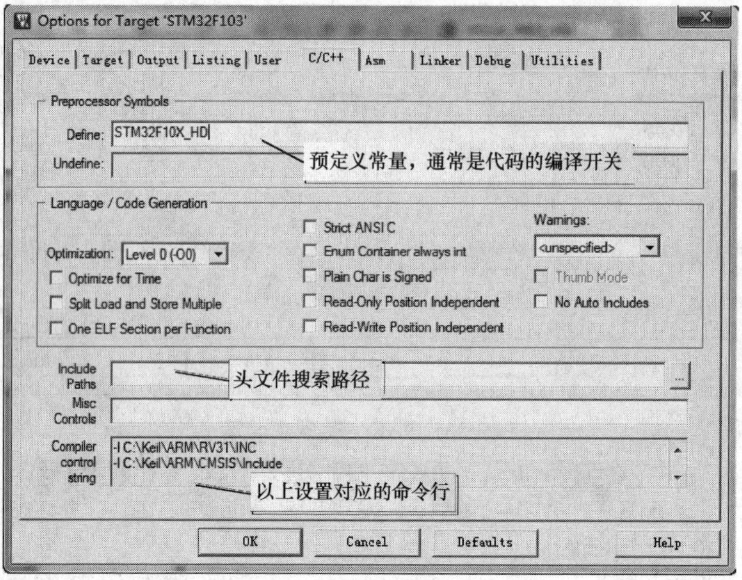

图 3-16　C/C++选项卡

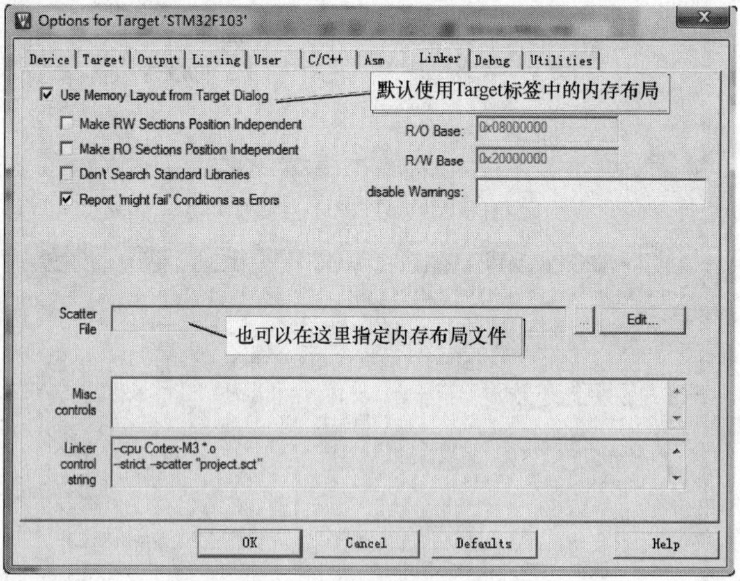

图 3-17　LINK 选项卡

所有的设置都反映在命令行上：

① C/C++编译命令行

-c--cpu Cortex-M3 -g -O0--apcs＝interwork

-I C:\Keil\ARM\RV31\INC

-I C:\Keil\ARM\CMSIS\Include

-I C:\Keil\ARM\Inc\ST\STM32F10x

-DSTM32F10X_HD -o "*.o"--omf_browse "*.crf"--depend "*.d"

② Link 命令行

--cpu Cortex-M3 *.o

--strict--scatter "project.sct"

--summary_stderr--info summarysizes--map--xref--callgraph--symbols

--info sizes--info totals--info unused--info veneers

--list ".\project.map"

-o project.axf

这里忽略说明 asm 选项卡的设置，读者可以自行查看。

4）编译和链接

编译和链接前请先确认，所有的源文件已经在工程的文件组中列出来了，如果没有列出，则需要把相关文件加入到文件组中。目前使用了三个文件，它们分别是系统目录下的 C：\ Keil \ ARM \ Startup \ ST \ STM32F10x \ system _ stm32f10x.c，拷贝到工程目录下的启动文件 startup _ stm32f10x _ hd.s，及我们自己建的文件 main.c。

（1）使用菜单：Project＞＞Translate…可以按 C/C＋＋选项卡中的设置对当前 C 语言进行编译或对当前汇编语言文件进行汇编。

（2）使用菜单：Project＞＞Build Target 进行构建，可以分别完成 Project 中所有文件的编译，然后按 Link 选项卡的设置完成链接，生成最终的映像文件。以下为构建过程中的输出，这里显示了三步：assembling、compiling、linking，并给出最终的映像文件的各组成部分 Code、RO-data、RW-data、ZI-data＝1636 区及其大小。

```
Build target 'STM32F103'
assembling startup_stm32f10x_hd.s...
compiling system_stm32f10x.c...
compiling main.c...
linking...
Program Size：Code = 1124 RO-data = 352 RW-data = 28 ZI-data = 1636
"project.axf" - 0 Error(s), 0 Warning(s)
```

编译完成后，可以观察生成的文件.sct，.map 文件的内容，以理解构建生成过程。以上动作也可以使用 Build 工具栏（图 3-18）完成，通常最常用的是第二个工具"构建"。

图 3-18　Build 工具栏

实际上在编译、链接过程主要进行了图 3-19 所示的动作。

5）调试和除错

在编写程序完成后，在构建过程中，通常会出现各种错误提示（特别是第一次写程序），

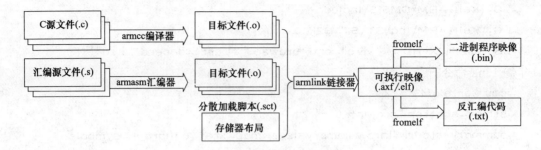

图 3-19 编译和链接的具体过程

这个时候就需要进行调试。

(1) 排除语法错误(静态分析)。例如,如果代码中 main 函数需要有大括号对表示函数体,但如果第一个大括号忘记输入了,这时编译就会提示:

```
compiling main. c...
main. c(49): error:  #130: expected a "{"
main. c (52): warning:  # 12-D: parsing restarts here after previous
syntax error
main. c(55): error:  #7: unrecognized token
main. c(55): error:  #169: expected a declaration
main. c - 3 Error(s), 1 Warning(s).
```

这时通常是在第一个错误上双击鼠标左键,将会直接跳转到错误提示的 49 行代码上,这时就需要根据读者个人的知识分析进行除错了,修正错误后再进行编译,如果还有其他错误,则需要进一步除错,直到完全没有错误。

(2) 排除运行期错误(动态分析)。如果程序本身没有语法错误,但因设计错误而没有正确实现预期的功能,这时需要进行调试,调试前需要根据预判,在可能出现错误的代码行上设置断点(Debug>>Insert/Remove BreakPoint 菜单项或 F9 键),然后进入调试状态(Debug>>Start/Stop Debug Session 菜单项或 Ctrl+F5 键),然后调试运行程序(Debug>>Run 菜单项或 F5 键),现在界面变成图 3-20 所示。

这时程序运行过程会在断点处停下来,调试菜单各选项变有效且显现出调试工具栏(图3-21),然后可根据断点处的变量值、寄存器值及相关外设设备在该断点处的状态,可以分析得出错误的原因并修正。调试时可以随时设置新的断点,或取消断点。

这样调试除错(Debug 英文就是除"臭虫")过程就是:出错→设断点→调试运行→分析断点处的变量值、寄存器值及相关外设设备的状态→修正错误。直到所有运行期错误都被排除。

在调试运行状态下,可以打开相关外设的观察窗口(Peripherals 菜单或"系统观察者工具"按钮),如本例中的系统定时器(Peripherals>>Core Peripherals>>System tick Timer 菜单项)和 GPIOF(Peripherals>>General Purpose I/O>>GPIOF 菜单项),从这里可以看到运行过程中外设状态的变化(图 3-22)。

另外,寄存器窗口、调用栈窗口、Watch 1/2、Memory 1/2 等窗口也可以帮助确定程序在调试运行时究竟发生了什么,有利于查错(图 3-23)。

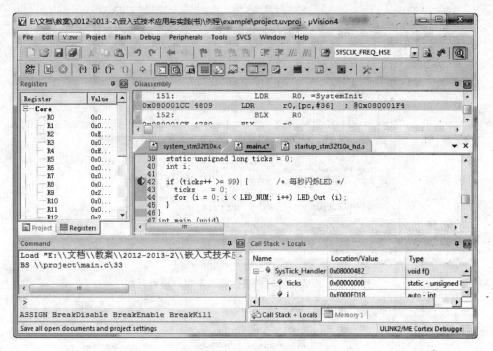

图 3-20 调试运行界面

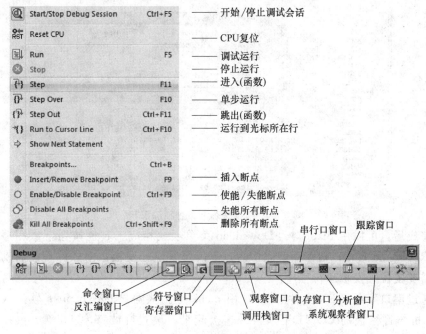

图 3-21 调试相关菜单和工具栏

6）程序映像的下载

经过链接后的映像必须下载到目标板中运行，这有两种方式，其中之一是通过 J-Link 或 U-Link 等仿真器进行下载，另一种办法是利用串口进行下载。

（1）通过 U-Link 仿真器下载。下载前配置下载的目标 FLASH 相应存储单元位置，这一步配置不当会造成无法下载，这里根据所用仿真器和目标 CPU，按图 3-24 所示设置。

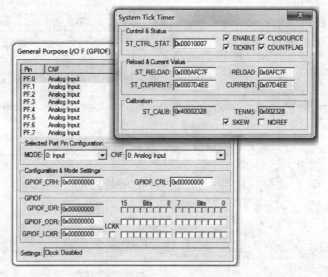

图 3-22　调试运行时，可打开设备窗口进行观察

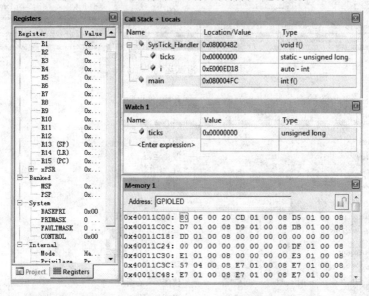

图 3-23　调试状态下各种辅助窗口

　　配置完成后，可以用 Flash＞＞Download 菜单项或相应工具栏按钮下载程序映像，如果配置了 Reset and Run，则在下载完毕后，不需要复位开发板，由软件直接启动开发板运行，否则需要复位开发板运行程序。

　　（2）通过串口下载 HEX 文件（PC 端用 mcuisp）。从网上下载 mcuisp 软件（图 3-25），然后将 PC 机与目标板的 COM1 用串口线连接起来，设置好波特率 115200bps；在目标板上，利用在系统存储区中内嵌的自举程序（由 ST 公司在生产时刷入的，用于通过串口烧写FLASH），这就要设置跳线 boot0＝1，boot1＝0（表 3-5）。

表 3-5　开发板启动跳线设置

SW1（boot1）	SW2（boot0）	启动方式
x	0	从用户 flash 启动
0	1	从系统 flash 启动
1	1	从 SRAM 启动

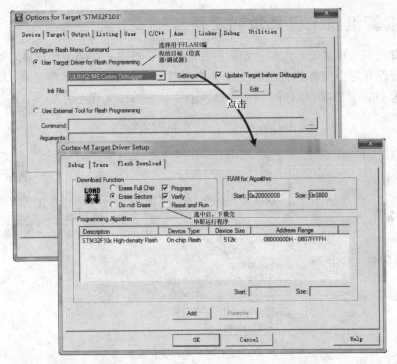

图 3-24　下载工具及 FLASH/RAM 编程算法设置

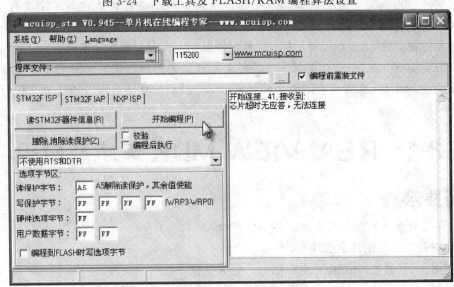

图 3-25　mcuisp 软件

经过以上操作，现在应该已经可以在开发板上看到程序正确地运行：每秒闪烁显示 LED 指示灯。完整的使用步骤，如图 3-26 所示。

图 3-26　MDK4.70 完整的使用步骤

3.3.3 重新组织工程目录和文件

如果再看一下工程目录，大家一定能够发现现在目录内文件类型比较多，也比较乱，所以通常在工程设计时会把各种类型的文件分类存放（图 3-27），当然需要在 Output 中设置输出文件夹为 Objs（图 3-14），而 listing 选项卡中设置输出文件夹为 Lsts（图 3-15）。

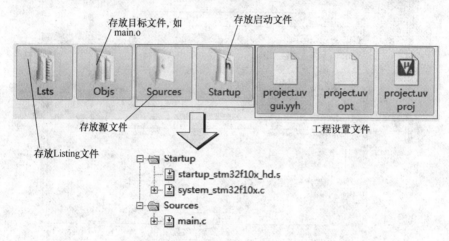

图 3-27 工程目录和文件组织

可见实际工程源文件被组织到如下路径中：两个启动文件被放在同一个文件夹：.\Sources\Startup\startup_stm32f10x_hd.s，.\sources\startup\system_stm32f10x.c，用户自建的文件被 .\Sources\main.c 中。这种文件组织方式看起来就清楚多了。

其实由于 startup 文件夹中的两个文件是从系统目录拷贝过来的，一般不需要修改，这样只需要关注 Sources 文件夹中的源文件就可以了。以后的程序可以采用这种文件目录组织结构作为模板。

任务 3-1 REALVIEW MDK 环境及应用

◀任务要求▶

（1）开机检查开发板及其附件，并上电初检。

① 检查开发板及附件是否完整。

② 利用 USB 供电/外接 5V 电源供电，然后复位，并启动开发板。

（2）获取最新的 RealView MDK 免费版本，体验软件的安装过程。

① 下载最新的 RealView MDK 免费版本（建议用 4.70）。

② 安装完成下载的 RealView MDK。

（3）利用 ULINK2 或 JSP 下载并运行测试程序。

① 配置 RealView MDK 环境，及 Flash 下载工具的软硬件环境。

② 建立测试程序工程，并完成编译和构建。

测试程序基本要求是：通过别名存储器区中的字地址，来访问位带区的某个变量中的位，完成相关位的读写测试，并进行验证该访问的正确性，结果通过 LED（D1、D2）表现出来：可以通过位带区访问变量的位时点亮 D1，否则点亮 D2（参考程序见后面任务实施部分)。

③ 下载测试程序,并在开发板上运行验证,检查开发板的工作情况。

任务目标

(1) 专业能力目标。

① 熟悉实验开发系统硬件组成。

② 熟悉 MDK 开发环境配置、界面。

③ 熟悉下载、程序试运行、调试。

④ 了解程序的编译、构建等步骤。

(2) 方法能力目标。

① 自主学习:会根据任务要求分配学习时间,制定工作计划,形成解决问题的思路。

② 信息处理:能通过查找资料与文献,对知识点的通读与精度,快速取得有用的信息。

③ 数字应用:能通过一定的数字化手段将任务完成情况呈现出来。

(3) 社会能力目标。

① 与人合作:小组工作中,有较强的参与意识和团队协作精神。

② 与人交流:能形成较为有效的交流。

③ 解决问题:能有效管控小组学习过程,解决学习过程中出现的各类问题。

(4) 职业素养目标。

① 平时出勤:遵守出勤纪律。

② 回答问题:能认真回答任务相关问题。

③ 6S 执行力:学习行为符合实验实训场地的 6S 管理。

引导问题

(1) EM-STM3210E 开发板供电模块的电路结构是怎样的?

(2) 怎样使用 ULINK2 调试并下载程序?如何配置下载代码的存储器区间?

(3) RealView MDK 支持的 Cortex m3 芯片有哪些?试列举三至五家公司的产品。

(4) 试用 Step、Step in、Step Out、运行至光标处等方式(注意相应的快捷键)调试运行程序,并说明各种方式的差异。

(5) 怎样利用断点,在调试时查看寄存器、变量、堆栈、内存的信息?怎样查看片上外设的运行状况?

(6) 如何配置编译、汇编、链接等的选项?

任务实施

(1) 开机检查开发板及其附件,并上电初检。

① 检查开发板及附件(表 3-6)是否完整(在检查结果列打钩或叉)。

② 利用 USB 供电/外接 5V 电源供电,然后复位,并启动开发板。

有两种供电方式,通过 JP5 选择以下其中一种方式供电,上电后,LED(D6)会发光。

1-2 短接:通过主板电源端子 CN1 输入外接电源 5V DC,即 VIN。

3-4 短接:通过主板上 USB 端口(CON1)供电,即 U5V,供电电流小于 500mA(也可进行 USB 全速通信,见图 3-28)。

表 3-6　检查开发板及附件

检查项目	检查结果	检查项目	检查结果
处理器：STM32F103ZE，主频：72MHz		20Pin JTAG 调试接口	
2 个三线 RS232 串行口		2MB NOR FLASH	
一个 CAN 总线接口		128MB NAND FLASH	
一个 SD 存储卡接口		128KB SRAM	
一个 USB Device 接口		8M 字节 SPI Flash	
一个具备四个方向和确定功能的摇杆手柄、Reset，Wakeup，Temper 和 User 等 4 按键		外接电源：5VDC 供电 /USB 供电及跳线	
四个 Led 灯		TFT- LCD 屏/接口	
四位八段数码管输出		一路 AD 输入	
一路 DAC 音频输出		四个 26Pin 用户扩展接口	
一个温度传感器			

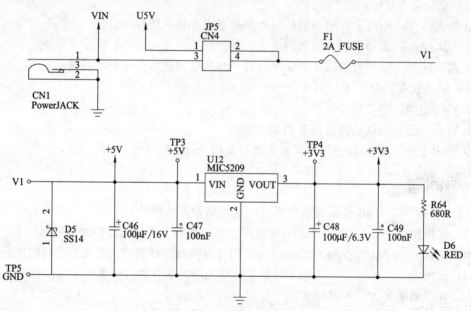

图 3-28　电源模块电路

接下来按下复位键 S1，整个开发板将复位（图 3-29），此时按跳线 SW2（BOOT1）和 SW1（BOOT0）的设置可选择从用户 flash 启动、从系统 flash 启动、从 SRAM 启动三种启动方式，一般选第一种方式。

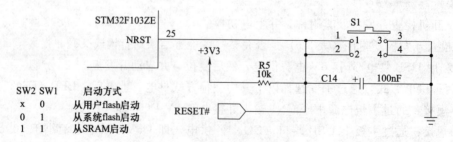

图 3-29　复位电路和启动方式

（2）获取最新的 RealView MDK 免费版本，体验软件的安装过程

① 下载最新的 RealView MDK 免费版本（建议用 4.70）。

可以从 Keil 官方网站下载，也可以通过搜索引擎查找，从各大电子类网站下载。

② 安装完成下载的 RealView MDK。

说明：以上两步可参照 3.3.1 节进行，安装时注意选择安装目录，一般为默认的：C：\ Keil。

（3）利用 ULINK2 或 JSP 下载并运行开发板测试程序。

① 配置 RealView MDK 环境及 Flash 下载工具的软硬件环境。

在开发过程中，如果需要使用全功能的 MDK 软件，则安装完后需要购买并配置相关许可证。

正确连接仿真器、PC 主机、开发板，然后通过菜单项：Flash＞＞Config Flash Tools…，在对话框中配置 FLASH 下载工具（图 3-24）。

② 建立测试程序工程，并完成编译和构建。

说明：依次完成图 3-26 所示的步骤，更为详细的具体步骤参考 3.3.2 小节。

参考程序代码（直接读写寄存器方式）及说明：

```
#include "stm32f10x.h"
#define BB_OFFSET 0x2000000
//BB_ADDR 宏 求取位带区中的位在别名存储器区中的字地址
//（需保证 addr 落在 RAM 或外设的位带区内）
#define BB_ADDR(addr,bitnum) (volatile uint32_t  *)((addr & 0xF0000000)+\
BB_OFFSET + ((addr &0xFFFFF)<<5) + (bitnum<<2))
//通过别名存储器区中的字地址,访问相应的位
#define SetBit(addr,bitnum)  ( * BB_ADDR(addr,bitnum) = 1)    //设为 1
#define ResetBit(addr,bitnum)  ( * BB_ADDR(addr,bitnum) = 0)  //设为 0
#define ReadBit(addr,bitnum)  ( * BB_ADDR(addr,bitnum))          //读取该位
//寄存器地址
#define APB2ENR      RCC_BASE + 0x18
#define GPF_ODR       GPIOF_BASE + 0x0c
#define GPF_CRL       GPIOF_BASE + 0x00
#define GPF_BSRR     GPIOF_BASE + 0x10
#define GPF_BRR       GPIOF_BASE + 0x14
void LED_Init (void) {
   uint32_t  * pReg ;
SetBit(APB2ENR,7); / * 使能 GPIOF 时钟,通过别名存储区的字地址访问指定位 * /
   ResetBit(GPF_ODR,6);ResetBit(GPF_ODR,7); / * 关闭 D1,D2 * /
//直接通过寄存器地址访问内容字
```

```
//配置 LED 端口(GPIOF 的引脚 6,7)为推挽输出时钟 50MHz
  pReg = (uint32_t  *)GPF_CRL;
* pReg  &= ~0xFF000000;
* pReg  |=  0x33000000;
}
int main (void)
{
  __IO uint32_t Var,Var1,VarAddr = 0, VarBitValue = 0;
  LED_Init();

VarAddr = (uint32_t)&Var; /* 取得变量地址 */
  Var = 0x00005AA5; //二进制 0000 0000 0000 0000 0101 1010 1010 0101
  Var1 = (Var|1UL<<1) & (~(1UL<<11));//准备置 1 第 1 位,置 0 第 11 位
  // 使用别名区地址访问位,修改变量 1 位为 1,Var = 0x00005AA7
// 然后重新取得变量 1 位,进行验证
SetBit(VarAddr, 1);VarBitValue = ReadBit(VarAddr, 1);
  /* 修改变量的 11 位为 0,Var = 0x000052A7,然后重新取得变量 11 位,进行验
证 */
  ResetBit(VarAddr, 11); VarBitValue = ReadBit(VarAddr, 11);

  /* 通过 D1,D2 两个 LED,验证是否确实可以通过位带区访问变量的位 */
  if (Var == Var1)
  {//验证通过
    SetBit(GPF_BSRR,6);//此时 D1 发光
  }else{//验证未通过(实际不会发生)
    SetBit(GPF_BSRR,7);//此时 D2 发光
  }
  while (1)  {
      ;
  }
}
```

如果编译过程出现错误提示,则进行调试除错,直到完全排除错误为止。

③ 下载测试程序,并在开发板上运行验证,检查开发板的工作情况。

测试并确认程序功能是否完成:通过别名存储器区中的字地址,来访问位带区的某个变量中的位,完成相关位的读写测试,并进行验证该访问的正确性,结果通过 LED(D1、D2)表现出来:可以通过位带区访问变量的位时访问点亮 D1,否则点亮 D2。

> **考核评价**

本单元的考核评价如表 3-7 所示。

表 3-7　任务 3-1 的考核表

评价方式	标准分 共 100 分	考 核 内 容										计分
教师评价	专业能力	70	(1)开机检查开发板及其附件,并上电初检									
			①	②	③	④	⑤	⑥	⑦	⑧	⑨	⑩
			/	/	/	/	/	/	/	/	/	/
			(2)获取最新的 RealView MDK 免费版本,体验安装过程									
			①	②	③	④	⑤	⑥	⑦	⑧	⑨	⑩
			/	/	/	/	/	/	/	/	/	/
			(3)利用 ULINK2 或 JSP 下载并运行开发板测试程序									
			①	②	③	④	⑤	⑥	⑦	⑧	⑨	⑩
			/	/	/	/	/	/	/	/	/	/
自我评价	方法能力	10	①自主学习			②信息处理			③数字应用			
小组评价	社会能力	10	①与人合作			②与人交流			③解决问题			
	职业素养	10	①出勤情况			②回答问题			③6S 执行力			
备注			专业能力目标考核按【任务要求】各项进行,每小项 10 分									

3.4　基于固件库的 STM32F10x 软件开发模式

在前面的程序开发中,如果要配置端口的模式,定时器计数时长等,主要是通过直接配置 STM32F10x 的寄存器来完成。配置的时候,常常要查阅芯片手册,查看寄存器表,查找到寄存器的地址,看配置某项功能需要用到哪些配置位,是该置 1 还是置 0。这些都是很琐碎的、机械的工作,尽管可能可以使开发人员更熟悉寄存器的组成细节,但在某种程度上来看有些无聊。

其实在 8051 单片机中的程序也是通过这种方式进行的,这种开发模式在一些相对简单,资源较少的应用来讲还是比较合适的,也比较有利于从细节上来理解芯片的工作方式。但是在 STM32F10x 中存在大量的外设,每一外设的功能需要配置诸多寄存器的位来完成,如果还是按照这种方式进行,则会使开发人员把精力耗费在这种机械的寄存器配置中去,而压缩了大量的本应花在更为重要的产品功能设计和算法的实现上去的时间,从而使开发效率低下,还影响了代码可维护性和可读性。因而客观上需要一种标准的程序接口,可以实现功能配置但同时又不用过度依赖寄存器查表。

STM32 库是由 ST 公司针对 STM32 提供的函数接口(Application Program Interface,API),开发者可调用这些函数接口来配置 STM32 的寄存器,使用这种开发模式(图 3-30),可以使开发人员得以脱离最底层的寄存器操作,有开发快速、易于阅读、维护成本低等优点。

由于为了配置寄存器,引入了库这个中间层,虽然使得程序执行效率有某些降低,但采

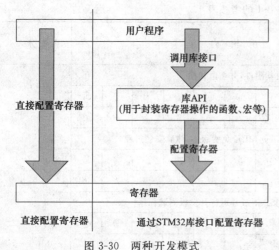

图 3-30　两种开发模式

用库可以使得各种开发人员的开发效率大大提高，也不容易出错（库代码已由 ST 公司测试通过），更是带来了程序的可读性的增强。

ST 公司推出的库，从发展历史上看，早期是 FWLib（Firmware Library），到 2.0版本后由于 ARM 公司创导的 CMSIS 即ARM® Cortex-M3™微控制器软件接口标准的推出，ST 公司对 FWLib 进行升级改版-标准外设库 StdPeriph_Lib，使之符合 CMSIS，尽管在基本 API 接口上未有根本的改变，但符合 CMSIS 表示以后在 ST 公司芯片上开发的程序可以很容易地移植到其他公司的芯片上去。在 RealView MDK 4.20 等早期版本安装有 FWLib，而在 RealView MDK 4.70安装包中已经把 StdPeriph_Lib 加进去了，它们处于安装目录：C：\ Keil \ ARM \ RV31 \LIB \ ST \ STM32F10x_StdPeriph_Driver 中，两个子目录中 inc 中含 *.h 头文件，src 中含 *.c 设备驱动源文件。

由于现在的参考书中还存在大量使用 FWLib 开发的程序，为方便学习，这里将 FWLib也简单介绍一下。

3.4.1　固件库 FWLIB V2.0

固件库是一个固件函数包，它由程序、数据结构和宏组成，包括了微控制器所有外设的性能特征及其驱动描述和应用实例。使用本固件函数库，无需深入掌握外设细节，即可轻松应用外设，这可以大大减少用户的程序编写时间，进而降低开发成本。

1）STM32F10x Firmware Library 文件组成和文件体系结构

STM32F10x Firmware Library 由两个文件夹：inc 和 src，分别是 .h 头文件和 .c 源文件所在目录（表 3-8）。

表 3-8　STM32F10x Firmware Library 文件组成

文件名	描　　述
stm32f10x_conf.h	参数设置文件，起到应用和库之间界面的作用。用户必须在运行自己的程序前修改该文件。用户可以利用模板使能或者失能外设。也可以修改外部晶振的参数。也可以是用该文件在编译前使能 Debug 或者 release 模式
application.c	用户应用文件
stm32f10x_it.h	头文件，包含所有中断处理函数原形
stm32f10x_it.c	外设中断函数文件。用户可以加入自己的中断程序代码。对于指向同一个中断向量的多个不同中断请求，可以利用函数通过判断外设的中断标志位来确定准确的中断源。固件函数库提供了这些函数的名称
stm32f10x_lib.h	包含了所有外设的头文件的头文件。它是唯一一个用户需要包括在自己应用中的文件，起到应用和库之间界面的作用
stm32f10x_lib.c	Debug 模式初始化文件。它包括多个指针的定义，每个指针指向特定外设的首地址，以及在 Debug 模式被使能时，被调用的函数的定义

文件名	描 述
stm32f10x_map.h	该文件包含了存储器映像和所有寄存器物理地址的声明，既可以用于 Debug 模式也可以用于 release 模式。所有外设都使用该文件
stm32f10x_type.h	通用声明文件。包含所有外设驱动使用的通用类型和常数
stm32f10x_ppp.c	由 C 语言编写的外设 PPP 的驱动源程序文件
stm32f10x_ppp.h	外设 PPP 的头文件。包含外设 PPP 函数的定义和这些函数使用的变量
cortexm3_macro.h	文件 cortexm3_macro.s 的头文件
cortexm3_macro.s	Cortex-M3 内核特殊指令的指令包装

图 3-31 中，表示用户应用程序只需要包含 stm32f10x_lib.h 即可使用固件库，根据程序功能要求需要修正的仅有三个文件，它们是：stm32f10x_it.c（定义中断或异常处理程序）、stm32f10x_conf.h（定义需要使用的外设）、application.c（用户应用代码）。其余文件则不需要变动。

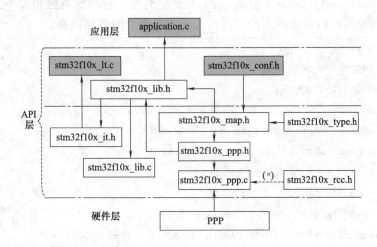

图 3-31 固件库的文件体系结构

2）固件库使用约定

固件库的使用应遵照《UM0427 ARM®-based 32-bit MCU STM32F101xx and STM32F103xxfirmware library》（ST 公司文档，网上有相应的中文翻译版：《STM32F10xx 固件函数库》）的规则。

（1）命名规则

① 系统、源程序文件和头文件命名都以"stm32f10x_"作为开头，如：stm32f10x_conf.h。b. 使用 PPP 表示任一外设缩写，例如：ADC、GPIO 等。

② 常量和寄存器都以大写字母命名。被应用于多个文件的，在对应头文件中定义，否则只在该文件内定义。

③ 外设函数的命名以该外设的缩写加下划线（只允许存在一个下划线）为开头，每个单词的第一个字母都由英文字母大写书写，例如：SPI_SendData。

函数的命名约定见表 3-9。

表 3-9　函数命名约定

函数	描述（PPP 代表某个外设）
PPP_Init	使用 PPP_InitTypeDef 中指定的参数初始化 PPP 外设函数
PPP_DeInit	复位 PPP 外设模块寄存器为默认值的函数
PPP_StructInit	将 PPP_InitTypeDef 结构体每个成员设置为复位值的函数
PPP_Cmd	用来使能或禁止指定 PPP 外设的函数
PPP_ITConfig	用来使能或禁止指定 PPP 模块的某个中断资源的函数
PPP_DMAConfig	用来使能或禁止指定 PPP 外设模块 DMA 接口的函数
GPIO_PinRemapConfig	用来设置外设模块的函数总是以字符串'Config'结尾
PPP_GetFlagStatus	用来检验指定 PPP 的标志是否被置位或清零的函数
PPP_ClearFlag	用来清除某个 PPP 标志的函数
PPP_GetITStatus	用来检验指定 PPP 的中断是否发生的函数
PPP_ClearITPendingBit	用来清除某个 PPP 中断挂起位的函数

（2）编码规则

在文件 stm32f10x_type.h 中定义了 24 个变量类型，它们的类型和大小是固定的。使用这些类型定义变量可以增加程序的可读性和不同平台之间可移植性。

```
typedef signed long s32;

typedef signed short s16;

typedef signed char s8;

typedef signed long const sc32;  /* Read Only */

typedef signed short const sc16;  /* Read Only */

typedef signed char const sc8;  /* Read Only */

typedef volatile signed long vs32;

typedef volatile signed short vs16;

typedef volatile signed char vs8;

typedef volatile signed long const vsc32;  /* Read Only */

typedef volatile signed short const vsc16;  /* Read Only */

typedef volatile signed char const vsc8;  /* Read Only */

typedef unsigned long u32;

typedef unsigned short u16;

typedef unsigned char u8;

typedef unsigned long const uc32;  /* Read Only */

typedef unsigned short const uc16;  /* Read Only */

typedef unsigned char const uc8;  /* Read Only */

typedef volatile unsigned long vu32;

typedef volatile unsigned short vu16;

typedef volatile unsigned char vu8;

typedef volatile unsigned long const vuc32;  /* Read Only */

typedef volatile unsigned short const vuc16;  /* Read Only */

typedef volatile unsigned char const vuc8;  /* Read Only */
```

上述类型定义中，volatile 告诉编译器相应类型的变量随时可能发生变化的，编译器生成的可执行码时不要进行优化。const 指该类型的变量不可以在程序运行期修改。另外，固件库中还定义了几种枚举类型，用来表示逻辑值、功能状态、标志位、错误状态等类型（表3-10）。

表 3-10 几种枚举变量的类型定义

变量类型	定　义	变量类型	定　义
布尔型	typedef enum {FALSE=0, TRUE=! FALSE } bool;	标志位状态类型	typedef enum { RESET = 0, SET = ! RESET } FlagStatus;
功能状态类型	typedef enum { DISABLE=0, ENA-BLE=! DISABLE } FunctionalState;	错误状态类型	typedef enum { ERROR = 0, SUC-CESS= ! ERROR } ErrorStatus;

文件 stm32f10x_map.h 包含了所有外设的控制寄存器布局地址，写程序时可以通过指向各个外设的指针访问各外设的控制寄存器，这些指针所指向的数据结构 PPP_TypeDef 与各个外设的控制寄存器布局一一对应。

```
#define PERIPH_BASE ((u32)0x40000000)
#define APB1PERIPH_BASE PERIPH_BASE
#define APB2PERIPH_BASE (PERIPH_BASE + 0x10000)
#define SPI2_BASE (APB1PERIPH_BASE + 0x3800)
……
#ifndef DEBUG
...
#ifdef _SPI2
#define SPI2 ((SPI_TypeDef *) SPI2_BASE)
#endif /* _SPI2 */
...
#else /* 定义了 DEBUG */
...
#ifdef _SPI2
EXT SPI_TypeDef * SPI2;
#endif /* _SPI2 */
...
#endif /* DEBUG */
```

如果用户希望使用外设 SPI，那么必须在文件 stm32f10x_conf.h 中定义 _SPI 标签。每个外设都有若干寄存器专门分配给标志位，标志位都被定义在相应的文件 stm32f10x_ppp.h 中，其命名方式以 'PPP_FLAG_' 开始。

3）使用 FWLib 固件库的工程举例（请安装并使用 MDK 4.20 版）

读者在利用 FWLib 固件库进行开发时，可以按图 3-32 所示建立工程结构，图中阴影背景色表示的文件需要包含在工程中（各种外设驱动源文件，可以用预编译的库：C：\ Keil \

ARM \ RV31 \ LIB \ ST \ STM32F10xR. LIB 代替，不过相比较而言，这会增加生成的程序映像的大小）。

如果预定义了 DEBUG 常量，则需要包含 stm32f10x _ lib. c。

所有头文件只不需要加入工程文件组中，只需在工程选项中设置好包含路径即可，在编译时会自动关联进来。

用粗框线标出的文件，可根据程序功能要求进行修改：如根据需要修改 stm32f10x _ it. c 中的中断响应函数、根据需要调用的外设修改 stm32f10x _ conf. h 中的预定义标签，以使 stm32f10x _ lib. h 可以包含相应外设的头文件。

这样一般工程的文件组成就成为表 3-11 所示的形式。其中 Source \ stm32f10x _ conf. h 必须根据所用外设，定义相应标签进行定制化提供，一般必须提供：_ RCC、_ NVIC 以使用时钟和复位，嵌套中断控制。

表 3-11　利用固件库的工程文件组成

文 件	说 明	是否需修改
Startup\stm32f10x_vector. s	启动代码	可修改（但一般不需要）
Source\main. c	用户程序	根据程序功能要求修改
Source\stm32f10x_it. c	中断/异常响应代码	根据程序功能要求修改
Source\stm32f10x_conf. h	定义外设驱动启用标签。不必加入工程，设置好包含路径即可	根据程序功能要求修改
C：\ Keil \ ARM \ RV31 \ LIB \ ST \ STM32F10xR. LIB 或 C：\ Keil \ ARM \ RV31 \ LIB\ST\STM32F10x\目录下相应的驱动源文件，如：stm32f10x_PPP. c	外设驱动库/或源文件	不需要修改

3.4.2　标准外设库 STDPERIPH _ LIB

标准外设库 StdPeriph _ Lib（当前版本是 V3.5.0），由 FWLib 升级而来，它使库与 Cortex™微控制器软件接口标准（CMSIS）兼容，改进了库的体系结构，源代码符合 Doxygen 格式，从 FWLib 升级过来时，不影响 STM32 外设驱动的 API（应用编程接口）。

1) CMSIS（Cortex™ MicroController Software Interface Standard）

由于各芯片公司的 Cortex 的某系列芯片采用的内核都是相同的，区别主要为核外的片上外设的差异（图 3-33），这些差异却导致软件在同内核，不同外设的芯片上移植困难。为了解决不同的芯片厂商生产的 Cortex 微控制器软件的兼容性问题，ARM 与芯片厂商建立了 CMSIS 标准。

图 3-33 中 CMSIS 部分，主要有内核外设函数、中间件函数和器件级外设函数，这三部分的描述如表 3-12 所示。

可见 CMSIS 层位于硬件层与操作系统或用户层之间，提供了与芯片生产商无关的硬件抽象层，可以为接口外设、实时操作系统提供简单的处理器软件接口，硬件及相关寄存器对开发者来说是透明的，这对软件的移植是有极大的好处的。

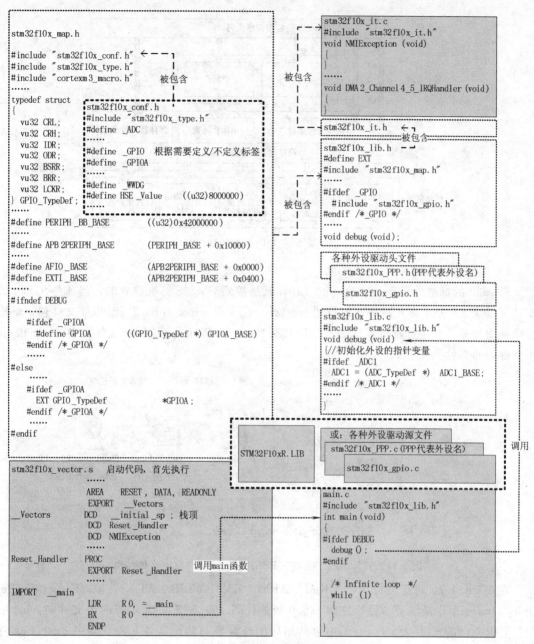

图 3-32 利用固件库的工程结构

表 3-12 CMSIS 的软件层次

ARM 提供	
内核设备访问层 Core Peripheral Access Layer（CPAL）	定义访问内核的寄存器设备的名称,地址和助手函数,也为 RTOS(实时操作系统) 定义了独立于微控制器的接口(包括调试通道)
中间设备访问层 Middleware Access Layer（MWAL）	提供了访问中间件的通用 API。由 ARM 提供,芯片供应商应当根据设备特性需要修改,目前该层尚在开发中
芯片供应商提供	
器件级外设访问层 Device Peripheral Access Layer（DPAL）	提供片上所有外设的定义。外设的访问函数(可选)以为外设提供额外的助手函数

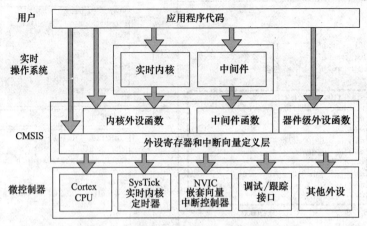

图 3-33　基于 CMSIS 标准的软件结构

2）库文件目录结构

STM32 的标准外设库 StdPeriph＿Lib，就是按照 CMSIS 标准建立的，当前是 3.5.0 版本，可以从 ST 公司官方网站下载得到 stm32f10x＿stdperiph＿lib3.5.zip 压缩文件包。解压后得到图 3-34，其中标准外设库是指 STM32F10x＿StpPeriph＿Driver 文件夹中的 inc 和 src 子文件夹的文件。

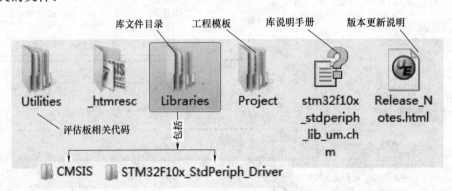

图 3-34　STM32F10X＿STDPERIPH＿LIB3.5.ZIP 文件结构

在 MDK 4.70 的安装目录：\ Keil \ ARM \ RV31 \ LIB \ ST \ STM32F10x＿StdPeriph＿Driver 中也提供了一份标准库 3.5.0 版的代码（表 3-13），其中有两个文件夹：inc 中包括外设驱动的 *.h 头文件，src 中包括相应的外设驱动的源文件 *.c。其中 misc.c 文件看起来比较特别，这个文件提供了外设对内核中的 NVIC（中断向量控制器）的访问函数，在配置中断时，必须把这个文件添加到工程中。

库文件是直接包含进工程即可，丝毫不用修改，而有的文件就要在使用的时候根据具体的需要进行配置，图 3-35 所示为标准外设库文件体系及其在用户工程中的应用。

3）使用 STM32F10xxx 标准外设库

标准外设库提供了两种方式来开发应用，可以选择使用外设驱动，也可以选择不使用外设驱动而直接访问寄存器来驱动外设。

（1）新建一个项目并设置工具链对应的启动文件（或者使用库提供的项目模板）。

（2）按照使用的产品具体型号选择启动文件，只要选中下列文件之一即可：startup＿stm32f10x＿hd.s/.c、startup＿stm32f10x＿md.s/.c 或 startup＿stm32f10x＿ld.s/.c。

表 3-13　标准库 3.5.0 版代码

文件夹 inc 包括	文件夹 src 包括
misc. h	misc. c
stm32f10x_adc. h stm32f10x_bkp. h	stm32f10x_adc. c stm32f10x_bkp. c
stm32f10x_can. h stm32f10x_cec. h	stm32f10x_can. c stm32f10x_cec. c
stm32f10x_crc. h stm32f10x_dac. h	stm32f10x_crc. c stm32f10x_dac. c
stm32f10x_dbgmcu. h stm32f10x_dma. h	stm32f10x_dbgmcu. c stm32f10x_dma. c
stm32f10x_exti. h stm32f10x_flash. h	stm32f10x_exti. c stm32f10x_flash. c
stm32f10x_fsmc. h stm32f10x_gpio. h	stm32f10x_fsmc. c stm32f10x_gpio. c
stm32f10x_i2c. h stm32f10x_iwdg. h	stm32f10x_i2c. c stm32f10x_iwdg. c
stm32f10x_pwr. h stm32f10x_rcc. h	stm32f10x_pwr. c stm32f10x_rcc. c
stm32f10x_rtc. h stm32f10x_sdio. h	stm32f10x_rtc. c stm32f10x_sdio. c
stm32f10x_spi. h stm32f10x_tim. h	stm32f10x_spi. c stm32f10x_tim. c
stm32f10x_usart. h stm32f10x_wwdg. h	stm32f10x_usart. c stm32f10x_wwdg. c

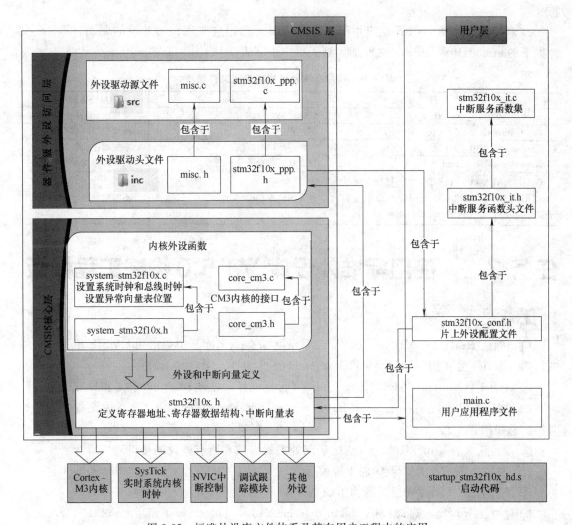

图 3-35　标准外设库文件体系及其在用户工程中的应用

（3）库的入口是文件"stm32f10x. h"，需要在应用程序文件中包含该头文件，并对其进行设置，根据使用产品所属的系列，正确地注释/去掉注释相应的 define：

/* #define STM32F10X_LD */ /* STM32 Low density devices */

/* #define STM32F10X_MD */ /* STM32 Medium density devices */

/* #define STM32F10X_HD */ /* STM32 High density devices */

在两种开发方式中，前面这三步是相同的，所不同的是下一步。

（4）用户可以选择使用外设驱动与否

① 开发基于直接访问 STM32 外设寄存器（stm32f10x.h）

a. 注释文件"stm32f10x.h"中的 #define USE_STDPERIPHE_DRIVER。

b. 利用外设寄存器结构和位定义文件 stm32f10x.h 来开发应用程序。

在之前的例子中都是采用这种方式的，以后将着重关注下一种开发方式。

② 开发基于 STM32 外设驱动 API

a. 去掉文件"stm32f10x.h"中 #define USE_STDPERIPHE_DRIVER 的注释符号。

b. 在文件"stm32f10x_conf.h"中，选择外设（去掉包含相应头文件那行代码的注释符号）。

c. 利用外设驱动 API 开发应用程序，这时需要把相应要用到的外设的驱动，即 src 文件夹下的 stm32f10x_PPP.c 文件加入到工程中来（表 3-14）。

表 3-14 利用标准外设库的工程文件组成

文 件	说 明	是否需修改
Startup\ startup_stm32f10x_hd.s	启动代码	可修改（但一般不需要）
Source\main.c	用户程序	根据程序功能要求修改
Source\stm32f10x_it.c	中断/异常响应代码	根据程序功能要求修改
Source\stm32f10x_conf.h	设置是否包含外设驱动头文件	根据程序功能要求修改
C:\Keil\ARM\RV31\LIB\ST\STM32F10x_StdPeriph_Driver\src\目录下相应的驱动源文件，如：stm32f10x_PPP.c、misc.c	外设驱动库/或源文件	不需要修改

任务 3-2 使用标准外设库 V3.5.0 构建工程模板

◁◁ 任务要求 ▷▷

（1）确认 RealView MDK 环境的安装目录（如 C:\Keil）中与启用 CMSIS 相关的文件的位置（device 为我们所用的 stm32f10x_hd）：

① 启动文件 startup_stm32f10x_hd.s（含复位异常处理 reset handler 和异常向量表）。

② 系统配置文件 system_stm32f10x.c 和 system_stm32f10x.h（含通用设备配置，如时钟和总线的建立）。

③ 设备头文件 stm32f10x.h（给出访问处理器内核和所有外设的接口）。

（2）建立配置有标准外设库的工程模板

① 按图 3-27 所示建立目录结构组织文件。

② 建立工程，加入启动代码 startup_stm32f10x_hd.s、system_stm32f10x.c，加入参考程序代码（见任务实施部分），为工程编写并添加 stm32f10x_conf.h 文件。最后做好使用标准外设库的配置（见 3.4.2 节（3）使用 STM32F10xxx 标准外设库）。

③ 并编译、链接、调试、运行成功。

（3）查看标准外设库的帮助文档，并理解程序中的相关代码。

① 从 ST 网站下载标准外设库 StdPeriph_Lib V3.5.0 包，解压缩后，查看其中的帮助文件 stm32f10x_stdperiph_lib_um.chm。

② 确定 GPIO_Init（）函数的功能和使用方法。

任务目标

（1）专业能力目标。

① 了解 MDK 开发环境与工程设置相关的各安装目录。

② 熟悉并构建出标准外设库的工程模板。

③ 熟悉下载、程序试运行、调试。

④ 学会利用手册，学习使用固件库。

（2）方法能力目标。

① 自主学习：会根据任务要求分配学习时间，制定工作计划，形成解决问题的思路。

② 信息处理：能通过查找资料与文献，对知识点的通读与精度，快速取得有用的信息。

③ 数字应用：能通过一定的数字化手段将任务完成情况呈现出来。

（3）社会能力目标

① 与人合作：小组工作中，有较强的参与意识和团队协作精神。

② 与人交流：能形成较为有效的交流。

③ 解决问题：能有效管控小组学习过程，解决学习过程中出现的各类问题。

（4）职业素养目标

① 平时出勤：遵守出勤纪律。

② 回答问题：能认真回答任务相关问题。

③ 6S 执行力：学习行为符合实验实训场地的 6S 管理。

引导问题

（1）程序加载到开发板，并复位后，执行过程依次主要经过了哪几步？

（2）启动代码 startup_stm32f10x_hd.s 实现了哪几部分功能？ system_stm32f10x.c 文件中实现了什么功能？

（3）使用标准外设库的工程，其工程的配置要点有哪些？

（4）要使用某个外设的驱动代码，需要哪些步骤？

任务实施

（1）确认 RealView MDK 环境的安装目录（如 C：\ Keil）中与启用 CMSIS 相关的文件的位置。

① 启动文件 startup_stm32f10x_hd.s（含复位异常处理 reset handler 和异常向量表）

C:\Keil\ARM\Startup\ST\STM32F10x\startup_stm32f10x_hd.s

② 系统配置文件 system_stm32f10x.c 和 system_stm32f10x.h（含通用设备配置，如时钟和总线的建立）

C:\Keil\ARM\Startup\ST\STM32F10x\ system_stm32f10x.c

C:\Keil\ARM\Inc\ST\STM32F10x\system_stm32f10x.h

③ 设备头文件 stm32f10x.h 给出访问处理器内核和所有外设的接口。

C:\Keil\ARM\Inc\ST\STM32F10x\stm32f10x.h

Sources   Startup   Objs   Lsts

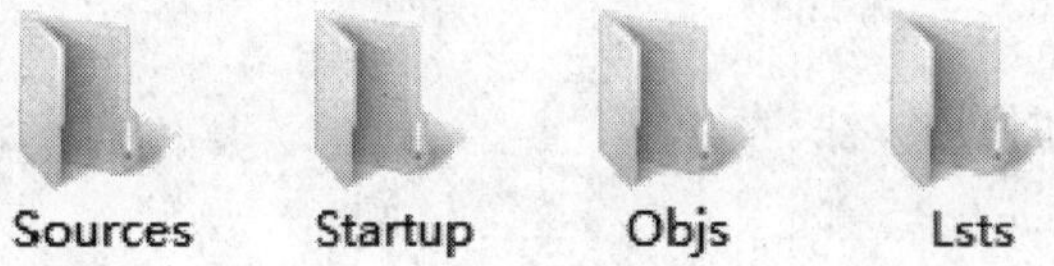

图 3-36   工程目录结构

（2）建立配置有标准外设库的工程模板

① 按图 3-27 所示建立目录结构组织文件。

在择定的文件夹中，依次建立图 3-36 目录结构。

② 建立工程，加入启动代码 startup _ stm32f10x _ hd. s、system _ stm32f10x. c，创建 main. c，并输入基本程序代码，为工程编写并添加 stm32f10x _ conf. h 文件。最后做好使用标准外设库的配置（见 3.4.2 节（3）使用 STM32F10xxx 标准外设库）。

启动 MDK，新建工程，起好名字并保存（图 3-37）。

图 3-37   新建工程

在接下来的对话框中，选择器件为：STMicroelectronics 公司的 stm32f103ze，选择不拷贝启动代码文件。

然后进入资源管理器，手动把启动文件 startup _ stm32f10x _ hd. s 和器件配置文件 system _ stm32f10x. c 从 C：\ Keil \ ARM \ Startup \ ST \ STM32F10x \ 拷贝到 startup 文件夹。

切换到 MDK，用 Project＞＞Manage＞＞Components，Environment，Books 菜单项调出对话框，把 target1 改名为 Embedded，SourceGroup1 改为 Startup，同时新建 Sources 组，把 startup 文件夹中的启动文件和器件配置文件加入 Startup 组（图 3-38）。

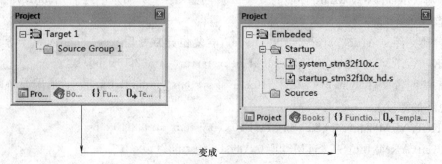

图 3-38   调整工程文件组并加入启动文件

然后用 File>>New···新建文件，起名为 main. c（注意必须加上 . c），输入代码：

```
# include "stm32f10x. h"
int main (void)
{
}
```

并保存到工程的 Sources 文件夹内，然后将它加入到工程文件组 Sources。可以在 Project 面板的 Sources 文件组中右击，选择菜单中的：Add Files to Group "Sources"，在对话框中将 main. c 选入即可（图 3-39）。

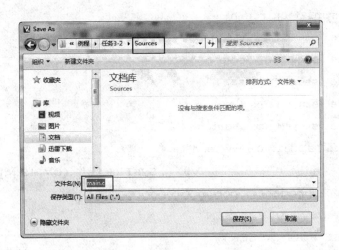

图 3-39　保存用户程序文件

但真正要使用工程还需要以下三步。

a. 创建符合自己应用要求的 stm32f10x _ conf. h 文件（其中包含外设驱动的头文件 stm32f10x _ PPP. h）

可以从 C：\ Keil \ ARM \ Boards \ Keil \ MCBSTM32E \ Demo \ include \ stm32f10x _ conf. h 标准外设库示例工程或中去拷贝到 stm32f01x _ conf. h 文件并修改（注释掉不需要的外设头文件的 # include 行），也可以自己输入：

```
/ *  避免重复包含的守护宏定义 * /
# ifndef __STM32F10x_CONF_H
# define __STM32F10x_CONF_H
/ *  一组包含头文件，如果包含相关头文件，需要在相关行上去除注释
(uncomment) * /
/ * # include "stm32f10x_adc. h" * /
/ * # include "stm32f10x_bkp. h" * /
/ *  # include "stm32f10x_can. h" * /
/ *  # include "stm32f10x_crc. h" * /
/ *  # include "stm32f10x_dac. h" * /
/ *  # include "stm32f10x_dbgmcu. h" * /
```

```
/* # include "stm32f10x_dma. h" */
/* # include "stm32f10x_exti. h" */
/* # include "stm32f10x_flash. h" */
/* # include "stm32f10x_fsmc. h" */
# include "stm32f10x_gpio. h"
/* # include "stm32f10x_i2c. h" */
/* # include "stm32f10x_iwdg. h" */
/* # include "stm32f10x_pwr. h" */
# include "stm32f10x_rcc. h"
/* # include "stm32f10x_rtc. h" */
/* # include "stm32f10x_sdio. h" */
/* # include "stm32f10x_spi. h" */
/* # include "stm32f10x_tim. h" */
/* # include "stm32f10x_usart. h" */
/* # include "stm32f10x_wwdg. h" */
/* # include "misc. h" */   /* NVIC 和 SysTick 操作（CMSIS 函数的补充）*/
/* 去除注释来开启 assert_param 宏 */
/* # define USE_FULL_ASSERT    1 */
# ifdef   USE_FULL_ASSERT
/* 用于函数参数的检查,通过调用 assert_failed 函数来帮助定位检查有问题的源文
件及所在代码行 */
# define assert_param(expr) ((expr) ? (void)0 : assert_failed((uint8_t *)_
_FILE__ , __LINE__))
void assert_failed(uint8_t * file, uint32_t line);
# else
# define assert_param(expr) ((void)0)
# endif /* USE_FULL_ASSERT */
# endif / * __STM32F10x_CONF_H */
```

b. 向工程中加入相应外设的驱动文件, 如:

C:\Keil\ARM\RV31\LIB\ST\STM32F10x_StdPeriph_Driver\src\stm32f10x_gpio. c

C:\Keil\ARM\RV31\LIB\ST\STM32F10x_StdPeriph_Driver\src\stm32f10x_rcc. c。

这样就形成了图 3-40 所示的基础工程环境。

c. 在工程 C/C++选项中, 预定义 STM32F10X_HD, USE_STDPERIPH_DRIV-ER 常量, 并设置好 stm32f10x_conf.h 文件所在路径 (Include Paths: .\Sources), 及 ST 标准外设库头文件位置 (C:\Keil\ARM\RV31\LIB\ST\STM32F10x_StdPeriph_Driver\inc), 如图 3-41 所示。

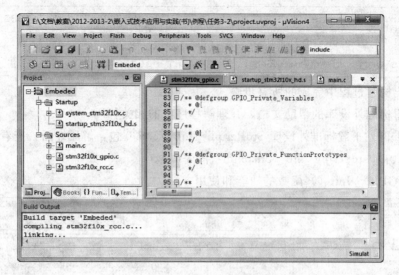

图 3-40　基础工程环境

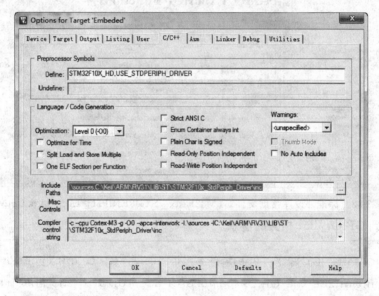

图 3-41　预定义 STM32F10X _ HD，USE _ STDPERIPH _ DRIVER
常量和包含 STM32F10X _ CONF. H 所在路径

③ 编译、链接、调试、运行成功。

现在可以用 Project＞＞Build target 菜单项，完成整个工程的构建，输出信息：

```
Rebuild target 'Embeded'
compiling system_stm32f10x. c...
assembling startup_stm32f10x_hd. s...
compiling main. c...
compiling stm32f10x_gpio. c...
compiling stm32f10x_rcc. c...
linking...
```

```
Program Size: Code=816 RO-data=336 RW-data=20 ZI-data=1636
FromELF: creating hex file...
".\Objs\project.axf" - 0 Error(s), 0 Warning(s).
```

可以看出构建过程中完成的所有步骤。

（3）查看标准外设库的帮助文档，并理解程序中的相关代码。

① 从 ST 网站下载标准外设库 StdPeriph_Lib V3.5.0 包，解压缩后，查看其中的帮助文件 stm32f10x_stdperiph_lib_um.chm（图 3-42）。

② 确定 GPIO_Init（）函数的功能和使用方法。

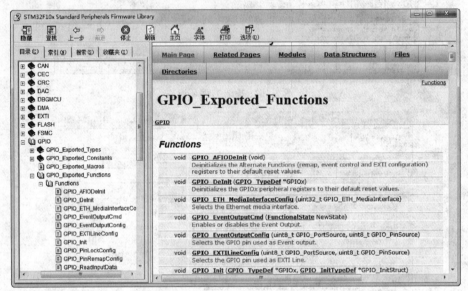

图 3-42　标准外设库帮助文件 STM32F10x_STDPERIPH_LIB_UM.CHM

可以查看到 GPIO_Init 相关的信息。

```
    void GPIO_Init ( GPIO_TypeDef *  GPIOx,  GPIO_InitTypeDef *  GPIO_
InitStruct )Initializes the GPIOx peripheral according to the specified parame-
ters in the GPIO_InitStruct.（用 GPIO_InitStruct 中指定的参数初始化 GPIOx 外设）
    Parameters:（参数）
    GPIOx,: where x can be (A..G) to select the GPIO peripheral.（x 可以是 A..G
以选择 GPIO 外设）
    GPIO_InitStruct,: pointer to a GPIO_InitTypeDef structure that contains the
configuration information for the specified GPIO peripheral.
    （指向一个 GPIO_InitTypeDef 结构体，内有指定 GPIO 外设的配置信息）
    Return values:（返回值）
    None（无）
    Definition at line 173 of file stm32f10x_gpio.c.（在文件 stm32f10x_gpio.c 的第
173 行定义）
```

本单元的考核评价如表 3-15 所示。

表 3-15　任务 3-2 的考核表

评价方式	标准分共 100 分		考　核　内　容										计分
教师评价	专业能力	70	(1)确认 RealView MDK 环境的安装目录(如 C:\Keil)中与启用 CMSIS 相关的文件的位置										
			①	②	③	④	⑤	⑥	⑦	⑧	⑨	⑩	
			/	/	/	/	/	/	/	/	/	/	
			(2)建立配置有标准外设库的工程模板										
			①	②	③	④	⑤	⑥	⑦	⑧	⑨	⑩	
			/	/	/	/	/	/	/	/	/	/	
			(3)查看标准外设库的帮助文档,并理解程序中的相关代码										
			①	②	③	④	⑤	⑥	⑦	⑧	⑨	⑩	
			/	/	/	/	/	/	/	/	/	/	
自我评价	方法能力	10	①自主学习		②信息处理		③数字应用						
小组评价	社会能力	10	①与人合作		②与人交流		③解决问题						
	职业素养	10	①出勤情况		②回答问题		③6S 执行力						
备注			专业能力目标考核按【任务要求】各项进行,每小项 10 分										

本章小结

　　本章对开发板的组成与各部分外设模块作了初步介绍,并讲解了 RealView MDK 的安装与配置,说明了标准外设库的结构,通过实例说明了 RealView MDK 的操作环境,最后提供了任务帮助读者快速学会开发环境的使用,和使用标准外设库。主要为了加强对 Corte-xM3 硬件、软件开发系统的认识,并熟悉开发工具,并可以迅速上手进行程序功能设计。

思考与练习

1. 查找 STM32F103ZE 的数据手册,了解其主要技术特性,内部结构和封装形式。

2. 试设计一个 STM32F103ZE 的最小系统,包括电路原理图和 PCB 图。

3. 试用 μVision V4.70,熟悉其安装目录结构及 MDK-ARM Standard 工具链组成。

4. 基于 CMSIS 标准的软件架构分为哪几层？其中的 CMSIS 层一般由哪几部分组成？

5. 简述嵌套向量中断控制器（NVIC）的主要特性。

6. 判断题

（1）STM32 系列 MCU 在使用电池供电时，需提供 3.3～5V 的低电压工作能力。

（2）Cortex-M3 在待机状态时保持极低的电能消耗，典型的耗电值仅为 $2\mu A$。

（3）STM32 处理器的 LQPF100 封装芯片的最小系统只需 7 个滤波电容作为外围器件。

（4）stm3210xx 的固件库中，RCC _ DeInit 函数是将 RCC 寄存器重新设置为默认值。

（5）stm3210xx 的固件库中，RCC _ PCLK2Config 函数是用于设置低速 APB 时钟。

（6）固件包里的 Library 文件夹包括一个标准的模板工程，该工程编译所有的库文件和所有用于创建一个新工程所必需的用户可修改文件。

7. 选择题

（1）在项目设计中，使用 ST 公司为 STM32F10x 提供的 FWLib 固件库，其源程序有：main. c，stm32f10x _ conf. h，stm32f10x _ it. c，stm32f10x _ lib. h，stm32f10x _ lib. c，stm32f10x _ map. h，stm32f10x _ type. h，stm32f10x _ ppp. c，stm32f10x _ ppp. h 等，在项目中添加文件一般要修改的只有下面＿＿＿＿＿＿＿＿＿＿等 3 个文件。

① main. c ② stm32f10x _ conf. h③ stm32f10x _ it. c④ stm32f10x _ lib. h

A. ①②③　　　　　B. ②③④　　　　　C. ①③④　　　　　D. ①②④

（2）在 STM32F10x 处理器中，下面＿＿＿＿＿＿＿＿＿＿项的中断方式优先级最高。

A. Reset　　　　　B. NMI　　　　　C. 总线错误　　　　　D. 外部中断

（3）不属于 Cortex™ Microcontroller Software Interface Standard（CMSIS，Cortex™ 微控制器软件接口标准）架构中的基本功能层的是＿＿＿＿＿＿＿＿＿＿。

A. 内核设备访问层　　　　　　　　B. 中间设备访问层

C. 微控制器外设访问层　　　　　　D. 硬件层

（4）可以被选为 STM32F10x 的启动区域的是＿＿＿＿＿＿＿＿＿＿。

A. 用户 Flash 存储器　　　　　　　B. 系统存储器

C. 内嵌 SRAM　　　　　　　　　　D. 以上都可以

（5）STM32 的 Flash 闪存编程一次可以写入＿＿＿＿＿＿＿＿＿＿位。

A. 16　　　　　　B. 8　　　　　　C. 32　　　　　　D. 4

（6）STM32 主存储块的页大小为＿＿＿＿＿＿＿＿＿＿字节。

A. 1K　　　　　　B. 3K　　　　　　C. 2K　　　　　　D. 4K

（7）用户选择字节的大小为＿＿＿＿＿＿＿＿＿＿。

A. 512 字节　　　　B. 2K　　　　　　C. 1K　　　　　　D. 128K

8. 填空题

（1）ST 公司的 STM32 系列芯片采用了＿＿＿＿＿＿＿＿内核，其分为两个系列。＿＿＿＿＿＿＿＿系列为标准型，运行频率为＿＿＿＿＿＿＿＿ MHz；　STM32F103 系列为＿＿＿＿＿＿＿＿型，运行频率为＿＿＿＿＿＿ MHz。

（2）ST 公司还提供了完善的通用 IO 接口库函数，其位于＿＿＿＿＿＿＿＿. c，对应的头文件为＿＿＿＿＿＿＿＿＿＿. h。

（3）为了优化不同引脚封装的外设数目，可以把一些＿＿＿＿＿＿＿＿重新映射到其他引脚上。这时，复用功能不再映射到它们原始分配的引脚上。

（4）ARM Cortex-M3 内核主系统由四个驱动单元：内核 ICod 总线（I-bus）、_____ 总线（D-bus）、_____ 总线（S-bus）和 DMA 总线构成。

（5）_____是 ARM 公司和深圳英倍特公司合作开了本土化的 ARM 开发平台。

（6）STM32 在每个芯片出厂之前，保存了一段_____程序供用户快速实现在应用编程。BootLoader 程序的主要任务是通过 USART1 端口下载固件程序到内置的 _____存储器中。

（7）STM32 的三种启动模式对应的三种存储介质都是芯片内置的。在 ST32 的三种启动模式中，从用户闪存启动，这是正常的工作模式。从_____启动，这种模式启动的程序功能由厂家设置。从_____启动，这种模式可以用于调试。

（8）在系统上电的时候，CPU 首先根据_____引脚电平来确定是哪种模式的启动，然后就是把相应模式的起始地址映射到_____地址处，并从_____地址处开始执行。

STM32F10x处理器片上资源

本章主要内容

(1) STM32F10x 处理器芯片的电源管理。

(2) STM32F10x 处理器时钟与复位控制。

(3) STM32F10x 处理器片上外设包括：GPIO、EXTI、ADC、USART、TIM1/TIMx、DMA 等模块的工作特点及相关固件库函数接口的使用方法。

(4) 各种片上资源的典型应用。

本章教学导航

教学目标			建议课时	教学方法
了解	熟悉	学会		
(1) STM32F10x 处理器的电源管理框架及低功耗模式 (2) 复位系统及复位方式 (3) 时钟系统的结构及各种外设的驱动时钟	(1)进一步了解固件库 FW Lib2.0 或标准外设库 V3.5.0 的组成结构与常用函数 (2)各种片上资源的工作时钟的启用、初始化、及各种工作寄存器的设置	(1)学会利用开发板上的硬件资源,完成典型实验任务的设计 (2)进一步熟练使用 RealView MDK 环境,会进行调试除错	28 课时	任务驱动法 分组讨论法 理论实践一体化 讲练结合

4.1　STM32F10x 微控制器电源管理

STM32F10x 的工作电压（VDD）为 2.0～3.6V。通过内置的电压调节器为内核、内存和片上外设提供所需的 1.8V 电源。

为了提高转换的精确度，ADC 使用一个独立的电源供电，过滤和屏蔽来自印刷电路板上的毛刺干扰。ADC 的电源引脚为 VDDA，独立的电源地 VSSA；如果有 VREF-引脚（根据封装而定），它必须连接到 VSSA。

当主电源 VDD 断电后，通过 V_{BAT} 脚为实时时钟（RTC）和备份寄存器提供电源。

4.1.1　电源区域划分

电源区域主要分以下几部分（图 4-1）。

1) 独立的 A/D 转换器供电和参考电压

ADC 使用一个独立的电源 V_{DDA} 供电，有独立的电源地 V_{SSA}。如果有 V_{REF-} 引脚（根据封装而定），它必须连接到 V_{SSA}（根据封装而定）：①100 脚和 144 脚封装：为了确保输入为低压时获得更好精度，用户可以连接一个独立的外部参考电压 ADC 到 V_{REF+} 和 V_{REF-} 脚上。在 V_{REF+} 的电压范围为 2.4V～V_{DDA}。②64 脚或更少封装：没有 V_{REF+} 和 V_{REF-} 引脚，它们在芯片内部与 ADC 的电源（V_{DDA}）和地（V_{SSA}）相连。

2）备用电池和备份区域

V_{BAT} 脚可连接电池或其他电源（如果应用中没有使用外部电池，V_{BAT} 必须连接到 V_{DD} 引脚上，此时建议 V_{BAT} 与 V_{DD} 跨接一个 100nF 电容）。复位模块中的掉电复位功能控制由 V_{DD} 到 V_{BAT} 供电的切换。

当 V_{DD} 断电时，会保存备份寄存器的内容，由于 V_{BAT} 脚也为 RTC、LSE 振荡器和 PC13～PC15 供电，这也保证了当主要电源被切断时 RTC 能继续工作。

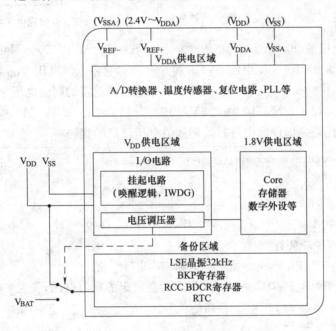

图 4-1　4 种电源供电区域

3）电压调压器

复位后调节器总是使能的，它可以运行在以下 3 种工作模式。

① 运转模式：调节器以正常功耗模式提供 1.8V 电源（内核、内存和外设）。

② 停止模式：调节器以低功耗模式提供 1.8V 电源，以保存寄存器和 SRAM 的内容（内核不供电）。

③ 待机模式：调节器停止供电。除了备用电路和备份域外，寄存器和 SRAM 的内容全部丢失。

以上可以按省电程度排列：待机＞停止＞运转。

4.1.2　电源管理

在电源管理方面，最主要的是上电复位（Power On Reset，POR）/掉电复位（Power Down Reset，PDR）、电压监测。

（1）上电复位和 POR 掉电复位 PDR。当 V_{DD}/V_{DDA} 低于指定的限位电压 V_{POR}/V_{PDR} 时，系统保持为复位状态，而无需外部复位电路（图 4-2），图中也示出了对于 STM32103x 来说，V_{POR} 及 V_{PDR} 的取值。

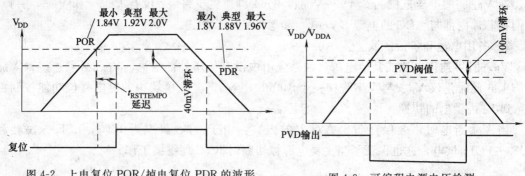

图 4-2　上电复位 POR/掉电复位 PDR 的波形　　　　图 4-3　可编程电源电压检测

（2）可编程电压监测（Programmable Voltage Detector，PVD）。可编程电压监测由电源控制/状态寄存器 PWR_CR 中的 PVDE 位来开启，它将电源电压 V_{DD} 与电源控制寄存器 PWR_CR 的 PLS[2:0]（PVD Level Selection）这三位设定的阀值电压（000：2.2V/001：2.3V/010：2.4V/011：2.5V/100：2.6V/101：2.7V/110：2.8V/111：2.9V）进行比较（图 4-3），下面的代码是固件库中进行监测阀值电压设定的代码。

```
void PWR_PVDLevelConfig(u32 PWR_PVDLevel)
{
u32 tmpreg = 0;
assert_param(IS_PWR_PVD_LEVEL(PWR_PVDLevel));
tmpreg = PWR->CR;
tmpreg &= CR_PLS_Mask; /* 清除 PLS[7:5]位 */
tmpreg |= PWR_PVDLevel; /* 根据所要设定的阀值电压,设置 PLS[7:5]位 */
PWR->CR = tmpreg; /* 保存新的值 */
}
```

电源控制/状态寄存器（PWR_CSR，见表 4-1）中的 PVDO 标志用来表明 VDD 是高于还是低于 PVD 的电压阀值。该事件在内部连接到外部中断 EXTI（后述）的第 16 线，根据所设定的上升/下降沿触发，该事件就会产生中断（如果中断使能）。

表 4-1　电源控制/状态寄存器（PWR_CSR）

位	读/写	名称	描　　述
[31:9]	—	—	保留
8	rw	EWUP	使能 WKUP 管脚（注:在系统复位时清除这一位。） 0:WKUP 管脚为通用 I/O。WKUP 管脚上的事件不能将 CPU 从待机模式唤醒 1:WKUP 管脚用于将 CPU 从待机模式唤醒,WKUP 管脚被强置为输入下拉的配置（WKUP 管脚上的上升沿将系统从待机模式唤醒）
[7:3]	—	—	保留

位	读/写	名称	描 述
2	r	PVDO	PVD 输出(在待机模式下 PVD 被停止,该位为 0,PVDE 位使能后该位才有效) 0:VDD/VDDA 高于由 PLS[2:0]选定的 PVD 阀值 1:VDD/VDDA 低于由 PLS[2:0]选定的 PVD 阀值
1	r	SBF	待机标志。由硬件设置,并只能由 POR/PDR(上电/掉电复位)或设置电源控制寄存器(PWR_CR)的 CSBF 位清除。0:系统不在待机模式 1:系统进入待机模式
0	r	WUF	唤醒标志。该位由硬件设置,并只能由 POR/PDR(上电/掉电复位)或设置电源控制寄存器(PWR_CR)的 CWUF 位清除 0:没有发生唤醒事件 1:在 WKUP 管脚上发生唤醒事件或出现 RTC 闹钟事件 注:当 WKUP 管脚已经是高电平时,在(通过设置 EWUP 位)使能 WKUP 管脚时,会检测到一个额外的事件

4.1.3 低功耗模式

CPU 运行时,在时钟 HCLK 作用下,执行代码。

(1) 在运行时,最直接的是可以通过降低系统时钟 (SYSCLK、HCLK、PCLK1、PCLK2 等) 来降低功耗 (设置相应的预分频器),还有一种与时钟相关的办法是关闭 APB 和 AHB 总线上未使用的外设的时钟 (设置 AHB 外设时钟使能寄存器 RCC_AHBENR、APB1 外设的时钟使能寄存器 RCC_APB1ENR 和 APB1 外设的时钟使能寄存器 RCC_APB2ENR 来开关外设时钟)。

(2) 另外,还可以根据具体应用要求条件不同,如最低电源消耗、最快启动时间和可用唤醒源等的限制,在 STM32F10xxx 中的三种低功耗模式中选择 (表 4-2 中的进入和退出方法)。与进入低功耗模式相关的位在电源控制寄存器 (PWR_CR) 中设置 (表 4-3)。

表 4-2 三种低功耗模式

低功耗模式	进入方式	唤醒方式	对 1.8V 区域时钟的影响	对 VDD 区域时钟的影响	电压调节器
睡眠 SLEEP-NOW 或 SLEEP-ON-EXIT	WFI	任一中断	关闭 CPU 时钟(其它时钟及 ADC 时钟无影响)		开
	WFE	任一事件			
停机	PDDS 和 LPDS 位+SLEEPDEEP 位+WFI 或 WFE(相关控制位见表 4-3)	任一外部中断	所有使用 1.8V 的区域的时钟都已关闭,HSI 和 HSE 的振荡器关闭	无	可 开/关设置(PWR_CR 相应位)
待机	PDDS 位+SLEEP-DEEP 位+WFI 或 WFE	WKUP 引脚的上升沿、RTC 警告事件、NRST 引脚上的外部复位、IWDG 复位			关

① 睡眠模式 (Cortex™-M3 内核停止,外设仍在运行)。

② 停止模式（电压调节器可运行在正常或低功耗模式。此时在 1.8V 供电区域的所有时钟都被停止，PLL、HSI 和 HSE RC 振荡器的功能被禁止，SRAM 和寄存器内容被保留下来），下面的固件库代码中，显示了进入停止模式的方法。

```
void PWR_EnterSTOPMode(u32 PWR_Regulator, u8 PWR_STOPEntry)
{
    u32 tmpreg = 0;
    assert_param(IS_PWR_REGULATOR(PWR_Regulator)); /* 检查参数 */
    assert_param(IS_PWR_STOP_ENTRY(PWR_STOPEntry));
    tmpreg = PWR->CR; /* 选择 STOP 模式下的调压器状态 */
    tmpreg &= CR_DS_Mask; /* 清 PDDS 和 LPDS 位 */
    tmpreg |= PWR_Regulator; /* 设置与调压器值相应用的 LPDS 位 */
    PWR->CR = tmpreg; /* 存储新值 */
    /* 设置 Cortex 系统控制寄存器 */
    * (vu32 *) SCB_SysCtrl |= SysCtrl_SLEEPDEEP_Set;
    if(PWR_STOPEntry == PWR_STOPEntry_WFI) /* 选择 STOP 入口 */
    { __WFI();/* 等待中断 */ }
    else  { __WFE();/* 等待事件 */ }
}
```

③ 待机模式（深睡眠模式时关闭电压调节器。整个 1.8V 供电区域被断电。PLL、HSI 和 HSE 振荡器也被断电。SRAM 和寄存器内容丢失。只有备份的寄存器和待机电路维持供电）。（对 V_{DD} 区域时钟无影响）

表 4-3　电源控制寄存器（PWR_CR）

位	读/写	名称	描　　述
[31:9]	—	—	保留,始终为 0
8	rw	DBP	取消后备区域的写保护。复位后,RTC 和后备寄存器处于被保护状态以防意外写入。设置这位允许写入这些寄存器 0:禁止写入 RTC 和后备寄存器　1:允许写入 RTC 和后备寄存器
[7:5]	rw	PLS[2:0]	PVD 电平选择,用于选择电源电压监测器的电压阀值 000:2.2V　100:2.6V　001:2.3V　101:2.7V　010:2.4V　110:2.8V 011:2.5V　111:2.9V
4	rw	PVDE	电源电压监测器(PVD)使能。0:禁止 PVD 1:开启 PVD
3	rc_w1	CSBF	清除待机位。始终读出为 0。　0:无功效　1:清除 SBF 待机位(写)
2	rc_w1	CWUF	清除唤醒位。始终读出为 0 0:无功效 1:2 个系统时钟周期后清除 WUF 唤醒位(写)
1	rw	PDDS	掉电深睡眠。与 LPDS 位协同操作 0:当 CPU 进入深睡眠时进入停机模式,调压器的状态由 LPDS 位控制 1:CPU 进入深睡眠时进入待机模式。
0	rw	LPDS	LPDS:深睡眠下的低功耗。PDDS=0 时,与 PDDS 位协同操作 0:在停机模式下电压调压器开启 1:在停机模式下电压调压器处于低功耗模式

4.2 复位控制与时钟系统

4.2.1 复位

STM32F10xxx 支持三种复位形式，分别为系统复位、通电复位和备份区域复位。如图 4-4 所示，复位源将最终作用于 RESET 引脚，并在复位过程中保持低电平。复位入口矢量被固定在地址 0x0000_0004。

（1）系统复位。当以下事件中的一件发生时，产生一个系统复位（RCC_CSR 控制状态寄存器中的复位状态标志位）：

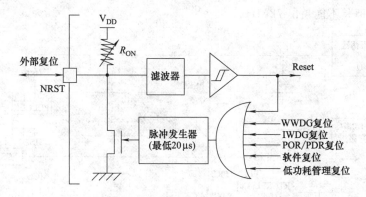

图 4-4　复位控制

① NRST 管脚上的低电平（外部复位）。

② 窗口看门狗计数终止（WWDG 复位）。

③ 独立看门狗计数终止（IWDG 复位）。

④ 软件复位（SW 复位）。将 Cortex™-M3 中断应用和复位控制寄存器中的 SYSRESE-TREQ 位置'1'，可实现软件复位。

⑤ 低功耗管理复位。在以下两种情况可产生低功耗管理复位：

a. 在进入待机模式时产生低功耗管理复位。

通过将用户选择字节中的 nRST_STDBY 位置'1'将使能该复位。这时，即使执行了进入待机模式的过程，系统将被复位而不是进入待机模式；

b. 在进入停止模式时产生低功耗管理复位。

通过将用户选择字节中的 nRST_STOP 位置'1'将使能该复位。这时，即使执行了进入停机模式的过程，系统将被复位而不是进入停机模式。

（2）电源复位

① 通电/断电复位（POR/PDR 复位）。

② 从待机模式中返回。

（3）备份域复位。以下事件中之一发生时，产生备份区域复位。

① 软件复位，备份区域复位可由设置备份区域控制寄存器 RCC_BDCR 中的 BDRST 位产生。

② 在 V_{DD} 和 V_{BAT} 两者断电的前提下，V_{DD} 或 V_{BAT} 通电将引发备份区域复位。

4.2.2 时钟系统

1）时钟树

众所周知，微控制器（处理器）的运行必须要依赖周期性的时钟脉冲来驱动，时钟是微控制器的"脉搏"，是驱动源。通常，由一个外部晶体振荡器提供时钟输入为始，最终转换为多个外部设备的周期性运作为末，这种时钟"能量"扩散流动的路径，犹如大树的养分通过主干流向各个分支，因此常称之为"时钟树"。

大多数单片机的时钟树是不受用户控制的，而 STM32 微控制器的时钟树是可配置的。图 4-5 说明了 STM32 的时钟树的基本部分，对于系统时钟 SYSCLK 来说，有三个时钟源，分别是 HSI、PLLCLK、HSE，其中 PLLCLK 时钟又可以选择 HSE/2、HSI/2、HSE，倍频系数 2～16，但是不能超出 72MHz。

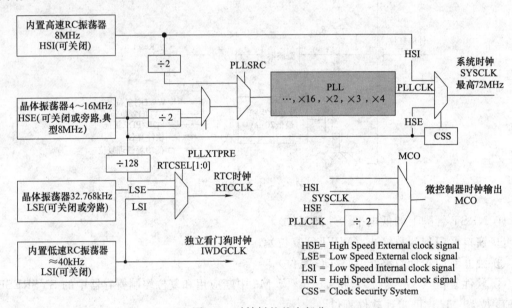

图 4-5　时钟树的基本部分

时钟安全系统（Clock Security System，CSS）可通过软件被激活。激活后，时钟监测器将在 HSE 振荡器启动延迟后被使能，并在 HSE 时钟关闭后关闭。如果 HSE 时钟发生故障，HSE 振荡器被自动关闭，时钟失效事件将被送到高级定时器 TIM1 的刹车输入端，并产生时钟安全中断 CSSI（连接到 NMI），允许软件完成营救操作。如果 HSE 振荡器被直接或间接地作为系统时钟，时钟故障将导致系统时钟自动切换到 HSI 振荡器，同时外部 HSE 振荡器被关闭。

系统时钟 SYSCLK 经 AHB 预分频器分频后送给 5 大模块使用（图 4-6），分别是如下。

① HCLK，即 AHB 总线、内核、内存和 DMA 使用的 HCLK 时钟。

② 经 8 分频后送给 Cortex 的系统定时器。

③ 直接送给 Cortex 的空闲运行时钟 FCLK。

④ 送给 APB1 分频器。APB1 分频器可选择 1、2、4、8、16 分频，其输出一路供 APB1 外设使用（PCLK1，最大频率 36MHz），另一路由定时器（Timer）2、3、4 倍频器使用。该倍频器可选择 1 或者 2 倍频，时钟输出供定时器 2、3、4 使用。

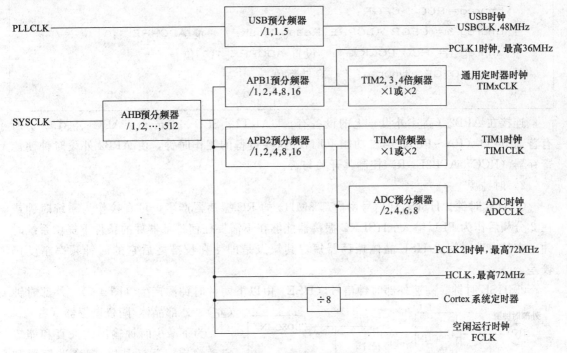

图 4-6　片上外设部分的时钟树

连接在 APB1（低速外设）上的设备有：电源接口、备份接口、CAN、USB、I2C1、I2C2、UART2、UART3、SPI2、窗口看门狗、Timer2、Timer3、Timer4。这些设备的工作时钟，可以由 APB1 外设时钟使能寄存器（RCC ＿ APB1ENR）控制其开关与否。使用固件库可以方便地做到，如开启电源、备份接口：

```
RCC_APB1PeriphClockCmd(RCC_APB1Periph_PWR | RCC_APB1Periph_BKP,
ENABLE);
```

注意 USB 模块虽然需要一个单独的 48MHz 时钟信号（此时 PLL 必须被设置为输出 48 或 72MHZ 时钟），但它不是供 USB 模块工作的时钟，而只是提供给串行接口引擎（SIE）使用的时钟。USB 模块工作的时钟是由 APB1 提供的。

⑤ 送给 APB2 分频器。APB2 分频器可选择 1、2、4、8、16 分频，其输出一路供 APB2 外设使用（PCLK2，最大频率 72MHz），另一路送给定时器（Timer）1 倍频器使用。该倍频器可选择 1 或者 2 倍频，时钟输出供定时器 1 使用。另外，APB2 分频器还有一路输出供 ADC 分频器使用，分频后送给 ADC 模块使用。ADC 分频器可选择为 2、4、6、8 分频，如下代码，其中参数 RCC ＿ PCLK2 的取值可能为：0x00000000、0x00004000、0x00008000、0x0000C000，正好对应 RCC ＿ CFGR 配置寄存器中关于 ADC 的预分频器设置的 [15：14] 位：00/01/10/11 分别对应 PCLK2 经 02/04/06/08 分频后作为 ADC 时钟。

```
void RCC_ADCCLKConfig(u32 RCC_PCLK2)
{
    u32 tmpreg = 0;
    assert_param(IS_RCC_ADCCLK(RCC_PCLK2)); / ＊ 检查参数 ＊ /
```

```
    tmpreg = RCC->CFGR;
    tmpreg &= CFGR_ADCPRE_Reset_Mask; /* 清 ADCPRE[1:0] 位 */
    tmpreg |= RCC_PCLK2; /* 设置 ADCPRE[1:0]位 */
    RCC->CFGR = tmpreg; /* 存储新值 */
}
```

连接在 APB2（高速外设）上的设备有：UART1、SPI1、Timer1、ADC1、ADC2、所有普通 IO 口（PA～PE）、第二功能 IO 口。这些设备的工作时钟，由 APB2 外设时钟使能寄存器（RCC_APB2ENR）控制其开关与否。

2）时钟源

① HSI 时钟。HSI 时钟信号由内部 8MHz 的 RC 振荡器产生，可直接作为系统时钟或在 2 分频后作为 PLL 输入。HSI RC 振荡器能够在不需要任何外部器件的条件下提供系统时钟。它的启动时间比 HSE 晶体振荡器短。其缺点是即使在校准之后它的时钟频率精度仍较差。

② HSE 时钟。高速外部时钟信号（HSE）由以下两种时钟源产生（图 4-7）：外部时钟（左）、外部晶体/陶瓷谐振器（右）。

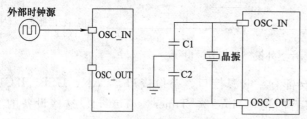

图 4-7　HSE 时钟的两种模式

为了减少时钟输出的失真和缩短启动稳定时间，晶体/陶瓷谐振器和负载电容必须尽可能地靠近振荡器引脚。负载电容值必须根据所选择的振荡器来调整。

设置时钟控制寄存器 RCC_CR 中的 HSEBYP 和 HSEON 位来选择外部时钟（HSE 旁路）模式。外部时钟信号（50% 占空比的方波、正弦波或三角波）必须连到 SOC_IN 引脚，同时保证 OSC_OUT 引脚悬空。频率最高可达 25MHz。

当采用外部晶体/陶瓷谐振器（HSE 晶体）时，4～16Mz 外部振荡器可为系统提供更为精确的主时钟。在时钟控制寄存器 RCC_CR（见表 4-4）中的 HSERDY 用来指示高速外部振荡器是否稳定。在启动时，直到这一位被硬件置'1'，时钟才被释放出来。如果在时钟中断寄存器 RCC_CIR 中允许产生中断，将会产生相应中断。HSE 晶体可以通过设置时钟控制寄存器里 RCC_CR 中的 HSEON 位被启动和关闭。

表 4-4　时钟控制寄存器（RCC_CR）

位	读/写	名称	描述
[31:26]	—	—	保留
25	r	PLLRDY	PLL 时钟就绪标志 PLL 锁定后由硬件置'1'。0:PLL 未锁定；1:PLL 锁定
24	rw	PLLON	PLL 使能，由软件置'1'或清零。当进入待机和停止模式时，该位由硬件清零。当 PLL 时钟被用作或被选择将要作为系统时钟时，该位不能被清零。0:PLL 关闭；1:PLL 使能
[23:20]	—	—	保留
19	rw	CSSON	时钟安全系统使能。由软件置'1'或清零以使能时钟监测器。0:时钟监测器关闭；1:如果外部 4～25MHz 时钟就绪,时钟监测器开启

位	读/写	名称	描 述
18	rw	HSEBYP	外部高速时钟旁路。在调试模式下由软件置'1'或清零来旁路外部晶体振荡器。只有在外部 4～25MHz 振荡器关闭的情况下,才能写入该位。0:外部 4～25MHz 振荡器没有旁路;1:外部 4～25MHz 外部晶体振荡器被旁路
17	r	HSERDY	外部高速时钟就绪标志。由硬件置'1'来指示外部 4～25MHz 时钟已经稳定。HSEON 位清零后,该位需要 6 个外部 4～25MHz 时钟周期清零。0:外部 4～25MHz 时钟没有就绪;1:外部 4～25MHz 时钟就绪
16	rw	HSEON	外部高速时钟使能。由软件置'1'或清零。当进入待机和停止模式时,该位由硬件清零,关闭外部时钟。当外部 4～25MHz 时钟被用作或被选择将要作为系统时钟时,该位不能被清零。0:HSE 振荡器关闭;1:HSE 振荡器开启
[15:8]	r	HSICAL[7:0]	内部高速时钟校准。在系统启动时,这些位被自动初始化
[7:3]	r	HSITRIM[4:0]	内部高速时钟调整。由软件写入来调整内部高速时钟,它们被叠加在 HSI-CAL[5:0]数值上。这些位在 HSICAL[7:0]的基础上,让用户可以输入一个调整数值,根据电压和温度的变化调整内部 HSI RC 振荡器的频率。默认数值为 16,在 TA=25℃时这个默认的数值可以把 HSI 调整到 8MHz±1%;增大 HSICAL 的数值则增大 HSI RC 振荡器的频率,反之则减小 RC 振荡器的频率;每步 HSICAL 的变化调整约 40kHz
2	—	—	保留
1	r	HSIRDY	内部高速时钟就绪标志。由硬件置'1'来指示内部 8MHz 时钟已经稳定。在 HSION 位清零后,该位需要 6 个内部 8MHz 时钟周期清零 0:内部 8MHz 时钟没有就绪;1:内部 8MHz 时钟就绪
0	rw	HSION	内部高速时钟使能。由软件置'1'或清零。当从待机和停止模式返回或用作系统时钟的外部 4～25MHz 时钟发生故障时,该位由硬件置'1'来启动内部 8MHz 的 RC 振荡器。当内部 8MHz 时钟被直接或间接地用作或被选择将要作为系统时钟时,该位不能被清零。0:内部 8MHz 时钟关闭;1:内部 8MHz 时钟开启

③ LSE 时钟。LSE 晶体是一个 32.768kHz 的低速外部晶体或陶瓷谐振器。它为实时时钟或者其他定时功能提供一个低功耗且精确的时钟源。LSE 晶体通过在备份域控制寄存器 (RCC_BDCR) 里的 LSEON 位启动和关闭。在备份域控制寄存器 (RCC_BDCR) 里的 LSERDY 指示 LSE 晶体振荡是否稳定。在启动阶段,直到这个位被硬件置'1'后,LSE 时钟信号才被释放出来。如果在时钟中断寄存器里被允许,可产生中断申请。

④ LSI 时钟。LSI RC 担当一个低功耗时钟源的角色,它可以在停机和待机模式下保持运行,为独立看门狗和自动唤醒单元提供时钟。LSI 时钟频率大约为 40kHz (30～60kHz)。LSI RC 可以通过控制/状态寄存器 (RCC_CSR) 里的 LSION 位来启动或关闭。

在控制/状态寄存器 (RCC_CSR) 里的 LSIRDY 位指示低速内部振荡器是否稳定。在启动阶段,直到这个位被硬件设置为'1'后,此时钟才被释放。如果在时钟中断寄存器 (RCC_CIR) 里被允许,将产生 LSI 中断申请。

⑤ PLL 时钟为锁相环倍频输出。其时钟输入源可选择为 HSI/2、HSE 或者 HSE/2。倍频可选择为 2～16 倍,但是其输出频率最大不得超过 72MHz。

4.2.3 复位后系统时钟 SYSCLK 的选择

系统复位后,HSI 振荡器被选为系统时钟。当时钟源被直接或通过 PLL 间接作为系时钟时，它将不能被停止。只有当目标时钟源已经准备就绪了（经过启动稳定阶段的延迟或 PLL 稳定），从一个时钟源到另一个时钟源的切换才会发生。在被选择时钟源没有就绪时，系统时钟的切换不会发生。直至目标时钟源就绪，才发生切换。在时钟控制寄存器（RCC_CR）里的状态位指示哪个时钟已经准备好了，哪个时钟目前被用作系统时钟。

　　系统时钟（SYSCLK）的选择需要软件实现（流程见图 4-8），通常在完成系统复位后，立即执行一个名为 RCC _ Configuration 的函数，该函数需要用户自己编写，其典型代码如下：

```
void RCC_Configuration(void)
{
  ErrorStatus HSEStartUpStatus;
  RCC_DeInit();
  RCC_HSEConfig(RCC_HSE_ON);
  HSEStartUpStatus = RCC_WaitForHSEStartUp();
  if(HSEStartUpStatus = = SUCCESS)
  {
    /*时钟配置请参考时钟树 */
    RCC_HCLKConfig(RCC_SYSCLK_Div1); /* HCLK = SYSCLK */
    RCC_PCLK2Config(RCC_HCLK_Div1); /* PCLK2 = HCLK */
    RCC_PCLK1Config(RCC_HCLK_Div2);/* PCLK1 = HCLK/2 */

    FLASH_SetLatency(FLASH_Latency_2);/* 2 个等待周期(48~72MHz) */
    /* 使用预取缓冲,只能在时钟<24MHz 时进行,此时时钟采用 HSI,虽然
外部时钟已经使能,但未接入系统时钟 */
    FLASH_PrefetchBufferCmd(FLASH_PrefetchBuffer_Enable);

    /* PLLCLK = 8MHz * 9 = 72 MHz */
    RCC_PLLConfig(RCC_PLLSource_HSE_Div1, RCC_PLLMul_9);
    RCC_PLLCmd(ENABLE);/* 使能 PLL */
    /* 等待 PLL 准备好 */
    while(RCC_GetFlagStatus(RCC_FLAG_PLLRDY) = = RESET) { }
      /* 将 PLL CLK 选为系统时钟 */
    RCC_SYSCLKConfig(RCC_SYSCLKSource_PLLCLK);
      /* 等待 PLL CLK 成为系统时钟 */
    while(RCC_GetSYSCLKSource() ! = 0x08) {  }
  }
}
```

　　此代码流程中可以看出几个主要步骤：先开启并确保 HSE 晶振起振，然后使 SYSCLK 到 HCLK、PCLK1、PCLK2 的分频关系贯通，最后确保 SYSCLK 用上稳定的 PLL 输出信号（当然 PLL 的输入源要预先设置好）。这些步骤完成后，表明时钟树的"主干"已经激活

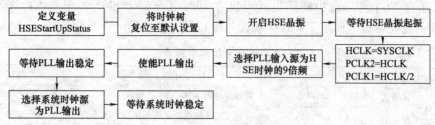

图 4-8　系统时钟选择的一般流程

（当然一般情况下，不需要启用 RTC 时钟和独立看门狗 IWDG 时钟），后面就可以根据需要启用 PCLK1、PCLK2、HCLK 等时钟分支下的各种设备了。

4.3　STM32 的中断和事件

4.3.1　STM32 的中断和异常

Cortex 内核具有强大的异常响应系统，它把能够打断当前代码执行流程的事件分为异常（exception）和中断（interrupt），并把它们用一个表管理起来，编号为 0～15 的称为内核异常，而 16 以上的则称为外部中断（外，相对内核而言），这个表就称为中断向量表（参见表 4-5）。

STM32 重新对这个表进行了编排，把编号从 -3 至 6 的中断向量定义为系统异常，编号为负的内核异常不能被设置优先级，如复位（Reset）、不可屏蔽中断（NMI）、硬错误（Hardfault）。从编号 7 开始的为外部中断，这些中断的优先级都是可以自行设置的。表 4-5 表明了 16 个 CORTEX™-M3 系统异常列表。

表 4-5　16 个 CORTEX™-M3 系统异常列表

位置	优先级	优先级类型	名称	说　明	地　址
—	—	—	—	保留	0x0000_0000
	-3	固定	Reset	复位	0x0000_0004
	-2	固定	NMI	不可屏蔽中断，RCC 时钟安全系统(CSS)连接到 NMI 向量	0x0000_0008
	-1	固定	硬件失效	所有类型的失效	0x0000_000C
	0	可设置	存储管理	存储器管理	0x0000_0010
	1	可设置	总线错误	预取指失败，存储器访问失败	0x0000_0014
	2	可设置	错误应用	未定义的指令或非法状态	0x0000_0018
—	—	—	—	保留	0x0000_001C～0x0000_002B
	3	可设置	SVCall	通过 SWI 指令的系统服务调用	0x0000_002C
	4	可设置	调试监控	调试监控器	0x0000_0030
—	—	—	—	保留	0x0000_0034
	5	可设置	PendSV	可挂起的系统服务	0x0000_0038
	6	可设置	SysTick	系统嘀嗒定时器	0x0000_003C

另外，还有 60 个可屏蔽中断通道（不包含 16 个 Cortex™-M3 的中断线，见表 4-6）；16 个可编程的优先等级（使用了 4 位中断优先级）；

表 4-6 60 个可屏蔽中断通道

位置	优先级	优先级类型	名称	说　　明	地　　址
0	7	可设置	WWDG	窗口定时器中断	0x0000_0040
1	8	可设置	PVD	联到 EXTI 的电源电压检测(PVD)中断	0x0000_0044
2	9	可设置	TAMPER	侵入检测中断	0x0000_0048
3	10	可设置	RTC	实时时钟(RTC)全局中断	0x0000_004C
4	11	可设置	FLASH	闪存全局中断	0x0000_0050
5	12	可设置	RCC	复位和时钟控制(RCC)中断	0x0000_0054
6	13	可设置	EXTI0	EXTI 线 0 中断	0x0000_0058
7	14	可设置	EXTI1	EXTI 线 1 中断	0x0000_005C
8	15	可设置	EXTI2	EXTI 线 2 中断	0x0000_0060
9	16	可设置	EXTI3	EXTI 线 3 中断	0x0000_0064
10	17	可设置	EXTI4	EXTI 线 4 中断	0x0000_0068
11	18	可设置	DMA1 通道 1	DMA1 通道 1 全局中断	0x0000_006C
12	19	可设置	DMA1 通道 2	DMA1 通道 2 全局中断	0x0000_0070
13	20	可设置	DMA1 通道 3	DMA1 通道 3 全局中断	0x0000_0074
14	21	可设置	DMA1 通道 4	DMA1 通道 4 全局中断	0x0000_0078
15	22	可设置	DMA1 通道 5	DMA1 通道 5 全局中断	0x0000_007C
16	23	可设置	DMA1 通道 6	DMA1 通道 6 全局中断	0x0000_0080
17	24	可设置	DMA1 通道 7	DMA1 通道 7 全局中断	0x0000_0084
18	25	可设置	ADC	ADC 全局中断	0x0000_0088
19	26	可设置	USB_HP_CAN_TX	USB 高优先级或 CAN 发送中断	0x0000_008C
20	27	可设置	USB_LP_CAN_RX0	USB 低优先级或 CAN 接收 0 中断	0x0000_0090
21	28	可设置	CAN_RX1	CAN 接收 1 中断	0x0000_0094
22	29	可设置	CAN_SCE	CAN	SCE 中断
23	30	可设置	EXTI9_5	EXTI 线[9：5]中断	0x0000_009C
24	31	可设置	TIM1_BRK	TIM1 断开中断	0x0000_00A0
25	32	可设置	TIM1_UP	TIM1 更新中断	0x0000_00A4
26	33	可设置	TIM1_TRG_COM	TIM1 触发和通信中断	0x0000_00A8
27	34	可设置	TIM1_CC	TIM1 捕获比较中断	0x0000_00AC
28	35	可设置	TIM2	TIM2 全局中断	0x0000_00B0
29	36	可设置	TIM3	TIM3 全局中断	0x0000_00B4
30	37	可设置	TIM4	TIM4 全局中断	0x0000_00B8
31	38	可设置	I2C1_EV	I2C1 事件中断	0x0000_00BC
32	39	可设置	I2C1_ER	I2C1 错误中断	0x0000_00C0
33	40	可设置	I2C2_EV	I2C2 事件中断	0x0000_00C4
34	41	可设置	I2C2_ER	I2C2 错误中断	0x0000_00C8
35	42	可设置	SPI1	SPI1 全局中断	0x0000_00CC
36	43	可设置	SPI2	SPI2 全局中断	0x0000_00D0

位置	优先级	优先级类型	名称	说　　明	地　　址
37	44	可设置	USART1	USART1 全局中断	0x0000_00D4
38	45	可设置	USART2	USART2 全局中断	0x0000_00D8
39	46	可设置	USART3	USART3 全局中断	0x0000_00DC
40	47	可设置	EXTI15_10	EXTI 线[15：10]中断	0x0000_00E0
41	48	可设置	RTCAlarm	连到 EXTI 的 RTC 闹钟中断	0x0000_00E4
42	49	可设置	USB 唤醒	连到 EXTI 的从 USB 待机唤醒中断	0x0000_00E8
43	50	可设置	TIM8_BRK	TIM8 断开中断	0x0000_00EC
44	51	可设置	TIM8_UP	TIM8 更新中断	0x0000_00F0
45	52	可设置	TIM8_TRG_COM	TIM8 触发和通信中断	0x0000_00F4
46	53	可设置	TIM8_CC	TIM8 捕获比较中断	0x0000_00F8
47	54	可设置	ADC3	ADC3 全局中断	0x0000_00FC
48	55	可设置	FSMC	FSMC 全局中断	0x0000_0100
49	56	可设置	SDIO	SDIO 全局中断	0x0000_0104
50	57	可设置	TIM5	TIM5 全局中断	0x0000_0108
51	58	可设置	SPI3	SPI3 全局中断	0x0000_010C
52	59	可设置	UART4	UART4 全局中断	0x0000_0110
53	60	可设置	UART5	UART5 全局中断	0x0000_0114
54	61	可设置	TIM6	TIM6 全局中断	0x0000_0118
55	62	可设置	TIM7	TIM7 全局中断	0x0000_011C
56	63	可设置	DMA2 通道 1	DMA2 通道 1 全局中断	0x0000_0120
57	64	可设置	DMA2 通道 2	DMA2 通道 2 全局中断	0x0000_0124
58	65	可设置	DMA2 通道 3	DMA2 通道 3 全局中断	0x0000_0128
59	66	可设置	DMA2 通道 4_5	DMA2 通道 4 和 DMA2 通道 5 全局中断	0x0000_012C

　　以上两个表可以从《STM32 中文参考手册》找到，但从启动文件 startup_stm32f10x_hd.s 中查找将更精确，因为不同型号的 STM32 芯片，中断向量表稍微有点区别，在启动文件中，已经有相应芯片可用的全部中断向量。而且在编写中断服务函数时，需要从启动文件中定义的中断向量表查找中断服务函数名。

　　STM32 使用 Cortex 内核的中断控制器 NVIC（Nested Vectored Interrupt Controller）来管理不可屏蔽中断 NMI（Non-Maskable Interrupt）和外部中断（STM32 只实现了 60个），但 SYSTICK 不是由 NVIC 来控制的（系统嘀嗒校准值固定到 9000，当系统嘀嗒时钟设定为 9MHz，产生 1ms 时基），异常处理机制的说明可参见表 4-7。标准外设库中关于 NVIC 相关的代码置于 Misc.c 中，当需要用 NVIC 配置中断时，可以先填充 NVIC_Init-TypeDef 类型的结构体（配置时用 NVIC_IRQChannel 参数来选择将要配置的中断向量，并用 NVIC_IRQChannelCmd 参数来进行使能或关闭该中断。在 NVIC_IRQChannelPre-emptionPriority 成员要配置中断向量的抢占优先级，在 NVIC_IRQChannelSubPriority 需要配置中断向量的响应优先级。对于中断的配置，最重要的便是配置其优先级。见表 4-7），然后调用 NVIC_Init（）函数，即可完成中断的配置，此代码如下。

```
    void NVIC_Init(NVIC_InitTypeDef * NVIC_InitStruct)
    {
    uint32_t tmppriority = 0x00, tmppre = 0x00, tmpsub = 0x0F;
    /* 检查参数 */
    assert_param(IS_FUNCTIONAL_STATE(NVIC_InitStruct->NVIC_IRQChan-
nelCmd));
    assert_param(IS_NVIC_PREEMPTION_PRIORITY(NVIC_InitStruct->\
            NVIC_IRQChannelPreemptionPriority));
    assert_param(IS_NVIC_SUB_PRIORITY(NVIC_InitStruct->\
            NVIC_IRQChannelSubPriority));
    if (NVIC_InitStruct->NVIC_IRQChannelCmd ! = DISABLE)
    {
        /* 计算相应的优先级,应用程序中断及复位控制寄存器(AIRCR)的[10∶8]位
表示

        优先级分组 */
        tmppriority = (0x700 - ((SCB->AIRCR) & (uint32_t)0x700))>> 0x08;
        tmppre = (0x4 - tmppriority);/* 可能是 0,1,2,3,4 共 5 组 */
        tmpsub = tmpsub >> tmppriority;
        tmppriority = (uint32_t)NVIC_InitStruct->\
                NVIC_IRQChannelPreemptionPriority << tmppre;
        tmppriority |=   NVIC_InitStruct->NVIC_IRQChannelSubPriority & tmp-
sub;
        tmppriority = tmppriority << 0x04;
        NVIC->IP[NVIC_InitStruct->NVIC_IRQChannel] = tmppriority;
        /* 使能相应的中断通道 */
        NVIC->ISER[NVIC_InitStruct->NVIC_IRQChannel >> 0x05] =
            (uint32_t)0x01 << (NVIC_InitStruct->NVIC_IRQChannel & (uint8_t)
0x1F);
    }
    else
    {
        /* 否则,禁止此中断通道 */
        NVIC->ICER[NVIC_InitStruct->NVIC_IRQChannel >> 0x05] =
            (uint32_t)0x01 << (NVIC_InitStruct->NVIC_IRQChannel & (uint8_t)
0x1F);
    }
    }
```

　　配置时用 NVIC_IRQChannel 参数来选择将要配置的中断向量,并用 NVIC_
IRQChannelCmd 参数来进行使能或关闭该中断。在 NVIC_IRQChannelPreemptionPriority
成员要配置中断向量的抢占优先级,在 NVIC_IRQChannelSubPriority 需要配置中断向量
的响应优先级。对于中断的配置,最重要的便是配置其优先级。

表 4-7 NVIC _ InitTypeDef 的成员说明

成员名	说　　明
NVIC_IRQChannel	需要配置的中断向量
NVIC_IRQChannelCmd	使能或关闭相应中断向量的中断响应。ENABLE:使能 DISABLE:关闭
NVIC_IRQChannelPreemptionPriority	配置相应中断向量抢占优先级
NVIC_IRQChannelSubPriority	配置相应中断向量的响应优先级

在配置优先级时，还要注意一个很重要的问题，中断种类的数量。在 STM32 中规定 NVIC 最多只可以配置 16 种中断向量的优先级，即抢占优先级和响应优先级的数量由一个 4 位的数字来决定，把这个 4 位数字的位数分配成抢占优先级部分和响应优先级部分（表 4-8）。

表 4-8 中断向量优先级配置

优先级组 NVIC_PriorityGroup	抢占优先级 NVIC_IRQChannelPreemptionPriority	子优先级 NVIC_IRQChannelSubPriority	描述
NVIC_PriorityGroup_0	0	0~15（占全部 4 位）	
NVIC_PriorityGroup_1	0~1（最高 1 位）	0~7（其余 3 位）	
NVIC_PriorityGroup_2	0~3（最高 2 位）	0~3（其余 2 位）	
NVIC_PriorityGroup_3	0~7（最高 3 位）	0~1（其余 1 位）	
NVIC_PriorityGroup_4	0~15（占全部 4 位）	0	

4.3.2　外部中断/事件控制器 EXTI

外部中断/事件控制器 EXTI（external interrupt/event controller），由 19 个产生事件/中断要求的边沿检测器组成（图 4-9）。

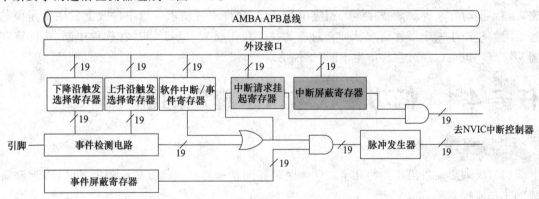

图 4-9　外部中断/事件控制器框图

具有如下特点。

① 每个输入线可以独立地配置输入类型（脉冲或挂起）和对应的触发事件（上升沿或下降沿或者双边沿都触发）。

② 每个输入线都可以被独立的屏蔽。

③ 挂起寄存器保持着状态线的中断要求。

④ 每个中断/事件都有独立的触发和屏蔽；每个中断线都有专用的状态位；支持多达 19 个中断/事件请求；

⑤ 检测脉冲宽度低于 APB2 时钟宽度的外部信号。

这 19 个 EXTI 外部中断/事件线中，EXTI16 连接到 PVD 输出；EXTI17 连接到 RTC 闹钟事件；EXTI18 连接到 USB 唤醒事件。其余 16 个外部中断/事件线连接到 GPIO 上。

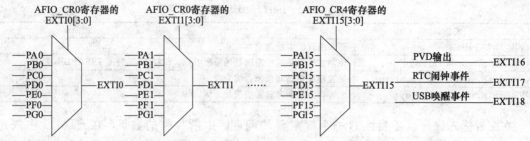

图 4-10 19 个外部中断/事件线的连接

观察图 4-10 可知，PA0～PG0 连接到 EXTI0 、PA1～PG1 连接到 EXTI1、……、PA15～PG15 连接到 EXTI15（共 16×7＝112 个 IO 线）。这里需注意的是：PAx～PGx 端口的中断事件都连接到了 EXTIx，即同一时刻 EXTIx 只能响应一个端口的事件触发，不能够同一时间响应所有 GPIO 端口的事件，但可以分时复用。它可以配置为上升沿触发，下降沿触发或双边沿触发。EXTI 最普通的应用就是接上一个按键，设置为下降沿触发，用中断来检测按键。

可以根据需要配置成产生中断或产生事件，方法如下。

（1）产生中断：必须事先配置好并使能中断线。根据需要的边沿检测设置 2 个触发寄存器，同时在中断屏蔽寄存器的相应位写'1'允许中断请求。当外部中断线上发生了需要的边沿时，将产生一个中断请求，对应的挂起位也随之被置'1'。在挂起寄存器的对应位写'1'，可以清除该中断请求。

（2）产生事件：必须事先配置好并使能事件线。根据需要的边沿检测通过设置 2 个触发寄存器，同时在事件屏蔽寄存器的相应位写'1'允许事件请求。当事件线上发生了需要的边沿时，将产生一个事件请求脉冲，对应的挂起位不被置'1'。通过在软件中断/事件寄存器写'1'，也可以通过软件产生中断/事件请求。

任务 4-1 低功耗状态和系统定时器

任务要求

（1）梳理启动阶段相关的几个文件，明确其配置和相互关联方式，画出 STM32 启动阶段的工作流程。

（2）启用外部高速时钟 HSE 8MHz，以 PLLCLK 作为系统时钟，并使系统时钟为 72MHz。

（3）关闭发光二极管 D1。

（4）配置 SYSTICK，使其每 1ms 产生一次中断。

（5）进入停机低功耗状态。

（6）在 1ms 定时时间到达时，退出待机低功耗状态，并开关发光二极管 D1。

任务目标

（1）专业能力目标。

① 了解 STM32 启动代码的构成、配置及相关并联方式。

② 熟悉 STM32 时钟树及各时钟的配置。

③ 了解汇编程序和 C 语言程序的编译和链接选项。熟练进行下载、程序试运行、调试。

④ 学会使用系统定时器进行定时工作。

⑤ 理解低功耗状态的进入和退出。

（2）方法能力目标

① 自主学习：会根据任务要求分配学习时间，制定工作计划，形成解决问题的思路。

② 信息处理：能通过查找资料与文献，对知识点的通读与精读，快速取得有用的信息。

③ 数字应用：能通过一定的数字化手段将任务完成情况呈现出来。

（3）社会能力目标

① 与人合作：小组工作中，有较强的参与意识和团队协作精神。

② 与人交流：能形成较为有效的交流。

③ 解决问题：能有效管控小组学习过程，解决学习过程中出现的各类问题。

（4）职业素养目标

① 平时出勤：遵守出勤纪律。

② 回答问题：能认真回答任务相关问题。

③ 6S 执行力：学习行为符合实验实训场地的 6S 管理。

引导问题

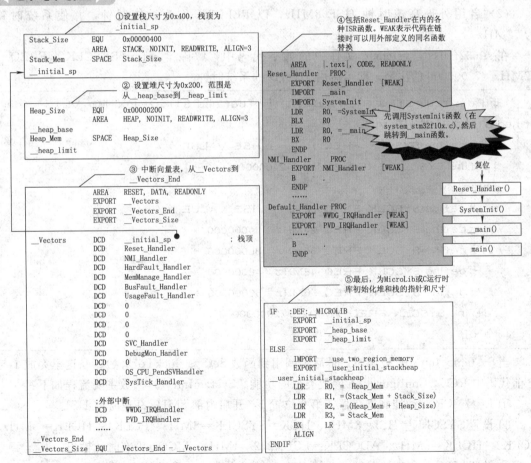

图 4-11　startup _ stm32f10x _ hd. s 的代码组成

（1）startup＿stm32f10x＿hd.s 代码的格局是怎样的？中断向量表的第一项是什么？复位向量是第几项？系统定时器的向量是第几项？

（2）复位向量指向的 Reset＿Handler 的任务是什么？程序最终是怎么执行到 main 函数的？

（3）汇编语言与 C 语言的调用约定是怎样的？

（4）时钟配置要遵守的几个要点是什么？

（5）进入/退出几种低功耗状态，相应的要注意什么？

任务实施

（1）梳理启动阶段相关的几个文件，明确其配置和相互关联方式，画出 STM32 启动阶段的工作流程。

启动阶段相关的几个文件是：startup＿stm32f10x＿hd.s、system＿stm32f10x.c。其中 startup＿stm32f10x＿hd.s 的主要作用是定义栈、堆（不初始化），然后定义 RESET 数据段（中断向量表）并初始化，再定义代码段（主要是异常处理函数 Reset＿Handler，及各种属性为 WEAK 的异常处理函数），最后进行用户栈和堆的初始化（见图 4-11）。Cortex M3 处理器复位后，会进入 Thread 模式（特权级），并为 main（）准备好栈。图中也给出了复位后的程序执行流程。

（2）启用外部高速时钟 HSE 8MHz，以 PLLCLK 作为系统时钟，并使系统时钟为 72MHz。

在 stm32f10x＿system.c 文件中的如下代码中，解除 #define SYSCLK＿FREQ＿72MHz 72000000 的注释，即可启用 72MHz 的系统时钟。

```
#if defined (STM32F10X_LD_VL) || (defined STM32F10X_MD_VL) || (de-
fined STM32F10X_HD_VL)
 /* #define SYSCLK_FREQ_HSE    HSE_VALUE */
 #define SYSCLK_FREQ_24MHz   24000000
 #else
 /* #define SYSCLK_FREQ_HSE    HSE_VALUE */
 /* #define SYSCLK_FREQ_24MHz  24000000 */
 /* #define SYSCLK_FREQ_36MHz  36000000 */
 /* #define SYSCLK_FREQ_48MHz  48000000 */
 /* #define SYSCLK_FREQ_56MHz  56000000 */
 #define SYSCLK_FREQ_72MHz   72000000
 #endif
```

当 System＿Init（）被调时，最后会调用到函数 SetSysClockTo72（），在这里完成了与之前代码中 RCC＿Configuration 函数类似的功能。SystemInit（）函数主要流程如下：

① RCC＿CR 时钟控制寄存器，第 0 位置 1，开启内部 8MHz 高速时钟 HSI。

② 设置 SYSCLK＝HSI＝8MHz、HCK＝SYSCLK＝8MHz、PCLK1＝HCLK＝8MHz、PCLK2＝HCLK＝8MHz、ADCCLK＝PCLK2/2＝4MHz、MCO，没有时钟输出。

③ 关闭 HSE 外部高速时钟、关闭 CSS 时钟安全系统、关闭 PLL 锁相环。

④ 设置 HSE 没有被旁路，意思为 HSE 使用外部晶体，而不是外部时钟源。

⑤ 复位 PLLSRC，PLLXTPRE，PLLMUL，USBPRE，为下一步重新设置新的值做准备，复位后：PLLSRC＝HSI/2，PLLXTPRE＝HSE，PLLMUL＝2（PLL 关闭时才可写入），PLL 开启后，PLLMUL 的值才有意义。

⑥ PLL＝PLLSRC ∗ PLLMUL，SBPRE＝0，USBCLK＝PLLCLK/1.5（PLL 被关闭，USBCLK 同时失效，外部晶振开启成功后变为 72/1.5）。

⑦ 禁止所有时钟中断，清中断标志位，然后调用 SetSysClockTo72 () 函数。

SetSysClockTo72 () 函数执行以下功能：

① HSE 外部高速时钟使能。

② 使能 flash 预取缓冲区、设置 SYSCLK 与闪存访问时间的比例。

③ 重新设置 HCLK，PCLK2，PCLK1、HCLK ＝ SYSCLK、PCLK2 ＝ HCLK、PCLK1 ＝ HCLK /2。

④ 又一次复位 PLLSRC，PLLXTPRE，PLLMUL，PLLSRC＝HSI/2，PLLXTPRE＝HSE 不分频，PLLMUL＝2 倍频输出。

⑤ 重设 PLLSRC，PLLMUL。PLLSRC＝HSE，PLLMUL＝9 倍频。

⑥ 使能 PLL（PLLCLK＝PLLSRC ∗ PLLMUL，PLLSRC＝HSE＝8MHz，PLLMUL＝9）。

⑦ 设置 SYSCLK＝PLLCLK＝72MHz

任务（3）~（6）各步见如下代码：

① 在 main. c 文件中：

```
# include "stm32f10x. h"
GPIO_InitTypeDef GPIO_InitStructure;
uint16_t LED1on = 0;
extern uint16_t LEDonBkp;
void ExitSTOP(void);
void Init(void);
int main (void)
{
  BitAction ba;
  LED1on = 0;
Init();
  while(1)
  {
  ba = (LED1on = =0)? Bit_RESET:Bit_SET;
  GPIO_WriteBit(GPIOF,GPIO_Pin_6,ba);//(3)关 LED1、(6)开关 LED1
  /* (5)进入停机低功耗状态 */
  PWR_EnterSTOPMode(PWR_Regulator_LowPower,PWR_STOPEntry_
  WFI);
  /* (6)在 1ms 定时时间到达时,退出待机低功耗状态 */
  ExitSTOP();/* 此时需要重新启用 HSE */
  LED1on= ! LEDonBkp;
```

```
    Init();  /* 并重新初始化寄存器和备份域 */
  }
  return 0;
}
  void Init(void)
  { /* 启用电源管理器、备份域及 GPIOF 的时钟 */
    RCC_APB1PeriphClockCmd(RCC_APB1Periph_PWR|RCC_APB1Periph_BKP,
ENABLE);
    RCC_APB2PeriphClockCmd(RCC_APB2Periph_GPIOF, ENABLE);
  PWR_DeInit();
    PWR_BackupAccessCmd(ENABLE);
    /* 初始化 GPIOF */
    GPIO_InitStructure.GPIO_Pin = GPIO_Pin_6;
    GPIO_InitStructure.GPIO_Speed = GPIO_Speed_50MHz;
    GPIO_InitStructure.GPIO_Mode = GPIO_Mode_Out_PP;
    GPIO_Init(GPIOF, &GPIO_InitStructure);
    /* (4)配置系统时钟为 1ms 间隔产生中断 */
    SysTick_Config(SystemCoreClock / 9000);
    SysTick_CLKSourceConfig(SysTick_CLKSource_HCLK_Div8);
    /* 在备份域寄存器 1 中记录 LED1 的状态 */
    BKP_WriteBackupRegister(1,LED1on);
  }
  /* 从停机低功耗状态退出时,需要重新启用 HSE */
  void ExitSTOP(void)
  {
    ErrorStatus HSEStartUpStatus;
    RCC_HSEConfig(RCC_HSE_ON);
    HSEStartUpStatus = RCC_WaitForHSEStartUp();
    if(HSEStartUpStatus == SUCCESS)
    {
      RCC_PLLCmd(ENABLE);
      while(RCC_GetFlagStatus(RCC_FLAG_PLLRDY) == RESET){  }
      RCC_SYSCLKConfig(RCC_SYSCLKSource_PLLCLK);
      while(RCC_GetSYSCLKSource() != 0x08){  }
    }
  }
```

② 在 stm32f10x_it.c 文件中的系统定时器的异常处理函数中,读取备份寄存器 1 中保存的 LED1 显示状态。

```
  uint16_t LEDonBkp;
  void SysTick_Handler(void)
  {
    LEDonBkp = BKP_ReadBackupRegister(1);
  }
```

任务 4-1 的考核表见表 4-9。

表 4-9　任务 4-1 的考核表

评价方式	标准分 共 100 分			考核内容							计分
教师评价	专业能力	70	\(1\)梳理启动阶段相关的几个文件,明确其配置和相互关联方式,画出 STM32 启动阶段的工作流程(本题20分,其余10分) \(2\)启用外部高速时钟 HSE 8MHz,以 PLLCLK 作为系统时钟,并使系统时钟为72MHz \(3\)关闭发光二极管 D1 \(4\)配置 SYSTICK,使其每 1ms 产生一次中断 \(5\)进入停机低功耗状态 \(6\)在 1ms 定时时间到达时,退出待机低功耗状态,并开关发光二极管 D1							
			(1)	(2)	(3)	(4)	(5)	(6)	/	/	/
									/	/	/
自我评价	方法能力	10	①自主学习			②信息处理			③数字应用		
小组评价	社会能力	10	①与人合作			②与人交流			③解决问题		
	职业素养	10	①出勤情况			②回答问题			③6S 执行力		
	备注		专业能力目标考核按任务要求各项进行								

知识链接

1)汇编语言基本知识简要说明

ARM 汇编中,所有标号必须在一行的顶格书写,其后面不要添加":",而所有指令均不能顶格书写。

ARM 汇编器对标识符大小写敏感,书写标号及指令时字母大小写要一致,在 ARM 汇编程序中,一个 ARM 指令、伪指令、寄存器名可以全部为大写字母,也可以全部为小写字母,但不要大小写混合使用。

注释使用";",注释内容由";"开始到此行结束,注释可以在一行的顶格书写。源程序中允许有空行,适当地插入空行可以提高源程序代码的可读性。

如果单行太长,可以使用字符"\"将其分行,"\"后不能有任何字符,包括空格和制表符等。对于变量的设置,常量的定义,其标识符必须在一行的顶格书写。

① 伪指令。指令系统的助记符不同,没有相对应的操作码,在源程序中的作用是为完成汇编程序各种准备工作的,这些伪指令仅在汇编过程中起作用,一旦汇编结束,伪指令的使命就完成。

表 4-10 给出了部分在启动代码中出现过的伪指令。其余伪指令可参见相关手册。

表 4-10　部分启动代码中出现的伪指令

伪指令	语　法	说　明
EQU	名称　EQU　表达式{,类型}	EQU 伪指令用于为程序中的常量、标号等定义一个等效的字符名称,类似于 C 语言的♯define。其中 EQU 可以用"＊"代替。名称为 EQU 伪指令定义的字符名称,当表达式为 32 位的常量时,可以指定表达式的数据类型,可以有以下三种类型:CODE16、CODE32 和 DATA
AREA	AREA 段名{,属性 1}{,属性 2}……	汇编一个新的代码段或数据段。段是独立的、指定的、不可见的代码或数据块,它们由链接程序处理。段名|.text|用于表示由 C 编译程序产生的代码段,常用的属性有: CODE 定义代码段,默认为 READONLY。DATA 定义数据段,默认为READWRITE。READONLY 段为只读。READWRITE 段为可读可写,ALIGN 表达式说明相应的对齐方式为 2 表达式次方个字节。NOINIT 表示数据段是未初始化的或初始化为零。命令 SPACE 或 DCB、DCD、DCDU、DCQ、DCQU、DCW 或 DCWU 可以决定在链接时 AREA 是未初始化的还是零初始化的
SPACE	SPACE	分配一片连续的存储单元
DCD	DCD(或 DCDU)　表达式	用于分配一片连续的字存储单元并用伪指令中指定的表达式初始化。其中,表达式可以为程序标号或数字表达式。DCD 也可用"&"代替
EXPORT	EXPORT 标号 [WEAK]	EXPORT 伪指令用于在程序中声明一个全局的标号,该标号可在其他的文件中引用。EXPORT 可用 GLOBAL 代替。标号在程序中区分大小写,[WEAK]选项声明其他的同名标号优先于该标号被引用
IMPORT	IMPORT　标号　{[WEAK]}	通知编译器要使用的标号在其他源文件中定义,但是在当前源文件中引用,[WEAK]选项表示当所有的源文件都没有定义这样的一个标号时,编译器也不给出错误信息
PROC	〈过程名〉 PROC　[类型] …… RET 〈过程名〉 ENDP	过程就是子程序。一个过程可以被其他程序所调用(用 CALL 指令),过程的最后一条指令一般是返回指令(RET)
LDR	LDR{执行条件,如 EQ、NE 等} register,＝expr/label_expr	大范围的地址读取伪指令 LDR 用于加载 32 位的立即数或一个地址值到指定寄存器,会被编译器替换成一条合适的指令。若加载的常数未超出MOV 或 MVN 的范围,则使用 MOV 或 MVN 指令代替 LDR 伪指令,否则汇编器将常量放入字池,并使用一条程序相对偏移的 LDR 指令从文字池读出常量

IF	IF 条件
	……
	ELSE
	……
	ENDIF
		条件编译语句,根据设定条件成立与否,指导编译器进行对应指令的编译,如:
		IF　　:DEF:__MICROLIB
		EXPORT　__initial_sp
		……
		ELSE
		IMPORT　__use_two_region_memory
		…….
		ENDIF

② 跳转指令:B/BL/BX 格式为:

B 〔执行条件,如 EQ、NE 等〕　label

BL 〔执行条件,如 EQ、NE 等〕　label

BX 〔执行条件,如 EQ、NE 等〕　label

用于跳转到 label 处执行指令。

2) C 语言与汇编语言的相互调用

主要有：在 C 代码中使用了嵌入式汇编、C 程序呼叫了汇编程序，这些汇编程序是在独立的汇编源文件中实现的、汇编程序调用了 C 程序等。在这些情况下，必须知晓参数是如何传递的，以及值是如何返回的，才能在主调函数与子程序之间协同工作。这些交互的机制在 ARM 中有明确的规定，由文档《ARM Architecture Procedure Call Standard (AAPCS, Ref5)》给出。

不过，在大多数场合下的情况都比较简单：当主调函数需要传递参数（实参）时，它们使用 R0～R3。其中 R0 传递第一个，R1 传递第 2 个……在返回时，把返回值写到 R0 中。在子程序中，可以随心所欲地使用 R0～R3 以及 R12。但若使用 R4～R11，则必须在使用之前先 PUSH 它们，使用后 POP 回来。可见，汇编程序使用 R0～R3、R12 时会很舒服。

但是如果换个立场，汇编要呼叫 C 函数，则考虑问题的方式就有所不同：必须意识到子程序可以随心所欲地改写 R0～R3、R12，却决不会改变 R4～R11。因此，如果在调用后还需要使用 R0～R3、R12，则在调用之前，必须先 PUSH，从 C 函数返回后再 POP 它们，对 R4～R11 则不用操心。

3）系统定时器

SysTick 是一个 24 位的定时器，即一次最多可以计数 2^{24} 个时钟脉冲，这个脉冲计数值被保存到当前计数值寄存器 STK_VAL（SysTick current valueregister）中，只能向下计数，每接收到一个时钟脉冲 STK_VAL 的值就向下减 1，直至 0，当 STK_VAL 的值被减至 0 时，由硬件自动把重载寄存器 STK_LOAD（SysTick reload value register）中保存的数据加载到 STK_VAL，重新向下计数。

当 STK_VAL 的值被计数至 0 时，触发异常，就可以在中断服务函数中处理定时事件了。在所有 Cortex M3 产品中，SysTick 的处理方式都是相同的，代码如下（在 C：\ Keil \ ARM \ CMSIS \ Include \ core_cm3. h 中）：

```
__STATIC_INLINE uint32_t SysTick_Config(uint32_t ticks)
{
    if ((ticks - 1) > SysTick_LOAD_RELOAD_Msk)  return (1);/* 不合理的重装值 */
    SysTick->LOAD  = ticks - 1;  /* 设定重新装入寄存器的值 */
    /* 设定 Systick 中断的优先级 */
    NVIC_SetPriority (SysTick_IRQn, (1<<__NVIC_PRIO_BITS) - 1);
    SysTick->VAL  = 0;           /* 当前计数值 */
    SysTick->CTRL = SysTick_CTRL_CLKSOURCE_Msk |  /* 选择 FCLK 作为时钟源 */
                    SysTick_CTRL_TICKINT_Msk  | /* 使能 SysTick IRQ 请求 */
                    SysTick_CTRL_ENABLE_Msk;  /* 开启定时器 */
    return (0);
}
```

如果需要的话可再用标准外设库文件 misc. c 中的 SysTick_CLKSourceConfig（）修改时钟源为 HCLK（即 FCLK），或 HCLK/8。

4.4　GPIO 接口应用

STM32 处理器最多可以有 7 个通用 IO 端口（General Purpose I/O Ports，GPIO）：ABCDEFG，每个端口有 16 个引脚。每个 GPI/O 端口有两个 32 位配置寄存器（GPIOx_CRL，GPIOx_CRH），两个 32 位数据寄存器（GPIOx_IDR，GPIOx_ODR），一个 32 位置位/复位寄存器（GPIOx_BSRR），一个 16 位复位寄存器（GPIOx_BRR）和一个 32 位锁定寄存器（GPIOx_LCKR）。所有的 I/O 端口寄存器必须按 32 位字被访问，不能以半字或字节进行访问。

4.4.1　GPIO 端口功能

任意一个 GPIO 端口可以通过软件被配置成：输入浮空、输入上拉、输入下拉、模拟输入、开漏输出、推挽式输出、推挽式复用功能、开漏复用功能 8 种模式。GPIO 端口的基本结构如图 4-12 所示。

GPIOx_CRL 和 GPIOx_CRH 就用来进行这 7 种模式的配置，其寄存器各位分布见芯片手册，具体按表 4-11 所示的方式来配置。

注意：复位期间和刚复位后，复用功能未开启，I/O 端口被配置成浮空输入模式（CNFx[1∶0]=01b，MODEx[1∶0]=00b）。

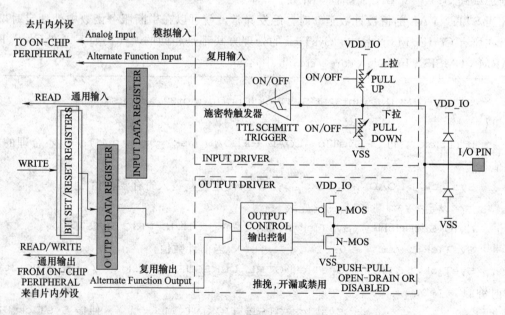

图 4-12　GPIO 端口位的基本结构

GPIO 端口的工作特点如下。

（1）输出时，写到输出数据寄存器上的值（GPIOx_ODR），可选择推挽模式或开漏模式输出到相应的 I/O 引脚。

表 4-11　端口位模式配置表

配置模式		CNF1	CNF0	MODE1	MODE0	PxODR 寄存器
通用输出	推挽式(Push-Pull)	0	0	00 保留 01 最大输出速度为 10MHz 10 最大输出速度为 2MHz 11 最大输出速度为 50MHz		0 或 1
	开漏(Open-Drain)		1			0 或 1
复用输出	推挽式(Push-Pull)	1	0			不使用
	开漏(Open-Drain)		1			不使用
输入	模拟输入	0	0	00		不使用
	浮空输入		1			不使用
	下拉输入	1	0			0
	上拉输入					1

（2）输入时，内部弱上拉和弱下拉可以被激活也可以被断开。输入数据寄存器（GPIOx＿IDR）会在每个 APB2 时钟周期捕捉 I/O 引脚上的数据。

（3）使用默认复用功能前：

① 对于输入功能，端口必须配置成复用功能输入模式（浮空、上拉或下拉）且输入管脚必须由外部驱动。

② 对于输出功能，端口必须配置成复用功能输出模式（推挽或开漏）。如果把端口配置成复用输出功能，则引脚和输出寄存器断开，并和片上外设的输出信号连接。但是如果此时对应的外设没有被激活，它的输出将不确定。

③ 对于双向复用功能，端口位必须配置复用功能输出模式（推挽或开漏）。这时，输入驱动器被配置成浮空输入模式。

（4）所有端口都有外部中断能力。为了使用外部中断线，端口必须配置成输入模式。

（5）为了使不同器件封装的外设 I/O 功能的数量达到最优，可以把一些复用功能重新映射到其他一些脚上。

（6）锁定机制允许冻结 IO 配置。

4.4.2　端口配置

GPIO 端口可以用软件配置为 8 种配置模式，但从功能上来说，分为输入配置、输出配置、模拟输入配置、复用配置 4 种配置，下面具体说明。

1）输入配置

此时，出现在 I/O 脚上的数据在每个 APB2 时钟被采样到输入数据寄存器，对输入数据寄存器的读访问可得到 I/O 状态。图 4-13 中，输出缓冲器被禁止、施密特触发输入被激活、根据输入配置（上拉、下拉或浮动）的不同，弱上拉和下拉电阻被连接。

2）输出配置

此时，施密特触发输入被激活、弱上拉和下拉电阻被禁止以及输出缓冲器被激活（图4-14）：①开漏模式：输出寄存器上的'0'激活 N-MOS，而输出寄存器上的'1'将端口置于高阻状态（P-MOS 从不被激活）。②推挽模式：输出寄存器上的'0'激活 N-MOS，而输

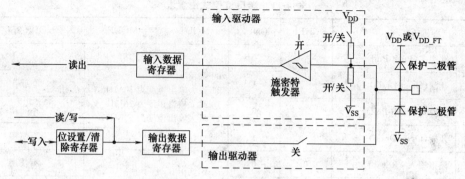

图 4-13　输入配置示意图

出寄存器上的'1'将激活 P-MOS。

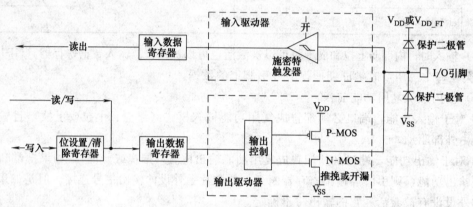

图 4-14　输出配置示意图

出现在 I/O 脚上的数据在每个 APB2 时钟被采样到输入数据寄存器。在开漏模式时，对输入数据寄存器的读访问可得到 I/O 状态，而在推挽式模式时，对输出数据寄存器的读访问得到最后一次写的值。

3）复用功能配置

此时，在每个 APB2 时钟周期，出现在 I/O 脚上的数据被采样到输入数据寄存器。开漏模式时，读输入数据寄存器时可得到 I/O 口状态，而在推挽模式时，读输出数据寄存器时可得到最后一次写的值（图 4-15）。

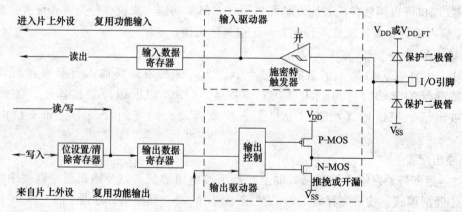

图 4-15　复用功能配置

在开漏或推挽式配置中，输出缓冲器被打开、片上外设的信号驱动输出缓冲器（复用功能输出）、施密特触发输入被激活、弱上拉和下拉电阻被禁止。

4）模拟输入配置

此时，读取输入数据寄存器时数值为'0'。图4-16中，输出缓冲器被禁止、禁止施密特触发输入，实现了每个模拟I/O引脚上的零消耗，施密特触发输出值被强置为'0'、弱上拉和下拉电阻被禁止。

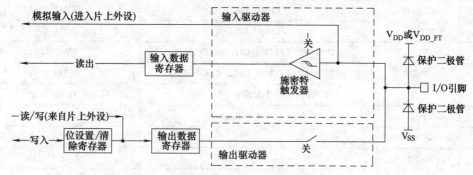

图4-16 模拟输入配置

4.4.3 引脚的重配置

为了优化某些封装的外设数目，可以把一些复用功能重新映射到其他引脚上（表4-12），通过设置复用重映射和调试I/O配置寄存器（AFIO _ MAPR）实现引脚的重新映射（AFIO时钟启用）。这时，复用功能不再映射到它们的原始分配上。

表4-12 引脚功能重定位表

引脚名称	主功能（复位后）	默认的复用功能	重定义功能
PA6	PA6	SPI1_MISO/TIM8_BKIN/ADC12_IN6/TIM3_CH1	TIM1_BKIN
PA7	PA7	SPI1_MOSI/TIM8_CH1N/ADC12_IN7/TIM3_CH2	TIM1_CH1N
PB0	PB0	ADC12_IN8/TIM3_CH3/TIM8_CH2N	TIM1_CH2N
PB1	PB1	ADC12_IN9/TIM3_CH4/TIM8_CH3N	TIM1_CH3N
PE7	PE7	FSMC_D4	TIM1_ETR
PE8	PE8	FSMC_D5	TIM1_CH1N
PE9	PE9	FSMC_D6	TIM1_CH1
PE10	PE10	FSMC_D7	TIM1_CH2N
PE11	PE11	FSMC_D8	TIM1_CH2
PE12	PE12	FSMC_D9	TIM1_CH3N
PE13	PE13	FSMC_D10	TIM1_CH3
PE14	PE14	FSMC_D11	TIM1_CH4
PE15	PE15	FSMC_D12	TIM1_BKIN
PB10	PB10	I2C2_SCL/USART3_TX	TIM2_CH3
PB11	PB11	I2C2_SDA/USART3_RX	TIM2_CH4
PD8	PD8	FSMC_D13	USART3_TX
PD9	PD9	FSMC_D14	USART3_RX

引脚名称	主功能(复位后)	默认的复用功能	重定义功能
PD10	PD10	FSMC_D15	USART3_CK
PD11	PD11	FSMC_A16	USART3_CTS
PD12	PD12	FSMC_A17	TIM4_CH1/USART3_RTS
PD13	PD13	FSMC_A18	TIM4_CH2
PD14	PD14	FSMC_D0	TIM4_CH3
PD15	PD15	FSMC_D1	TIM4_CH4
PC6	PC6	I2S2_MCK/TIM8_CH1/SDIO_D6	TIM3_CH1
PC7	PC7	I2S3_MCK/TIM8_CH2/SDIO_D7	TIM3_CH2
PC8	PC8	TIM8_CH3/SDIO_D0	TIM3_CH3
PC9	PC9	TIM8_CH4/SDIO_D1	TIM3_CH4
PA13	JTMS/SWDIO		PA13
PA14	JTCK/SWCLK		PA14
PA15	JTDI	SPI3_NSS/I2S3_WS	TIM2_CH1_ETR/PA15/SPI1_NSS
PC10	PC10	USART4_TX/SDIO_D2	USART3_TX
PC11	PC11	USART4_RX/SDIO_D3	USART3_RX
PC12	PC12	USART5_TX/SDIO_CK	USART3_CK
PD0	OSC_IN	FSMC_D2	CAN_RX
PD1	OSC_OUT	FSMC_D3	CAN_TX
PD3	PD3	FSMC_CLK	USART2_CTS
PD4	PD4	FSMC_NOE	USART2_RTS
PD5	PD5	FSMC_NWE	USART2_TX
PD6	PD6	FSMC_NWAIT	USART2_RX
PD7	PD7	FSMC_NE1/FSMC_NCE2	USART2_CK
PB3	JTDO	SPI3_SCK/I2S3_CK	PB3/TRACESWO/TIM2_CH2/SPI1_SCK
PB4	NJTRST	SPI3_MISO	PB4/TIM3_CH1/SPI1_MISO
PB5	PB5	I2C1_SMBA/ SPI3_MOSI/I2S3_SD	TIM3_CH2/SPI1_MOSI
PB6	PB6	I2C1_SCL/TIM4_CH1	USART1_TX
PB7	PB7	I2C1_SDA/FSMC_NADV/TIM4_CH2	USART1_RX
PB8	PB8	TIM4_CH3/SDIO_D4	I2C1_SCL/CAN_RX
PB9	PB9	TIM4_CH4/SDIO_D5	I2C1_SDA/CAN_TX

可以使用固件库代码完成这一工作，代码如下：

```
    void GPIO_PinRemapConfig(uint32_t GPIO_Remap, FunctionalState New-
State)
    {
    uint32_t tmp = 0x00, tmp1 = 0x00, tmpreg = 0x00, tmpmask = 0x00;
    assert_param(IS_GPIO_REMAP(GPIO_Remap));  /* 检查参数 */
```

```
assert_param(IS_FUNCTIONAL_STATE(NewState));

  if((GPIO_Remap & 0x80000000) = = 0x80000000)
  {
  tmpreg = AFIO->MAPR2;
  }
  else
  {
  tmpreg = AFIO->MAPR;
  }


  tmpmask = (GPIO_Remap & DBGAFR_POSITION_MASK) >> 0x10;
  tmp = GPIO_Remap & LSB_MASK;

  if ((GPIO_Remap & (DBGAFR_LOCATION_MASK | DBGAFR_NUMBITS_MASK))
= = \
    (DBGAFR_LOCATION_MASK | DBGAFR_NUMBITS_MASK))
  {
    tmpreg &= DBGAFR_SWJCFG_MASK;
    AFIO->MAPR &= DBGAFR_SWJCFG_MASK;
  }
  else if ((GPIO_Remap & DBGAFR_NUMBITS_MASK) = = DBGAFR_NUMBITS_
  MASK)
  {
    tmp1 = ((uint32_t)0x03) << tmpmask;
    tmpreg &= ~tmp1;
    tmpreg |= ~DBGAFR_SWJCFG_MASK;
  }
  else
  {
    tmpreg &= ~(tmp << ((GPIO_Remap >> 0x15) * 0x10));
    tmpreg |= ~DBGAFR_SWJCFG_MASK;
  }


  if (NewState ! = DISABLE)
  {
    tmpreg |= (tmp << ((GPIO_Remap >> 0x15) * 0x10));
  }
```

```
if((GPIO_Remap & 0x80000000) = = 0x80000000)
{
  AFIO->MAPR2 = tmpreg;
}
else
{
  AFIO->MAPR = tmpreg;
}
}
```

任务 4-2　多态数码管显示控制器设计

任务要求

根据开发板中关于数码管 DIG1～4 部分的电路结构（图 4-17），完成如下任务：

(1) 设计程序，使得可以在 LED1 每 800ms 开关显示一次。

(2) 设计程序，使得可以在所有数码管 DIG1～4 上同时显示字符 '8'，并能在每 800ms 开关显示一次。

(3) 设计程序，将 0～F 按从右到左移动逐个显示于 4 个数据管上。

① 显示 0，先在 DIG1 上显示，延时 500ms 后移动至 DIG2 上显示，再延时…最后在 DIG4 上显示 0。

② 显示 1，先在 DIG1 上显示，延时 500ms 后移动至 DIG2 上显示，再延时…最后在 DIG4 上显示 1。

③ 如此循环。

(4) 在数码管 DIG1～DIG4 上动态扫描显示 "1234"，扫描时间间隔为 5ms。

(5) 在数码管 DIG4 上，轮流显示 a，b，c，d，e，f，a……各段，时间间隔为 500ms。

(6) 使用中断，可以在按下 user 键时显示状态，可以在任务 1 到任务 5 之间切换。

任务目标

(1) 掌握 GPIO 端口的启用、模式设置及其固件库函数的使用。

(2) 掌握 SysTick 异常的时钟源的配置、异常优先级的配置及实现精确延时的方法。

(3) 掌握七段数码管的驱动显示原理、动态扫描。

(4) 掌握外部中断 EXTI 的使用，包括端口 AFIO 的启用、EXTI 中断源配置、中断优先级配置、端口模式、中断服务程序编写等。

引导问题

(1) GPIO 的端口模式如何设置及如何启用 GPIO 端口？

(2) 怎样利用 SysTick 实现 800ms 的精确延时？

(3) 如何才能使共阴数码管显示指定的数字？

(4) 启用外部中断的几个步骤是什么？EXTI 中断事件管理器与 NVIC 的关系是怎样的？

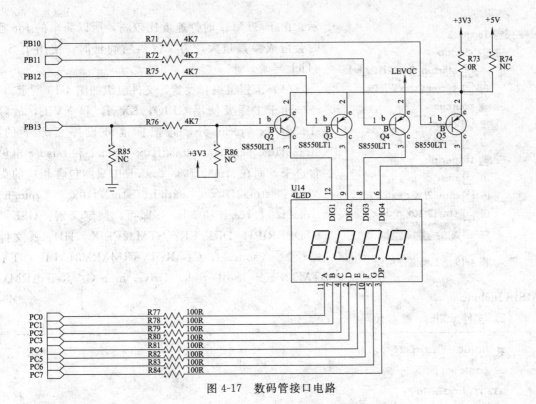

图 4-17　数码管接口电路

（5）怎样配置中断优先级？怎样使用固件库程序框架实现中断服务程序的编写？

任务实施

根据任务要求，需要进行 SysTick 异常、外部中断的配置，相关执行流程如图 4-18 所

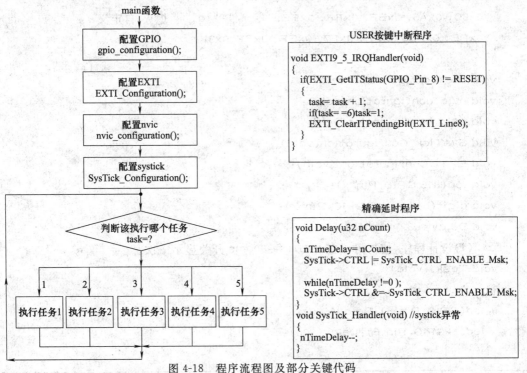

图 4-18　程序流程图及部分关键代码

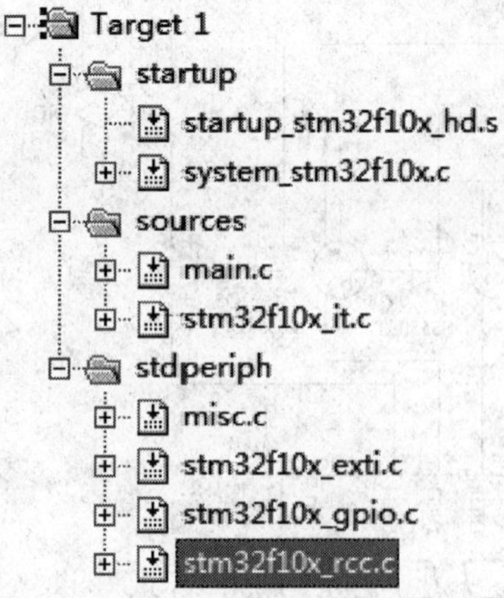

图 4-19　工程文件组织

示。由于 STM32 时钟速度比较高，所以简单的 for 延时会造成参数过大，为了提供精确延时，使用了 SysTick 异常。

（1）工程组织和设置。文件组织如图 4-19 所示。

由于工程要使用 GPIO，EXTI，和 NVIC，故除 stm32f10x _ rcc. c 外，需把标准外设库目录下的：stm32f10x _ exti. c、stm32f10x _ gpio. c 和 misc. c 也包含进来。而在 stm32f10x _conf. h 中只需包含相应的头文件：stm32f10x _ exti. h、stm32f10x _ gpio. h、stm32f10x _rcc. h 和 misc. h 即可。预定义宏：USE _ STDPERIPH _DRIVER，STM32F10X _ HD。头文件路径：. \ sources；C：\Keil\ARM\RV31\LIB\ST\STM32F10x _ StdPeriph _ Driver\inc；C：\Keil\ARM\CMSIS\Include。

（2）文件 main. c 参考代码

```
# include "stm32f10x. h"
u8 task = 1;
u32 nTimeDelay;
u8 x[] = {0xC0, 0xF9, 0xA4, 0xB0, 0x99,//"0""1""2""3""4"
    0x92, 0x82, 0xF8, 0x80, 0x90, //"5""6""7""8""9"
    0x88, 0x83, 0xC6, 0xA1, 0x86, //"A""B""C""D""E"
    0x8E, 0x89, 0xC7, 0xC8, 0xC1, //"F""H""L""n""u"
    0x8C, 0xA3, 0xBF, 0xFF, 0xFF,    //"P""o""-" 熄灭 自定义
    0xFE, 0xFD, 0xFB, 0xF7, 0xEF, 0xDF,0x3F
};
void rcc_configuration(void);
void nvic_configuration(void);
void gpio_configuration(void);
void SysTick_Configuration(void) ;
void EXTI_Configuration (void);
void led(u16 GPIO_Pin_x);
void digit(u8 ch,u16 GPIO_Pin_x);
void Delay (u32 nCount);
/ * （1）设计程序,使得可以在 LED1 每 800ms 开关显示一次。 * /
void Task1(void)
{
    led(GPIO_Pin_6);Delay(800);
    led(～GPIO_Pin_6);Delay(800);
}
```

```
/* (2)设计程序,使得可以在所有数码管 DIG1～4 上同时显示字符'8',并能在每
800ms 开关显示一次。*/
void Task2(void)
{
  u8 i=8;
  digit(i,GPIO_Pin_10|GPIO_Pin_11|GPIO_Pin_12|GPIO_Pin_13);Delay(800);
  digit(i,0);Delay(800);
}
/* (3)设计程序,将 0～F 按从右到左移动逐个显示于 4 个数据管上 */
void Task3(void)
{
  u8 i;
  for (i=0;i<16;i++)
  {
  digit(i,GPIO_Pin_10); Delay(500);
  digit(i,GPIO_Pin_11); Delay(500);
  digit(i,GPIO_Pin_12); Delay(500);
  digit(i,GPIO_Pin_13); Delay(500);
  if (task ! = 3) break;
  }
}
/* (4)在数码管 DIG1～DIG4 上动态扫描显示"1234",扫描时间间隔为 5ms。*/
void Task4(void)
{
  u8 i;
  for (i=0;i<16;i++)
  {
  digit(4,GPIO_Pin_10); Delay(5);
  digit(3,GPIO_Pin_11); Delay(5);
  digit(2,GPIO_Pin_12); Delay(5);
  digit(1,GPIO_Pin_13); Delay(5);
  if (task ! = 4) break;
  }
}
/* (5)在数码管 DIG4 上,轮流显示 a,b,c,d,e,f,a…… 各段,时间间隔为
500ms。*/
void Task5(void)
{
  u8 i;
  for (i=0;i<16;i++)
```

```
    {
      digit(25,GPIO_Pin_10); Delay(500);
      digit(26,GPIO_Pin_10); Delay(500);
      digit(27,GPIO_Pin_10); Delay(500);
      digit(28,GPIO_Pin_10); Delay(500);
      digit(29,GPIO_Pin_10); Delay(500);
      digit(30,GPIO_Pin_10); Delay(500);
      if (task != 5) break;
    }
  }
  int main (void)
  {
    gpio_configuration();
    EXTI_Configuration();
    nvic_configuration();
    SysTick_Configuration();
    while(1)
    {//关闭所有数据管
      GPIO_SetBits(GPIOB,GPIO_Pin_10|GPIO_Pin_11|GPIO_Pin_12|GPIO_Pin_
13);
      if(task==1) Task1();
      if(task==2) Task2();
      if(task==3) Task3();
      if(task==4) Task4();
      if(task==5) Task5();
    }
    return 1;
  }
  void SysTick_Configuration(void)
  { //时钟源 72MHz,每计数 1 次为 1/72? s
    SysTick_CLKSourceConfig(SysTick_CLKSource_HCLK);
    SysTick->LOAD = 72000; /* 计数初值 */
    /* 设置 Systick 中断优先级 */
    NVIC_SetPriority (SysTick_IRQn, (1<<__NVIC_PRIO_BITS) - 1);
    SysTick->VAL  = 0/* 当前计时值 */
    SysTick-> CTRL = SysTick_CTRL_CLKSOURCE_Msk | SysTick_CTRL_
    TICKINT_Msk|
                      SysTick_CTRL_ENABLE_Msk;
  }
  //定位异常表
```

```
void nvic_configuration(void)
{
  NVIC_InitTypeDef NVIC_InitStructure;
  NVIC_SetVectorTable(NVIC_VectTab_FLASH, 0x0);

  NVIC_PriorityGroupConfig(NVIC_PriorityGroup_1);
  NVIC_InitStructure. NVIC_IRQChannel = EXTI9_5_IRQn;
  NVIC_InitStructure. NVIC_IRQChannelPreemptionPriority = 0;
  NVIC_InitStructure. NVIC_IRQChannelSubPriority = 0;
  NVIC_InitStructure. NVIC_IRQChannelCmd = ENABLE;
  NVIC_Init(&NVIC_InitStructure);
}
void gpio_configuration(void)
{//KEY 按键
  GPIO_InitTypeDef KeyInitStruct;
  GPIO_InitTypeDef LEDInitStruct;
GPIO_InitTypeDef  DigitBitInitStruct,DigtSegIntiStruct;
  RCC_APB2PeriphClockCmd(RCC_APB2Periph_GPIOG|RCC_APB2Periph_
  GPIOF|

                        RCC_APB2Periph_GPIOB|RCC_APB2Periph_GPIOC|
                        RCC_APB2Periph_AFIO,ENABLE);
  KeyInitStruct. GPIO_Pin = GPIO_Pin_8;
  KeyInitStruct. GPIO_Speed = GPIO_Speed_50MHz;
  KeyInitStruct. GPIO_Mode = GPIO_Mode_IN_FLOATING;
  GPIO_DeInit(GPIOG);
  GPIO_Init(GPIOG,&KeyInitStruct); //GPIOG 的 8 脚接 user 按键
//LED
  LEDInitStruct. GPIO_Pin = GPIO_Pin_6;
  LEDInitStruct. GPIO_Speed = GPIO_Speed_50MHz;
  LEDInitStruct. GPIO_Mode = GPIO_Mode_Out_PP;
  GPIO_DeInit(GPIOF);
  GPIO_Init(GPIOF,&LEDInitStruct);
  //数码管扫描位
DigitBitInitStruct. GPIO_Pin = \
                  GPIO_Pin_10|GPIO_Pin_11|GPIO_Pin_12|GPIO_Pin_13;
  DigitBitInitStruct. GPIO_Speed = GPIO_Speed_50MHz;
  DigitBitInitStruct. GPIO_Mode = GPIO_Mode_Out_PP;
  GPIO_DeInit(GPIOB);
  GPIO_Init(GPIOB,&DigitBitInitStruct);
```

```
//数码管段码端口
    DigitSegIntiStruct. GPIO_Pin = \
        GPIO_Pin_0|GPIO_Pin_1|GPIO_Pin_2|GPIO_Pin_3|\
        GPIO_Pin_4|GPIO_Pin_5|GPIO_Pin_6;
    DigitSegIntiStruct. GPIO_Speed = GPIO_Speed_50MHz;
    DigitSegIntiStruct. GPIO_Mode = GPIO_Mode_Out_PP;
    GPIO_DeInit(GPIOC);
    GPIO_Init(GPIOC,&DigitSegIntiStruct);
}
void EXTI_Configuration (void)
{
    EXTI_InitTypeDef EXTI_InitStructure;
    GPIO_EXTILineConfig(GPIO_PortSourceGPIOG, GPIO_PinSource8);
    EXTI_InitStructure. EXTI_Line    = EXTI_Line8;      //外部中断线
    EXTI_InitStructure. EXTI_Mode    = EXTI_Mode_Interrupt; //中断模式
    EXTI_InitStructure. EXTI_Trigger = EXTI_Trigger_Falling;  //中断触发方式
    EXTI_InitStructure. EXTI_LineCmd = ENABLE;      //打开中断
    EXTI_Init(&EXTI_InitStructure);
}
void led(u16 GPIO_Pin_x)
{
    u16 d=0;
    d |= GPIO_Pin_x;
    GPIO_Write(GPIOF,d);
}
void digit(u8 ch,u16 GPIO_Pin_x)
{
    u16 d=0;
    d |= ~GPIO_Pin_x;
    GPIO_Write(GPIOB,d);
    GPIO_Write(GPIOC,x[ch]);
}
void Delay (u32 nCount)
{
    nTimeDelay = nCount;
    SysTick->CTRL |= SysTick_CTRL_ENABLE_Msk;//启动 SysTick 定时器
    while (nTimeDelay != 0);
    SysTick->CTRL &= ~SysTick_CTRL_ENABLE_Msk; //停止 SysTick 定
时器
}
```

（3）stm32f10x_it.h 参考代码

```
#ifndef __STM32F10x_IT_H
#define __STM32F10x_IT_H
#include "stm32f10x.h"
void SysTick_Handler(void);
void EXTI9_5_IRQHandler(void);
#endif /* __STM32F10x_IT_H */
```

（4）stm32f10x_it.c 参考代码

```
#include "stm32f10x_it.h"
extern u32 nTimeDelay;
extern u8 task;
void SysTick_Handler(void) {   nTimeDelay--; }
void EXTI9_5_IRQHandler(void)
{
if(EXTI_GetITStatus(GPIO_Pin_8) != RESET)
{
task = task + 1;
    if (task == 6)task = 1;
EXTI_ClearITPendingBit(EXTI_Line8);
}
}
```

考核评价

本任务的考核评价表见表 4-13。

表 4-13   任务 4-2 的考核评价表

评价方式	标准分 共 100 分		考 核 内 容								计分
教师评价	专业能力	70	(1)设计程序,使得可以在 LED1 每 800ms 开关显示一次 (2)设计程序,使得可以在所有数码管 DIG1～4 上同时显示字符'8',并能在每 800ms 开关显示一次 (3)设计程序,将 0～F 按从右到左移动逐个显示于 4 个数据管上 (4)在数码管 DIG1～DIG4 上动态扫描显示"1234",扫描时间间隔为 5ms (5)在数码管 DIG4 上,轮流显示 a,b,c,d,e,f,a……各段,时间间隔为 500ms (6)使用中断,可以在按下 user 键时显示状态可以在任务 1 到任务 5 之间切换。(本步骤 20 分,其余 10 分)								
			(1)	(2)	(3)	(4)	(5)	(6)	⑦	⑧	⑨	⑩
									/	/	/	/

评价 方式	标准分 共 100 分		考 核 内 容			计分
自我 评价	方法能力	10	①自主学习	②信息处理	③数字应用	
小组 评价	社会能力	10	①与人合作	②与人交流	③解决问题	
	职业素养	10	①出勤情况	②回答问题	③6S 执行力	
	备注		专业能力目标考核按【任务要求】各项进行			

◁ 知识链接 ▷

1）数码管显示驱动原理

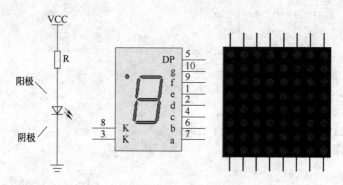

图 4-20　LED 显示器

如图 4-20 所示，当流过电流 $I = \dfrac{+V_{cc} - V_{led}}{R}$，在 10～50mA 时，将可以产生可视的光。每一个数码管的一段，及每一个点阵显示器的一点都是一个 LED。

当数码管显示器中的 LED 增加时，会占用大量的 GPIO 端口，为节省端口，通常采用动态扫描显示的方法。每一个数字必须很快地被更新，以便产生所有的数字都是在同一个时刻开启的效果，但如果数字更新的速率太慢，会产生闪烁的效果，60～100 次/秒时可以有一个稳定的显示效果。但这种多路复用的动态扫描法会占用较多的 CPU 时间，每增加一个数字都会增加 CPU 的系统开销，但不会增加电流消耗。共阴数码管段码如下数组：

```
u8 x[] = {0xC0, 0xF9, 0xA4, 0xB0, 0x99,//"0""1""2""3""4"
    0x92, 0x82, 0xF8, 0x80, 0x90, //"5""6""7""8""9"
    0x88, 0x83, 0xC6, 0xA1, 0x86, //"A""B""C""D""E"
    0x8E, 0x89, 0xC7, 0xC8, 0xC1, //"F""H""L""n""u"
    0x8C, 0xA3,0xBF,0xFF,0xFF    //"P""o""-" 熄灭 自定义
};
```

2）使用 GPIO 引脚作为外部中断控制

配置外部中断过程一般如下。

① 使能 GPIOx 线的时钟和第二功能 AFIO (alternate-function I/O) 时钟。当把 GPIO 用作 EXTI 外部中断或使用重映射功能的时候，必须开启 AFIO 时钟。这里该 GPIO 口应该作为浮空输入模式。

② 然后在 NVIC 中配置 EXTIx 线的中断优先级。

③ 配置 EXTI 中断线 I/O 、选定要配置为 EXTI 的 I/O 口线和 I/O 口的工作模式。

具体代码可以参考前面代码清单，这里重新清理如下：

```
void gpio_configuration(void)
{//user 按键
  GPIO_InitTypeDef KeyInitStruct;
  ……
  RCC_APB2PeriphClockCmd(RCC_APB2Periph_GPIOG|RCC_APB2Periph_GPIOF|
        RCC_APB2Periph_GPIOB|RCC_APB2Periph_GPIOC|
        RCC_APB2Periph_AFIO,ENABLE);//启用按键所在端口 GPIOG 和 AFIO 的时钟
  KeyInitStruct. GPIO_Pin = GPIO_Pin_8;
  KeyInitStruct. GPIO_Speed = GPIO_Speed_50MHz;
  KeyInitStruct. GPIO_Mode = GPIO_Mode_IN_FLOATING;
  GPIO_Init(GPIOG,&KeyInitStruct);
  ……
}
void nvic_configuration(void)
{
  NVIC_InitTypeDef NVIC_InitStructure;
  ……
  NVIC_PriorityGroupConfig(NVIC_PriorityGroup_1);
  NVIC_InitStructure. NVIC_IRQChannel = EXTI9_5_IRQn;
  NVIC_InitStructure. NVIC_IRQChannelPreemptionPriority = 0;
  NVIC_InitStructure. NVIC_IRQChannelSubPriority = 0;
  NVIC_InitStructure. NVIC_IRQChannelCmd = ENABLE;
  NVIC_Init(&NVIC_InitStructure); //设定 EXTI8 所在的中断的优先级
}
void EXTI_Configuration (void)
{
  EXTI_InitTypeDef EXTI_InitStructure;
  GPIO_EXTILineConfig(GPIO_PortSourceGPIOG, GPIO_PinSource8);
  EXTI_InitStructure. EXTI_Line    = EXTI_Line8;        //外部中断线
  EXTI_InitStructure. EXTI_Mode    = EXTI_Mode_Interrupt; //中断模式
  EXTI_InitStructure. EXTI_Trigger = EXTI_Trigger_Falling;//中断触发方式
  EXTI_InitStructure. EXTI_LineCmd = ENABLE;        //打开中断
  EXTI_Init(&EXTI_InitStructure);
}
```

图 4-21 给出了中断信号从端口引脚到达 CPU 的路径，帮助理解这一配置流程。

引脚 ——→ GPIO/AFIO ——→ EXTI ——→ NVIC ——→ CPU

图 4-21　中断信号从端口引脚到达 CPU 的路径

4.5　FSMC 接口与 LCD 显示应用

FSMC（Flexible Static Memory Controller，灵活的静态存储控制器）能够与同步或异步存储器和 16 位 PC 存储器卡接口，其主要作用是将 AHB 传输信号转换到适当的外设协议，满足访问相关外设的时序要求。

STM32 的 FSMC 接口支持包括 SRAM、NAND FLASH、NOR FLASH 和 PSRAM 等存储器。它包括 4 个部分（图 4-22 左）：AHB 接口（包含 FSMC 配置寄存器）、NOR 闪存和 PSRAM 控制器、NAND 闪存和 PC 卡控制器、外部设备接口等。可分为以下两类控制器。

（1）NOR 闪存/SRAM 控制器：与 NOR 闪存、SRAM 和 PSRAM 存储器接口。LCD 适于用 NOR 闪存/SRAM 控制器来控制访问。

（2）NAND 闪存/PC 卡控制器：与 NAND 闪存、PC 卡、CF 卡和 CF+存储器接口。

FSMC 产生所有驱动这些存储器的信号时序：①16 个数据线，用于连接 8 位或 16 位存储器；②26 个地址线，最多可连接 64M 字节的存储器；③5 个独立的片选信号线。

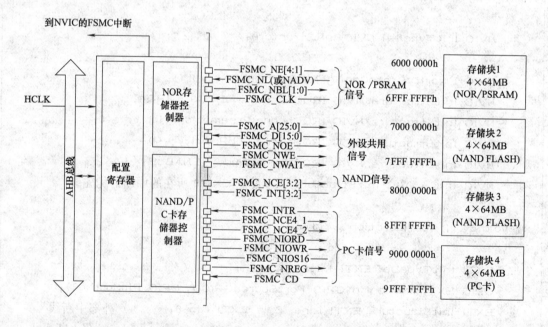

图 4-22　FSMC 接口结构及存储块划分

从 FSMC 的角度看，可以把外部存储器划分为固定大小为 256M 字节的四个存储块，见图 4-22 右，其中：存储块 1 用于访问最多 4 个 NOR 闪存或 PSRAM 存储设备，并有 4 个专用的片选。存储块 2 和 3 用于访问 NAND 闪存设备，每个存储块连接一个 NAND 闪存。

存储块 4 用于访问 PC 卡设备。每一个存储块上的存储器类型是由用户在配置寄存器中定义的。

4.5.1　NOR 闪存控制简述

以 NOR 闪存为例，存储块 1 的 256M 字节空间由 28 根地址线（HADDR [27：0]）寻址（这里 HADDR 是需要转换到外部存储器的内部 AHB 地址线），其中 HADDR [25：0] 包含外部存储器地址，输出到 FSMC＿A [25：0]（表 4-14）。不论外部存储器的宽度是多少（16 位或 8 位），FSMC＿A [0] 始终应该连到外部存储器的地址线 A [0]。

另外的 HADDR [27：26] 的设置（00/01/10/11 分别对应选定存储块内的第 1/2/3/4 个 64MB），是不需要干预的。比如：当你选择使用 Bank1 的第三个区，即使用 FSMC＿NE3 来连接外部设备的时候，即对应了 HADDR [27：26]＝10，要做的只是配置对应第 3 区的寄存器组，来适应外部设备即可。

表 4-14　外部存储器地址线的连接

数据宽度	连到存储器的地址线	最大访问存储器空间（位）
8 位	HADDR[25：0]与 FSMC_A[25：0]对应相连	64M 字节×8＝512M 位
16 位	HADDR[25：1]与 FSMC_A[24：0]对应相连，HADDR[0]未接	64M 字节/2×16＝512M 位

FSMC 的 NOR FLASH 控制器支持同步和异步突发两种访问方式，主要是通过 FSMC＿BCRx、FSMC＿BTRx 和 FSMC＿BWTRx 寄存器设置（其中 x＝1～4，对应 4 个区），具体时序请参考相关手册。若要控制一个 NOR 闪存存储器，需要 FSMC 提供下述功能（表 4-15 给出了相关信号线）。

① 选择合适的存储块映射 NOR 闪存存储器：共有 4 个独立的存储块可以用于 NOR 闪存、SRAM 和 PSRAM 存储器接口，每个存储块都有一个专用的片选管脚。

② 使用或禁止地址/数据总线的复用功能。

③ 选择所用的存储器类型：NOR 闪存、SRAM 或 PSRAM。

④ 定义外部存储器的数据总线宽度：8 或 16 位。

⑤ 使用或关闭同步 NOR 闪存存储器的突发访问模式。

⑥ 配置等待信号的使用：开启或关闭，极性设置，时序配置。

⑦ 使用或关闭扩展模式：扩展模式用于访问那些具有不同读写操作时序的存储器。

表 4-15　FSMC 控制 NOR FLASH 的信号线

FSMC 信号名称	信号方向	功　能
CLK	输出	时钟(同步突发模式使用)
A[25：0]	输出	地址总线
D[15：0]	输出/输入	双向数据总线
NE[x]	输出	片选，x＝1，…、4
NOE	输出	输出使能
NWE	输出	写使能
NWAIT	输入	NOR 闪存要求 FSMC 等待的信号

当使用一个外部异步存储器时，用户必须按照存储器的数据手册给出的时序数据，计算

和设置下列参数：ADDSET：地址建立时间；ADDHOLD：地址保持时间；DATAST：数据建立时间；ACCMOD：访问模式（参见图 4-23 和图 4-24 所示异步模式 A 访问时序图）。

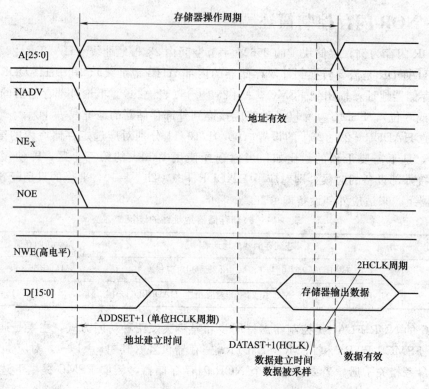

图 4-23　异步 ROR 闪存读访问时序

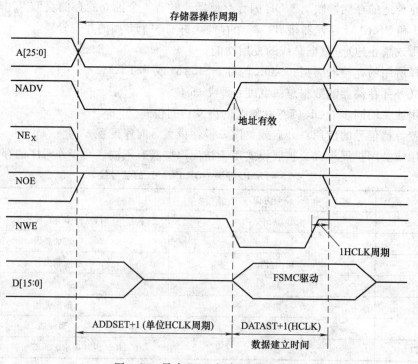

图 4-24　异步 ROR 闪存写访问时序

如果使用同步的存储器,用户必须计算和设置下述参数。①CLKDIV:时钟分频系数。②DATLAT:数据延时。如果存储器支持的话,NOR 闪存的读操作可以是同步的,而写操作仍然是异步的。当对一个同步的 NOR 闪存编程时,存储器会自动地在同步与异步之间切换,这时所有的参数需要正确设置(异步操作相关参数和同步操作相关参数)。

4.5.2　LCD 显示模块及控制器

这里使用的 LCD 显示模块的分辨率是 320×240,驱动控制器是 ili9320,与 STM32 的交互也主要是它。STM32 处理器将 LCD 显示器看成是 NOR 闪存,使用 FSMC 接口模块与 LCD 进行连接,模拟出 8080 接口。图 4-25 为与 LCD 英特尔 8080 接口方式的连接法,这也是开发板所用的连接方式。

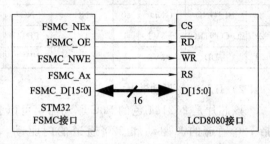

图 4-25　FSMC 与 LCD 8080 接口连接示意图

开发板实际电路连接如图 4-26 所示,其中相关信号线的连接,统一在表 4-16 列出。芯片正常工作时,要求:①CS=0(表示选上芯片,CS 拉低时,D0-D15 上的数据才会有效)。②RESET=1,如果 RESET=0,会导致芯片重启。当 RS=1 时,D0-D15 上传递的是要被写到 LCD 寄存器的值;RS=0,表示传递的是要显示的数据。

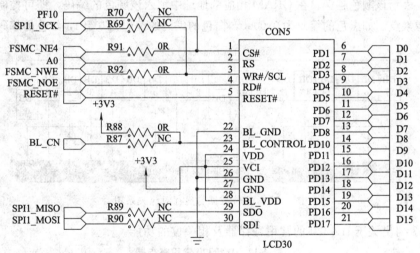

图 4-26　开发板 LCD 部分接口电路

1)LCD 读写工作原理

① 向 LCD 写:(WR=0,RD=1),此时如果 RS=0,则会将 DB0~15 上的数据写入显存,而如果 RS=1,则会将 DB0~15 上的数据写入寄存器。

② 读 LCD:(WR=1,RD=0)

此时如果 RS=0,则会从 D0~15 上读到数据。如果 RS=1,则会将 D0~15 上的数据写入寄存器。

读寄存器的时序分两步:①先 WR=0,RD=0,主控芯片通过 DB0~15 传入寄存器地址。②与前面读数据一样:WR=1,RD=0,读出 D0~15 的值即可(整个的过程中,RS 保持为 0。)

表 4-16　LCD 接口与对应 I/O

引脚	信号	对应 I/O	引脚	信号	对应 I/O	引脚	信号	对应 I/O	引脚	信号	对应 I/O
1	CS#	PG12	25	VC1	+3V3	8	D2	PD0	16	D10	PE13
2	RS	PF0	26	GND	GND	9	D3	PD1	17	D11	PE14
3	WR#/SCL	PD5	27	GND	GND	10	D4	PE7	18	D12	PE15
4	RD#	PD4	28	BL_VDD	+3V3	11	D5	PE8	19	D13	PD8
5	RESET#	RESET	29	NC	NC	12	D6	PE9	20	D14	PD9
22	BL_GND	GND	30	NC	NC	13	D7	PE10	21	D15	PD10
23	BL_CONTROL	+3V3	6	D0	PD14	14	D8	PE11			
24	VDD	+3V3	7	D1	PD15	15	D9	PE12			

2）ILI9320 驱动芯片

该芯片是 262144 色的 SoC 驱动器，可以驱动 240RGB×320 点的 TFT 液晶显示器，包括 720 通道的源驱动和 320 通道的门驱动，有 172800 字节（240×320×18/8）的显示 RAM。有 4 种接口，即：i8080（8/9/16/18 位总线宽度）、VSYNC 接口、SPI 和 RGB 接口（6/16/18 位总线宽度，VSYNC，HSYNC，DOTCLK，ENABLE，DB［17：0］）。开发采用 i8080（16 位总线宽度：DB［17：10］、DB［8：1］）接口，模块的 16 位数据线与显存的对应关系为 565 方式，如图 4-27 所示：最低 5 位代表蓝色，中间 6 位为绿色，最高 5 位为红色。数值越大，表示该颜色越深。在 GRAM 相应的地址中填入该颜色的编码，即可控制 LCD 输出该颜色的像素点。如黑色的编码为 0x0000，白色的编码的编码为 0xffff，红色的编码为 0xf800。

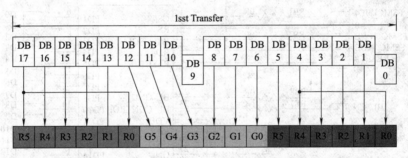

图 4-27　16 位数据与显存对应关系图

表 4-17 列出关于 ili9320 的常用寄存器及相关位的功能。

表 4-17　ILI9320 常用寄存器

寄存器名	各 位 描 述															
	D15	D14	D13	D12	D11	D10	D9	D8	D7	D6	D5	D4	D3	D2	D1	D0
IR	—	—	—	—	—	—	—	—	ID7	ID6	ID5	ID4	ID3	ID2	ID1	ID0
R0	—	—	—	—	—	—	—	—	—	—	—	—	—	—	—	OSC
	1	0	0	1	0	0	1	1	0	0	1	0	0	0	0	0
R1	0	0	0	0	0	SM	0	SS	0	0	0	0	0	0	0	0
R3	TRI	DFM	0	BGR	0	0	HWM	0	ORG	0	I/D1	I/D0	AM	0	0	0
R7	0	0	0	0	0	0	RCV1	RCV0	0	0	RCH1	RCH0	0	0	RSZ1	RSZ0
R20h	0	0	0	0	0	0	0	0	AD7	AD6	AD5	AD4	AD3	AD2	AD1	AD0

寄存器名	各 位 描 述															
	D15	D14	D13	D12	D11	D10	D9	D8	D7	D6	D5	D4	D3	D2	D1	D0
R21h	0	0	0	0	0	0	0	AD16	AD15	AD14	AD13	AD12	AD11	AD10	AD9	AD8
R22h	显示 RAM 的读写数据,DB[17:0],引脚视接口类型不同而不同															
R50h	0	0	0	0	0	0	0	0	HSA7	HSA6	HSA5	HSA4	HSA3	HSA2	HSA1	HSA0
R51h	0	0	0	0	0	0	0	0	HEA7	HEA6	HEA5	HEA4	HEA3	HEA2	HEA1	HEA0
R52h	0	0	0	0	0	0	0	VSA8	VSA7	VSA6	VSA5	VSA4	VSA3	VSA2	VSA1	VSA0
R53h	0	0	0	0	0	0	0	VEA8	VEA7	VEA6	VEA5	VEA4	VEA3	VEA2	VEA1	VEA0
R60h	GS	0	NL5	NL4	NL3	NL2	NL1	NL0	0	0	SCN5	SCN4	SCN3	SCN2	SCN1	SCN0

对这些寄存器的功能简要说明如下(详细资料请查看相关的芯片手册)。

① 命令 R0,有两个功能,如果对它写,则最低位为 OSC,用于开启或关闭振荡器。而如果对它进行读操作,则返回的是控制器的型号。

② R3,入口模式命令。AM:控制显示缓存 GRAM 更新方向。当 AM=0 时,地址以水平方向更新。当 AM=1 时,地址以垂直方向更新。I/D [1:0]:当更新了一个数据之后,根据这两个位的设置来控制地址计数器自动增加/减少 1,这就可以控制屏幕的显示方向了(图 4-28)。

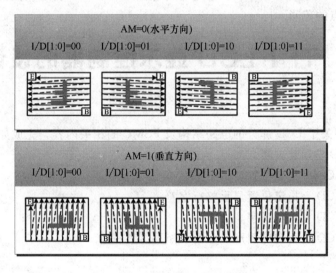

图 4-28　GRAM 访问方向设置

显示原点的位置由 R01h 的 SS 位和 R60h 的 GS 确定,也确定了扫描方向。ORG=0:原始地址是不能被移动的。ORG=1:原始地址 00000H 根据 I/D [1:0] 设置移动。如图 4-29 所示,SS=1 (S720->S1),GS=0 (G1->G320) 时,原点为 A;SS=1 (S720->S1),GS=1 (G320->G1) 时,原点为 B;SS=0 (S1->S720),GS=1 (G320->G1) 时,原点为 C;SS=0 (S1->S720),GS=0 (G1->G320) 时,原点为 D。

③ R7,显示控制命令。该命令 CL 位用来控制是 8 位彩色,还是 26 万色。为 0 时 26 万色,为 1 时 8 位色。D1、D0、BASEE 这三个位用来控制显示开关与否。当全部设置为 1 时开启显示,全 0 时关闭。通过该命令的设置来开启或关闭显示器,以降低功耗。

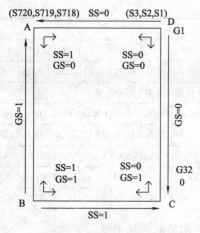

图 4-29　显示原点的确定

④ R20h，R21h，设置 GRAM 的行地址和列地址。R32 用于设置列地址（X 坐标，0～239），用于设置行地址（Y 坐标，0～319）。当要在某个指定点写入一个颜色的时候，先通过这个命令设置到该点，然后写入颜色值就可以了。

⑤ R22h，写数据到 GRAM 命令，当写入了这个命令之后，地址计数器才会自动地增加和减少。该命令是这一组命令里面唯一的单个操作的命令，只需要写入该值就可以了，其他的都是要先写入命令编号，然后写入操作数。

⑥ R50h～R53h，行列 GRAM 地址位置设置，用于设定显示区域的大小。当需要只在整个屏 240×320 中的一部分区域写入数据，不停地写入数据，地址计数器就会根据 R3 的设置自动增加/减少，这样就不需要频繁地先写坐标，后写数据了。

最后再提一下两种基本的访问操作。

① 访问寄存器：索引寄存器（IR）指定要访问的寄存器（R00h～RFFh）或 RAM，如要写寄存器，则先往 IR 的 ID7～ID0 写入这个寄存器的地址。

② 访问 GRAM（显示一个点）：通过写寄存器 R32、R33 确定该点的坐标。通过写寄存器 R34 确定该点的色彩。

任务 4-3　TFT LCD 显示控制器的设计

任务要求

根据开发板中关于 LCD 部分的电路结构及 FSMC 的相关内容，完成如下任务。

（1）完成 LCD 显示与关断。

（2）完成在 LCD 上指定位置显示单个字符。

（3）完成在 LCD 上指定位置显示整行字符。

（4）完成在 LCD 上显示汉字。

（5）完成在 LCD 上画几何图形，如圆、矩形等。

任务目标

（1）熟悉 LCD 的基本显示原理及控制访法。

（2）掌握 FSMC 模块的控制 LCD 的原理。

（3）掌握汉字字库的制作。

（4）掌握图片显示的原理。

引导问题

（1）LCD 与 CPU 的接口是怎样的？如何配置 FSMC 才能使 LCD 可以正常显示？

（2）LCD 是怎样显示字符或汉字的？

（3）怎样才能使 LCD 显示图片？

（4）怎样才能在 LCD 指定位置画几何图形？

任务实施

（1）工程文件组织。见图 4-30。

由于工程要使用 GPIO，RCC，FSMC 和 NVIC，故除 stm32f10x _ rcc. c 外，需把标准外设库目录下的：stm32f10x _ fsmc. c、stm32f10x _ gpio. c 和 misc. c 也包含进来。而在 stm32f10x _ conf. h 中只需包含相应的头文件：stm32f10x _ fsmc. h、stm32f10x _ gpio. h、stm32f10x _ rcc. h 和 misc. h 即可。预定义宏：USE _ STDPERIPH _ DRIVER，STM32F10X _ HD。头文件路径：. \ sources；C：\ Keil \ ARM \ RV31 \ LIB \ ST \ STM32F10x_StdPeriph_ Driver \ inc；C：\ Keil \ ARM \ CMSIS \ Include。

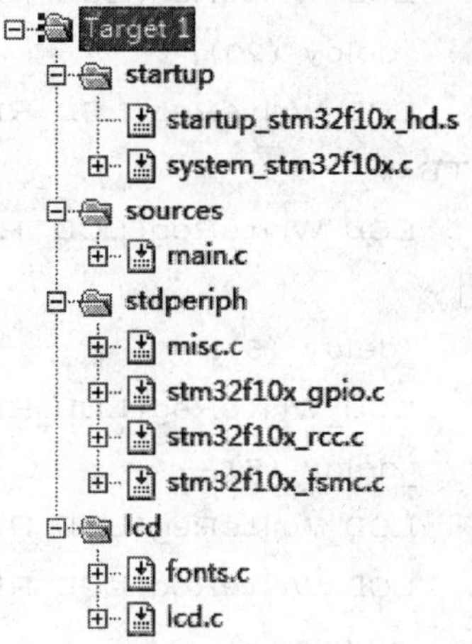

（2）LCD 初始化参考代码（LCD. C 中，以下关于 lcd 的驱动代码主要在 lcd. c 或 lcd. h 中）。它对液晶控制器 ILI9320 用到的 GPIO、FSMC 接口进行了初始化，并且向该控制器写入了命令参数，配置好了 LCD 液晶屏的基本功能。

图 4-30　工程文件组织

```
void STM3210E_LCD_Init(void)
{
LCD_CtrlLinesConfig();/* 配置 LCD 控制引脚 */
LCD_FSMCConfig();      /* 配置 FSMC 并行接口 */
_delay_(5); /* 延迟 50ms */
/* 启动初始化序列 */
LCD_WriteReg(LCD_REG_229,0x8000); /* 设置内部 vcore 电压 */
LCD_WriteReg(LCD_REG_0,  0x0001); /* 开启内部振荡器 OSC */
LCD_WriteReg(LCD_REG_1,  0x0000); /* 设置 SS 和 SM 位 */
LCD_WriteReg(LCD_REG_2,  0x0700); /* set 1 line inversion */
LCD_WriteReg(LCD_REG_3,  0x1018); /*   写 GRAM 且 BGR = 1 */
LCD_WriteReg(LCD_REG_4,  0x0000); /* 尺寸调整寄存器 */
LCD_WriteReg(LCD_REG_8,  0x0202); /* set the back porch and front
porch */
LCD_WriteReg(LCD_REG_9,  0x0000); /* 设置不显示区域的刷新周期 ISC[3：
0] */
LCD_WriteReg(LCD_REG_10, 0x0000); /* FMARK 功能 */
LCD_WriteReg(LCD_REG_12, 0x0000); /* RGB 接口设置 */
LCD_WriteReg(LCD_REG_13, 0x0000); /* 帧标志位置 */
LCD_WriteReg(LCD_REG_15, 0x0000); /* RGB 接口极性 */
/* 上电序列 */
```

```
LCD_WriteReg(LCD_REG_16, 0x0000); /* SAP, BT[3：0], AP, DSTB, SLP, STB */
LCD_WriteReg(LCD_REG_17, 0x0000); /* DC1[2：0], DC0[2：0], VC[2：0] */
LCD_WriteReg(LCD_REG_18, 0x0000); /* VREG1OUT 电压 */
LCD_WriteReg(LCD_REG_19, 0x0000); /* VDV[4：0] 设置 VCOM 幅值 */
_delay_(20);                      /* 根据放电电容电压确定(200ms) */
LCD_WriteReg(LCD_REG_16, 0x17B0); /* SAP, BT[3：0], AP, DSTB, SLP,
STB */
LCD_WriteReg(LCD_REG_17, 0x0137); /* DC1[2：0], DC0[2：0], VC[2：
0] */
_delay_(5);                       /* 延迟 50ms */
LCD_WriteReg(LCD_REG_18, 0x0139); /* VREG1OUT 电压 */
_delay_(5);                       /* 延迟 50ms */
LCD_WriteReg(LCD_REG_19, 0x1d00); /* VDV[4：0] 设置 VCOM 幅值   */
LCD_WriteReg(LCD_REG_41, 0x0013); /* VCM[4：0] 设置 VCOMH */
_delay_(5);                       /* 延迟 50 ms */
LCD_WriteReg(LCD_REG_32, 0x0000); /* GRAM 水平地址 */
LCD_WriteReg(LCD_REG_33, 0x0000); /* GRAM 垂直地址 */
/* 调整 Gamma 曲线 */
LCD_WriteReg(LCD_REG_48, 0x0006);
LCD_WriteReg(LCD_REG_49, 0x0101);
LCD_WriteReg(LCD_REG_50, 0x0003);
LCD_WriteReg(LCD_REG_53, 0x0106);
LCD_WriteReg(LCD_REG_54, 0x0b02);
LCD_WriteReg(LCD_REG_55, 0x0302);
LCD_WriteReg(LCD_REG_56, 0x0707);
LCD_WriteReg(LCD_REG_57, 0x0007);
LCD_WriteReg(LCD_REG_60, 0x0600);
LCD_WriteReg(LCD_REG_61, 0x020b);
/* 设置 GRAM 区域 */
LCD_WriteReg(LCD_REG_80, 0x0000); /* 水平 GRAM 起始地址 */
LCD_WriteReg(LCD_REG_81, 0x00EF); /* 水平 GRAM 结束地址 */
LCD_WriteReg(LCD_REG_82, 0x0000); /* 垂直 GRAM 起始地址 */
LCD_WriteReg(LCD_REG_83, 0x013F); /* 垂直 GRAM 结束地址 */
LCD_WriteReg(LCD_REG_96,  0x2700); /* 门扫描线 */
LCD_WriteReg(LCD_REG_97,  0x0001); /* NDL,VLE, REV */
LCD_WriteReg(LCD_REG_106, 0x0000); /* 设置滚动行 */
/* 局部显示控制 */
LCD_WriteReg(LCD_REG_128, 0x0000);
LCD_WriteReg(LCD_REG_129, 0x0000);
```

```
LCD_WriteReg(LCD_REG_130, 0x0000);
LCD_WriteReg(LCD_REG_131, 0x0000);
LCD_WriteReg(LCD_REG_132, 0x0000);
LCD_WriteReg(LCD_REG_133, 0x0000);
/* 面板控制 */
LCD_WriteReg(LCD_REG_144, 0x0010);
LCD_WriteReg(LCD_REG_146, 0x0000);
LCD_WriteReg(LCD_REG_147, 0x0003);
LCD_WriteReg(LCD_REG_149, 0x0110);
LCD_WriteReg(LCD_REG_151, 0x0000);
LCD_WriteReg(LCD_REG_152, 0x0000);
/* 设置 GRAM 为写方向且 BGR = 1 */
/* I/D = 01 (水平：增，垂直：增) */
/* AM = 1 (地址以垂直写方向更新) */
LCD_WriteReg(LCD_REG_3, 0x1018);
LCD_WriteReg(LCD_REG_7, 0x0173); /* 262K 色，并开启显示 */
LCD_SetFont(&LCD_DEFAULT_FONT);
}
```

① LCD 控制端口配置。

```
void LCD_CtrlLinesConfig(void)
{
    GPIO_InitTypeDef GPIO_InitStructure;
    /* 使能 FSMC, GPIOD, GPIOE, GPIOF, GPIOG 和 AFIO 时钟 */
    RCC_AHBPeriphClockCmd(RCC_AHBPeriph_FSMC, ENABLE);
    RCC_APB2PeriphClockCmd(RCC_APB2Periph_GPIOD | RCC_APB2Periph_
    GPIOE |
                RCC_APB2Periph_GPIOF | RCC_APB2Periph_GPIOG, ENA-
                BLE);
    /* 设置 PD.00(D2), PD.01(D3), PD.04(NOE), PD.05(NWE), PD.08(D13),
    PD.09(D14),
      PD.10(D15), PD.14(D0), PD.15(D1) 为复用推挽输出 */
    GPIO_InitStructure.GPIO_Pin = GPIO_Pin_0 | GPIO_Pin_1 | GPIO_Pin_4 |\
                            GPIO_Pin_5 | GPIO_Pin_8 | GPIO_Pin_9 |\
                            GPIO_Pin_10 | GPIO_Pin_14 | GPIO_Pin_15;
    GPIO_InitStructure.GPIO_Speed = GPIO_Speed_50MHz;
    GPIO_InitStructure.GPIO_Mode = GPIO_Mode_AF_PP;
    GPIO_Init(GPIOD, &GPIO_InitStructure);
    /* 设置 PE.07(D4), PE.08(D5), PE.09(D6), PE.10(D7), PE.11(D8), PE.12(D9),
```

```
                PE.13(D10),PE.14(D11), PE.15(D12) 为复用推挽输出 */
        GPIO_InitStructure.GPIO_Pin = GPIO_Pin_7 | GPIO_Pin_8 | GPIO_Pin_9 |\
                                      GPIO_Pin_10 | GPIO_Pin_11 | GPIO_Pin_12 |\
                                      GPIO_Pin_13 | GPIO_Pin_14 | GPIO_Pin_15;
        GPIO_Init(GPIOE, &GPIO_InitStructure);
        /* 设置 PF.00(A0(RS))为复用推挽输出 */
        GPIO_InitStructure.GPIO_Pin = GPIO_Pin_0;
        GPIO_Init(GPIOF, &GPIO_InitStructure);
        /* 设置 PG.12(NE4 (LCD/CS)) 为复用推挽输出 */
        GPIO_InitStructure.GPIO_Pin = GPIO_Pin_12;
        GPIO_Init(GPIOG, &GPIO_InitStructure);
    }
```

② FSMC 接口配置。在初始化 FSMC 模式时，需要编写 LCD_FSMCConfig（）函数用于设置 FSMC 的模式，目的是使用它的 NOR FLASH 模式模拟出 8080 接口。

```
    void LCD_FSMCConfig(void)
    {
        FSMC_NORSRAMInitTypeDef   FSMC_NORSRAMInitStructure;
        FSMC_NORSRAMTimingInitTypeDef   p;
    /* FSMC 配置,FSMC_Bank1_NORSRAM4 配置 */
        p. FSMC_AddressSetupTime = 1;
        p. FSMC_AddressHoldTime = 0;
        p. FSMC_DataSetupTime = 2;
        p. FSMC_BusTurnAroundDuration = 0;
        p. FSMC_CLKDivision = 0;
        p. FSMC_DataLatency = 0;
        p. FSMC_AccessMode = FSMC_AccessMode_A;
        /* 彩色 LCD 配置如下:数据/地址 MUX = Disable、Memory 类型 = SRAM、数据宽
        度 = 16 位、
        写操作 = Enable、扩展模式 = disable、异步等待 = Disable */
        FSMC_NORSRAMInitStructure. FSMC_Bank = FSMC_Bank1_NORSRAM4;
        FSMC_NORSRAMInitStructure. FSMC_DataAddressMux =\
                                   FSMC_DataAddressMux_Disable;
        FSMC_NORSRAMInitStructure. FSMC_MemoryType = FSMC_MemoryType_
        SRAM;
        FSMC_NORSRAMInitStructure. FSMC_MemoryDataWidth = FSMC_Memory-
        DataWidth_16b;
        FSMC_NORSRAMInitStructure. FSMC_BurstAccessMode =\
```

```
                                    FSMC_BurstAccessMode_Disable;
    FSMC_NORSRAMInitStructure.FSMC_AsynchronousWait = \
                                    FSMC_AsynchronousWait_Disable;
    FSMC_NORSRAMInitStructure.FSMC_WaitSignalPolarity = \
                                    FSMC_WaitSignalPolarity_Low;
    FSMC_NORSRAMInitStructure.FSMC_WrapMode = FSMC_WrapMode_Disable;
    FSMC_NORSRAMInitStructure.FSMC_WaitSignalActive = \
                                    FSMC_WaitSignalActive_BeforeWaitState;
    FSMC_NORSRAMInitStructure.FSMC_WriteOperation = \
                                    FSMC_WriteOperation_Enable;
    FSMC_NORSRAMInitStructure.FSMC_WaitSignal = FSMC_WaitSignal_Dis-
able;
    FSMC_NORSRAMInitStructure.FSMC_ExtendedMode = FSMC_Extended-
Mode_Disable;
    FSMC_NORSRAMInitStructure.FSMC_WriteBurst = FSMC_WriteBurst_
Disable;
    FSMC_NORSRAMInitStructure.FSMC_ReadWriteTimingStruct = &p;
    FSMC_NORSRAMInitStructure.FSMC_WriteTimingStruct = &p;
    FSMC_NORSRAMInit(&FSMC_NORSRAMInitStructure);
    /* BANK 4 (位于 NOR/SRAM Bank 1~4) 开启 */
    FSMC_NORSRAMCmd(FSMC_Bank1_NORSRAM4, ENABLE);
}
```

③ 驱动液晶屏用到的结构体与宏定义。

```
typedef struct
{
    __IO uint16_t LCD_REG;
    __IO uint16_t LCD_RAM;
} LCD_TypeDef;
/* 注意：LCD /CS 是 CE4 - Bank 4(位于 NOR/SRAM Bank 1~4) */
#define LCD_BASE          ((uint32_t)(0x60000000 | 0x0C000000))
#define LCD               ((LCD_TypeDef *) LCD_BASE)
```

用 NOR/SRAM Bank 4，地址位 HADDR [27, 26]=11，A0 作为数据命令区分线。注意 16 位数据总线时，STM32 内部地址会右移一位。

其中 LCD _ BASE，必须根据外部电路的连接来确定，NOR/SRAM Bank 4 是从地址 0X6C000000 开始，将这个地址强制转换为 LCD _ TypeDef 结构体地址，那么可以得到 LCD→LCD _ REG 的地址就是 0X6C00, 0000，对应 A10 的状态为 0（即 RS＝0），而 LCD→LCD _ RAM 的地址就是 0X6C00, 0002（结构体地址自增），对应 A10 的状态为 1（即RS＝1）。所以，现在往 LCD 写命令/数据的时候，可以这样写：

```
LCD->LCD_REG = CMD;    //写命令
LCD->LCD_RAM = DATA;  //写数据
```

而读的时候反过来操作就可以了，如下所示：

```
CMD = LCD->LCD_REG;//读 LCD 寄存器
DATA = LCD->LCD_RAM;//读 LCD 数据
```

这其中，CS、WR、RD 和 IO 口方向都是由 FSMC 控制，不需要手动设置了。

（3）驱动液晶屏用到基础函数

① 写/读寄存器。

```
void LCD_WriteReg(u8 LCD_Reg, u16 LCD_RegValue)
{
  LCD->LCD_REG = LCD_Reg;      /*写入要写的寄存器序号*/
  LCD->LCD_RAM = LCD_RegValue;/*写入数据*/
}
uint16_t LCD_ReadReg(uint8_t LCD_Reg)
{
  LCD->LCD_REG = LCD_Reg; /*写入要读的 16 位的寄存器序号*/
  return (LCD->LCD_RAM); /* 读 16 位寄存器 */
}
```

② 写/读 LCD RAM。

```
void LCD_WriteRAM_Prepare(void)
{//写 RAM 准备
LCD->LCD_REG = LCD_REG_34;
}
void LCD_WriteRAM(uint16_t RGB_Code)
{
LCD->LCD_RAM = RGB_Code; /* 写 16-bit GRAM 数据 */
}
uint16_t LCD_ReadRAM(void)
{
LCD->LCD_REG = LCD_REG_34; /* 选择 GRAM 寄存器 */
return LCD->LCD_RAM;/* 读回 */
}
```

③ 设置光标位置。

```
void LCD_SetCursor(uint8_t Xpos, uint16_t Ypos)
{
  LCD_WriteReg(LCD_REG_32, Xpos);
  LCD_WriteReg(LCD_REG_33, Ypos);
}
```

④ 画点。

```
void LCD_DrawPoint(u16 x,u16 y)
{
  LCD_SetCursor(x,y);       //设置光标位置(x,y)
  LCD_WriteRAM_Prepare();   //开始写入 GRAM
  LCD->LCD_RAM = TextColor;  //以颜色画点
}
```

⑤ 输出单个字符。

```
void LCD_DrawChar(uint8_t Xpos, uint16_t Ypos, const uint16_t * c)
{
  uint32_t index = 0, i = 0;
  uint8_t Xaddress = 0;
  Xaddress = Xpos;
  LCD_SetCursor(Xaddress, Ypos);//定位到要输出的位置
  for(index = 0; index < LCD_Currentfonts->Height; index++)
{
LCD_WriteRAM_Prepare(); /* 准备写 GRAM */
for(i = 0; i < LCD_Currentfonts->Width; i++)
{//输出字符点阵
  if(((((c[index] & ((0x80 << ((LCD_Currentfonts->Width / 12 ) * 8 ) )) >>\
  i)) == 0x00) &&(LCD_Currentfonts->Width <= 12))||((((c[index] & (0x1 <<\
  i)) == 0x00)&&(LCD_Currentfonts->Width > 12 )))
  {
  LCD_WriteRAM(BackColor);
  }
else
  {
  LCD_WriteRAM(TextColor);
  }
}
  Xaddress++;
  LCD_SetCursor(Xaddress, Ypos);
}
}
```

（4）任务步骤参考函数代码

① 完成 LCD 显示与关断。

```
void LCD_DisplayOn(void)
{
  LCD_WriteReg(LCD_REG_7, 0x0173); /* 262K 色,且显示开 */
}
void LCD_DisplayOff(void)
{
  LCD_WriteReg(LCD_REG_7, 0x0); /* 显示关 */
}
```

② 完成在 LCD 上指定位置显示单个字符。

```
void LCD_DisplayChar(uint8_t Line, uint16_t Column, uint8_t Ascii)
  {
    Ascii -= 32;
    LCD_DrawChar(Line, Column, &LCD_Currentfonts->table[Ascii * \
            LCD_Currentfonts->Height]);
  }
```

③ 完成在 LCD 上指定位置显示整行字符。

```
void LCD_DisplayStringLine(uint8_t Line, uint8_t * ptr)
  {
    uint16_t refcolumn = LCD_PIXEL_WIDTH - 1;
    while ((* ptr ! = 0) & (((refcolumn + 1) & 0xFFFF) >= LCD_Current-
fonts->Width))
    {/ * 逐个字符发送字符串到 LCD */
      LCD_DisplayChar(Line, refcolumn, * ptr);   / * 在 LCD 上显示一个字
符 */
      refcolumn -= LCD_Currentfonts->Width; / * 按字体宽度确定下一显示
列 */
      ptr++;/*指向下一字符 */
    }
  }
```

④ 完成在 LCD 上显示汉字。要显示汉字，首先要有对应汉字的点阵字模，每个汉字都由这样 16×16 的点阵（图 4-31）来显示，把笔迹经过的像素点以"1"表示，没有笔迹的点以"0"表示，每个像素点的状态以一个二进制位来记录，用 16×16/8＝32 个字节就可以把这个字记录下来。

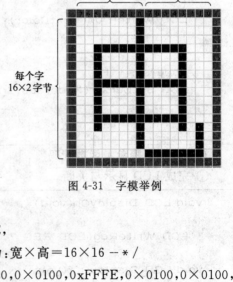

图 4-31 字模举例

uint16_t hz[][16]={
/ *－ 文字： 电,宋体 12； 此字体下对应的点阵
为:宽×高＝16×16 --*/
0×0100,0×0100,0×0100,0×3FF8,0×2108,0×
2108,0×2108,0×3FF8,0×2108,0×2108,0×
2108,0×3FF8,0×210A,0×0102,0×0102,0×00FE,
/ *－ 文字： 子,宋体 12； 此字体下对应的点阵为:宽×高＝16×16 --*/
0×0000,0×7FF8,0x0010,0×0020,0×0040,0×0180,0×0100,0xFFFE,0×0100,0×0100,
0×0100,0×0100,0×0100,0×0100,0×0500,0×0200
};

输出汉字的函数代码如下：

```
void LCD_DrawCharHZ(uint8_t Xpos, uint16_t Ypos, const uint16_t *c)
{
  uint32_t index = 0, i = 0;
  uint8_t Xaddress = 0;
  Xaddress = Xpos;
  LCD_SetCursor(Xaddress, Ypos);
  for(index = 0; index < 16; index++)
  {
    LCD_WriteRAM_Prepare(); /* Prepare to write GRAM */
    for(i = 0; i < 16; i++)
    {
    if((c[index] & (0x1 << (15-i))) == 0x0000)
    {
      LCD_WriteRAM(BackColor);
    }
    else
    {
      LCD_WriteRAM(TextColor);
    }
    }
    Xaddress++;
    LCD_SetCursor(Xaddress, Ypos);
  }
}
```

⑤ 完成在 LCD 上画几何图形，如圆、矩形等，下面以矩形为例。

```
void LCD_DrawFullRect(uint16_t Xpos, uint16_t Ypos,
                      uint16_t Width, uint16_t Height)
{
  LCD_SetTextColor(TextColor);
  LCD_DrawLine(Xpos, Ypos, Width, LCD_DIR_HORIZONTAL);
  LCD_DrawLine((Xpos + Height), Ypos, Width, LCD_DIR_HORIZONTAL);
  LCD_DrawLine(Xpos, Ypos, Height, LCD_DIR_VERTICAL);
  LCD_DrawLine(Xpos, (Ypos - Width + 1), Height, LCD_DIR_VERTICAL);
  Width -= 2;  Height--;  Ypos--;
  LCD_SetTextColor(BackColor);
  while(Height--)
  {
    LCD_DrawLine(++Xpos, Ypos, Width, LCD_DIR_HORIZONTAL);
  }
  LCD_SetTextColor(TextColor);
}
```

⑥ 完成在 LCD 上显示图片。

```
void LCD_WriteBMP(uint32_t BmpAddress)
{
  uint32_t index = 0,size = 0;
  //图片数组的第 2、3 个字(16 位)包括了图像的宽和高像素数
  size = *(__IO uint16_t *)(BmpAddress + 2);
  size *= (*(__IO uint16_t *)(BmpAddress + 4));
  /* 设置 GRAM 写入方向,且 BGR = 1 */
  /* I/D = 00(水平 : 减,垂直 : 减) */
  /* AM = 1(地址在垂直方向先更新) */
  LCD_WriteReg(LCD_REG_3, 0x1008);
  LCD_WriteRAM_Prepare();
  for(index = 0; index < size; index++)
  {
    LCD_WriteRAM(*(__IO uint16_t *)BmpAddress);
    BmpAddress += 2;
  }
  /* 设置 GRAM 写入方向,且 BGR = 1 */
  /* I/D = 01(水平 : 增,垂直 : 减) */
  /* AM = 1(地址在垂直方向先更新) */
  LCD_WriteReg(LCD_REG_3, 0x1018);
}
```

(5) 主函数（在 main.c）。上面不同的步骤可以取消相关的注释来实现。

```
#include "stm32f10x.h"
#include "lcd.h"
extern const unsigned char gImage_s[];
uint16_t hz[][16] = {
/*--  文字:  电,宋体 12;  此字体下对应的点阵为:宽×高 = 16×16  --*/
0x0100,0x0100,0x0100,0x3FF8,0x2108,0x2108,0x2108,0x3FF8,
0x2108,0x2108,0x2108,0x3FF8,0x210A,0x0102,0x0102,0x00FE,
/*--  文字:  子,宋体 12;  此字体下对应的点阵为:宽×高 = 16×16  --*/
0x0000,0x7FF8,0x0010,0x0020,0x0040,0x0180,0x0100,0xFFFE,
0x0100,0x0100,0x0100,0x0100,0x0100,0x0100,0x0500,0x0200
};

int main()
{
  STM3210E_LCD_Init();
  LCD_SetFont(&Font16x24);
```

```
LCD_Clear(LCD_COLOR_BLACK);
LCD_SetColors(LCD_COLOR_RED, LCD_COLOR_BLACK);

//LCD_DisplayChar(LCD_LINE_1, 20, 'F');
//LCD_DisplayCharHZ(LCD_LINE_2, LCD_PIXEL_WIDTH-1-20,hz[0]);
//LCD_DisplayCharHZ(LCD_LINE_2, LCD_PIXEL_WIDTH-36,hz[1]);
//LCD_DisplayStringLine(LCD_LINE_4, (uint8_t*)"abcde");
//LCD_DisplayStringLine(LCD_LINE_5, (uint8_t*)"abcde");
// LCD_DrawFullRect(15, 55,30, 30);
LCD_WriteBMP((uint32_t)gImage_s);
return 1;
}
```

◀ 考核评价 ▶

本单元的考核评价表如表 4-18 所示。

表 4-18　任务 4-3 的考核表

评价方式	标准分 共100分		考核内容									计分
教师 评价	专业能力	70	(1)完成 LCD 显示与关断。(10 分) (2)完成在 LCD 上指定位置显示单个字符。(10 分) (3)完成在 LCD 上指定位置显示整行字符。(10 分) (4)完成在 LCD 上显示汉字。(20 分) (5)完成在 LCD 上画几何图形如圆、矩形等。(20 分)									
			(1)	(2)	(3)	(4)	(5)	(6)	(7)	(8)	(9)	(10)
									/	/	/	/
自我 评价	方法能力	10	①自主学习		②信息处理			③数字应用				
小组 评价	社会能力	10	①与人合作		②与人交流			③解决问题				
	职业素养	10	①出勤情况		②回答问题			③6S 执行力				
	备注		专业能力目标考核按【任务要求】各项进行									

◀ 知识链接 ▶

（1）图片文件数据格式的生成。从网上下载 Image2LCD V4.0（或从光盘中拷贝），启动后，如图 4-32 进行设置，然后打开图片文件（bmp/jpg 均可），选择 16 位真彩色（不能选择其需要调色板的格式，也不要选其他真彩，这会导致图像数据过大），输出像素数据格式是 5 : 6 : 5，输出数据类型为 C 语言数组，点"保存"后可以生成 C 语言数组文件，起名为 picture.c，然后再加入工程即可。

```
const unsigned char gImage_s[153608] =
{ 0X00,0X10,0X40,0X01,0XF0,0X00,0X01,0X1B,
  0XFD,0XDE,0XFD,0XDE,0XFD,0XDE,0XFD,0XDE,
  0XFE,0XDE,0XFD,0XDE,0XDD,0XDE,0X9D,0XD6,
  0XFE,0XE6,0X1E,0XE7,0X1E,0XE7,0X1E,0XE7,
  0X1E,0XE7,0X3E,0XE7,0X3E,0XE7,0X3E,0XE7,……
};
```

图 4-32　IMAGE2LCD 界面

（2）字模提取软件的使用。从网上下载字模提取软件，如图 4-33 所示（或从光盘获取），如 PCtoLCD2002 软件，做好选项设置（图 4-34）。

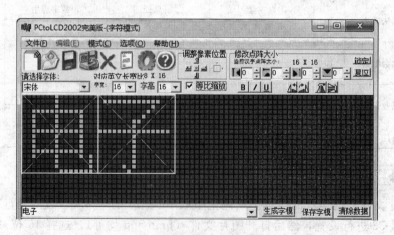

图 4-33　字模提取软件

　　选择生成字模，可以取到 C 语言数组元素，将其拷贝到工程代码文件的字模数组中就可以了。

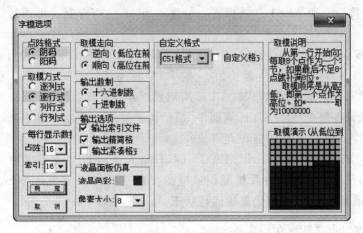

图 4-34　选项设置

4.6　实时时钟 RTC 应用

STM32 的实时时钟（RTC）是一个独立的定时器。STM32 的 RTC 模块拥有一组连续计数的计数器，在相应软件配置下，可提供时钟日历的功能。修改计数器的值可以重新设置系统当前的时间和日期。由于处于后备区域（其供电状况请参见 4.1.1），在系统复位或从待机模式唤醒后 RTC 的设置和时间维持不变。

4.6.1　RTC 概述

RTC 模块由以下两个主要部分组成（图 4-35）。

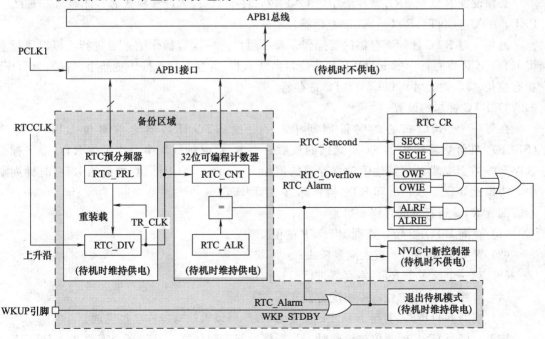

图 4-35　RTC 模块结构

（1）APB1 接口：和 APB1 总线相连，包含一组 16 位寄存器，可通过 APB1 总线对其进行读写操作。

（2）RTC 核心（处于备份区域）：主要由 RTC 的预分频模块和 32 位可编程计数器（可计数 2^{32}）组成。前者可编程产生最长为 1s 的 RTC 时间基准 TR_CLK。后者可被初始化为当前的系统时间，系统时间按 TR_CLK 周期累加并与存储在 RTC_ALR 寄存器中的可编程时间相比较。在每个 TR_CLK 周期中 RTC 可产生一个中断（秒中断）或比较匹配时的闹钟中断（需在 RTC_CR 中置位允许位）。

除了 RTC_PRL、RTC_ALR、RTC_CNT 和 RTC_DIV 寄存器由备份域复位信号复位外，其余的系统寄存器都由系统复位或电源复位进行异步复位，APB1 接口被禁止时（复位、无时钟或断电）RTC 核仍保持运行状态。

4.6.2 RTC 寄存器的操作

1）读取 RTC 寄存器

RTC 核完全独立于 RTC APB1 接口。软件可通过 APB1 接口访问 RTC 的预分频值、计数器值和闹钟值。但相关的可读寄存器只在与 RTC APB1 时钟进行重新同步的 RTC 时钟的上升沿被更新。RTC 标志也是如此的。

发生系统复位、电源复位或系统刚从待机/停机模式唤醒（APB1 曾被禁止）后，在第一次的内部寄存器更新之前，从 APB1 上读出 RTC 寄存器的第一个值可能被破坏了（通常读到 0），此时软件首先须等待 RTC_CRL 寄存器中的 RSF 位（寄存器同步标志）被硬件置 1，然后才能读到正确的 RTC 寄存器的值。需要注意：RTC 的 APB1 接口不受 WFI 和 WFE 等低功耗模式的影响。

2）写 RTC 寄存器

必须设置 RTC_CRL 寄存器中的 CNF 位，使 RTC 进入配置模式后，才能写入 RTC_PRL、RTC_CNT、RTC_ALR 寄存器。

另外，对 RTC 任何寄存器的写操作，都必须在前一次写操作结束后进行。可以通过查询 RTC_CR 寄存器中的 RTOFF 状态位，判断 RTC 寄存器是否处于更新中。仅当 RTOFF 状态位是'1'时，才可以写入 RTC 寄存器。

3）RTC 标志的设置

在每一个 RTC 核心的时钟周期中，将更改 RTC 计数器之前置位 RTC 秒标志（SECF）。在计数器到达 0×0000 之前的最后一个 RTC 时钟周期中，将置位 RTC 溢出标志（OWF）。在计数器的值到达闹钟寄存器的值加 1（RTC_ALR+1）之前的 RTC 时钟周期中，将设置 RTC_Alarm 和 RTC 闹钟标志（ALRF）。

配置 RTC 寄存器的过程一般是：

（1）查询 RTOFF 位，直到 RTOFF 的值变为'1'；

（2）置 CNF 值为 1，进入配置模式；

（3）对一个或多个 RTC 寄存器进行写操作；

（4）清除 CNF 标志位，退出配置模式；

（5）查询 RTOFF，直至 RTOFF 位变为'1'可以确认写操作已经完成。

注意：仅当 CNF 标志位被清除时，写操作才能进行，这个过程至少需要 3 个 RTCCLK 周期。请参考如下代码：

```
void RTC_Configuration(void)
{
    /* 使能 PWR and BKP 时钟 */
    RCC_APB1PeriphClockCmd(RCC_APB1Periph_PWR | RCC_APB1Periph_
    BKP, ENABLE);
    PWR_BackupAccessCmd(ENABLE); /* 允许访问 Backup 域 */
    BKP_DeInit();//复位 Backup 域
    RCC_LSEConfig(RCC_LSE_ON);  /* 使能 LSE */
    while (RCC_GetFlagStatus(RCC_FLAG_LSERDY) = = RESET) {}/* 等
    待 LSE 准备好 */
    RCC_RTCCLKConfig(RCC_RTCCLKSource_LSE);  /* 将 LSE 选为 RTC
    时钟源 */
    RCC_RTCCLKCmd(ENABLE);  /* 使能 RTC 时钟 */
    RTC_WaitForSynchro();  /*等待 RTC 寄存器同步 */
    RTC_WaitForLastTask();  /* 等待上一次 RTC 寄存器上的写操作完成 */
    RTC_ITConfig(RTC_IT_SEC, ENABLE);  /* 使能 RTC 秒中断 */
    RTC_WaitForLastTask();/* 等待上一次 RTC 寄存器上的写操作完成 */
    /* 设置 RTC 预分频器:设置 RTC 周期为 1s */
    RTC_SetPrescaler(32767);/* RTC 周期 = RTCCLK/RTC_PR = (32.768
    KHz)/(32767 + 1) */
    RTC_WaitForLastTask();/* 等待上一次 RTC 寄存器上的写操作完成 */
}
```

4.6.3 备份寄存器

RTC 掉电后需要有一个地方来存放定时器的信息,实时时钟系统的设计中必须用到备份寄存器((BKP_DRx,大容量芯片共有 x=42 个 16 位的寄存器)来存储 RTC 的相关信息(标记时钟是否已经经过了配置),最多可用来存储 84 个字节的用户应用程序数据。

由于处在备份域里,当 VDD 电源被切断,仍然由 VBAT 维持供电。当然系统复位后,禁止访问后备寄存器和 RTC,防止对后备区域(BKP)的意外写操作。执行以下操作使能对后备寄存器和 RTC 的访问。

(1) 设置寄存器 RCC_APB1ENR 的 PWREN 和 BKPEN 位来使能电源和后备接口时钟。

(2) 设置寄存器 PWR_CR 的 DBP 位使能对后备寄存器和 RTC 的访问。

另外,RTC 时钟校准寄存器(BKP_RTCCR)可以用来校准 RTC 时钟(表 4-19)。

表 4-19 RTC 时钟校准寄存器

位	读/写	名称	描　　述
[15：10]	—	—	保留,始终为 0
9	rw	ASOS	闹钟或秒输出选择。当设置了 ASOE 位,ASOS 位可用于选择在 TAMPER 引脚上输出的是 RTC 秒脉冲还是闹钟脉冲信号。(该位只能被后备区的复位所清除)0:输出 RTC 闹钟脉冲 1:输出秒脉冲

位	读/写	名称	描　述
8	rw	ASOE	允许输出闹钟或秒脉冲。根据 ASOS 位的设置,该位允许 RTC 闹钟或秒脉冲输出到 TAMPER 引脚上,出脉冲的宽度为一个 RTC 时钟的周期。ASOE=1 时,不能开启 TAMPER 的功能。(该位只能被后备区的复位所清除)
7	rw	CCO	校准时钟输出。0:无影响　1:此位置 1 可以在侵入检测引脚输出经 64 分频后的 RTC 时钟。当 CCO 位置 1 时,必须关闭侵入检测功能以避免检测到无用的侵入信号。(当 VDD 供电断开时,该位被清除)
[6:0]	rw	CAL[6:0]	校准值。校准值表示在每 220 个时钟脉冲内将有多少个时钟脉冲被跳过。这可以用来对 RTC 进行校准,以 1000000/(220) ppm 的比例减慢时钟。RTC 时钟可以被减慢 0~121ppm

任务 4-4　断电可记忆实时时钟的设计

任务要求

根据开发板中关于数码管 DIG1~4 部分的电路结构及 RTC 的相关内容,完成如下任务。

(1) 完成时钟功能,并将时间显示于 LCD 上。

(2) 完成闹钟功能,在闹钟时间到时切换 LED1 显示/关闭。

(3) 提供设置或修改时间功能。

任务目标

(1) 掌握时钟模块的配置与使用方法。

(2) 进一步熟悉 LCD 的基本显示原理及控制方法。

(3) 掌握 RTC 定时中断的处理方法。

(4) 掌握 RTC 闹钟中断的处理方法。

引导问题

(1) 需要几步操作才能完成 RTC 模块的操作? 它们分别是什么?

(2) 启用 RTC 中断的几个步骤是什么?

(3) 怎样实现闹钟功能?

(4) 怎样使用固件库程序框架实现 RTC 中断服务程序的编写?(RTC 函数)

(5) 怎样进入或退出待机模式?

任务实施

(1) 工程项目组织见图 4-36。

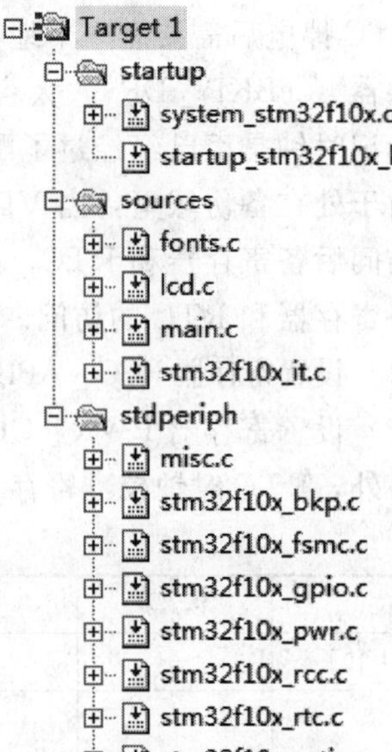

由于工程要使用 GPIO、RCC、FSMC、PWR、BKP 和 NVIC,需把标准外设库目录下的:stm32f10x_rcc.c,stm32f10x_fsmc.c,stm32f10x_gpio.c,stm32f10x_pwr.c,stm32f10x_bkp.c,stm32f10x_exti.c 和 misc.c 也包含进来。而在 stm32f10x_conf.h 中需包含相应的头文件:

图 4-36　工程文件组织

stm32f10x_fsmc. h, stm32f10x_bkp. h, stm32f10x_pwr. h, stm32f10x_gpio. h, stm32f10x_rcc. h, stm32f10x_exti. h 和 misc. h。

预定义宏：USE_STDPERIPH_DRIVER，STM32F10X_HD，头文件路径：.\
sources；C:\Keil\ARM\CMSIS\Include；C:\Keil\ARM\RV31\LIB\ST\STM32F10x_StdPeriph_Driver\inc。

（2）参考代码 main. c。关于 LCD 操作部分的代码同任务 4-3，不再赘述，这里仅关注与 RTC 相关部分的代码。

```
#include "stm32f10x. h"
#include <stdio. h>
#include "lcd. h"
char text[40];
u8 time[] = __TIME__;
void Time_Display(u32 TimeVar);
void Time_Adjust(uint32_t h,uint32_t m,uint32_t s);
void NVIC_Configuration(void);
void RTC_Configuration(void);
void GPIO_Configuration(void);
void EXTI_Configuration(void);
int main()
{
    EXTI_Configuration();
    NVIC_Configuration();
    GPIO_Configuration();
    STM3210E_LCD_Init();
    LCD_SetFont(&Font16x24);
    LCD_Clear(LCD_COLOR_BLACK);
    LCD_SetColors(LCD_COLOR_RED, LCD_COLOR_BLACK);
    //启用 PWR 和 BKP 时钟，并允许备份域访问(RTC 的 ALRH、ALRL 等都在备份域)
    RCC_APB1PeriphClockCmd(RCC_APB1Periph_PWR | RCC_APB1Periph_BKP, ENA-
BLE);
    PWR_BackupAccessCmd(ENABLE);
    //判断是否是断电后重新启动,即 RTC 是否已经经过配置。
    if (BKP_ReadBackupRegister(BKP_DR1) ! = 0xA5A6)
    { /* 如果已经经过配置,则在备份寄存器 1 中记录(由电池供电的),下次重启时直
接从这里读取值进行判断 */
    RTC_Configuration();
    BKP_WriteBackupRegister(BKP_DR1, 0xA5A6);
    }else{/* 等待 RTC_CRL 寄存器中的 RSF 位(寄存器同步标志)被硬件置 1,然后
才能读到正确的 RTC 寄存器的值。 */
```

```
RTC_WaitForSynchro();
}
/* 除 RTC_PRL、RTC_ALR、RTC_CNT 和 RTC_DIV 寄存器外的其余系统寄存器都
由系统
复位或电源复位进行异步复位,需要重新配置 */
RTC_SetAlarm(RTC_GetCounter() + 5);
RTC_WaitForLastTask();//等前一次写操作结束
RTC_ITConfig(RTC_IT_SEC|RTC_IT_ALR, ENABLE);//打开秒中断,闹钟中断
RTC_WaitForLastTask();
while (1)
{
    ;
}
return 1;
}
void NVIC_Configuration(void)
{
NVIC_InitTypeDef NVIC_InitStructure;

NVIC_SetVectorTable(NVIC_VectTab_FLASH, 0x0);
NVIC_PriorityGroupConfig(NVIC_PriorityGroup_1);//抢占优先级组为 1 位
//设置 RTC 中断
NVIC_InitStructure. NVIC_IRQChannel = RTC_IRQn;
NVIC_InitStructure. NVIC_IRQChannelPreemptionPriority = 1;
NVIC_InitStructure. NVIC_IRQChannelSubPriority = 0;
NVIC_InitStructure. NVIC_IRQChannelCmd = ENABLE;
NVIC_Init(&NVIC_InitStructure);
//设置 RTCAlarm 中断,为 EXTI 17 线
NVIC_InitStructure. NVIC_IRQChannel = RTCAlarm_IRQn;
NVIC_InitStructure. NVIC_IRQChannelPreemptionPriority = 0;
NVIC_InitStructure. NVIC_IRQChannelSubPriority = 0;
NVIC_InitStructure. NVIC_IRQChannelCmd = ENABLE;
NVIC_Init(&NVIC_InitStructure);
}
void GPIO_Configuration(void)
{
GPIO_InitTypeDef GPIOF_InitStructure;
GPIO_DeInit(GPIOF);
//启用 F 口的时钟,及 AFIO(由于要用到 EXTI17)
```

```
RCC_APB2PeriphClockCmd(RCC_APB2Periph_GPIOF|RCC_APB2Periph_AFIO,
ENABLE);
    //F6用于控制LED1
    GPIOF_InitStructure.GPIO_Pin = GPIO_Pin_6;
    GPIOF_InitStructure.GPIO_Speed = GPIO_Speed_50MHz;
    GPIOF_InitStructure.GPIO_Mode = GPIO_Mode_Out_PP;
    GPIO_Init(GPIOF, &GPIOF_InitStructure);
}
void EXTI_Configuration(void)
{ // 设置EXTI17线的信号源为RTCAlarm,并启用下降沿的中断模式
    EXTI_InitTypeDef EXTI_InitStruct;
    EXTI_StructInit(&EXTI_InitStruct);
    EXTI_InitStruct.EXTI_Line = EXTI_Line17;
    EXTI_InitStruct.EXTI_Mode = EXTI_Mode_Interrupt;
    EXTI_InitStruct.EXTI_Trigger = EXTI_Trigger_Falling;
    EXTI_InitStruct.EXTI_LineCmd = ENABLE;
    EXTI_Init(&EXTI_InitStruct);
}
void RTC_Configuration(void)
{
uint32_t hour,min,sec;
    //必须使能PWR,BKP模块的时钟
    BKP_DeInit();
    //选择RTC时钟为LSE
    RCC_LSEConfig(RCC_LSE_ON);
    while (RCC_GetFlagStatus(RCC_FLAG_LSERDY) == RESET){}
    RCC_RTCCLKConfig(RCC_RTCCLKSource_LSE);
    RCC_RTCCLKCmd(ENABLE);
    //等待同步
    RTC_WaitForSynchro();
    RTC_WaitForLastTask();
    /* RTC周期 = RTCCLK/RTC_PR = (32.768kHz)/(32767+1) */
    RTC_SetPrescaler(32767);
    RTC_WaitForLastTask();
    //时间设置为编译时刻时间
    hour = 10 * (time[0]-'0') + time[1]-'0';
    min = 10 * (time[3]-'0') + time[4]-'0';
    sec = 10 * (time[6]-'0') + time[7]-'0';
    Time_Adjust(hour,min,sec);//设置为编译时的时间
}
```

```
//设置时间
void Time_Adjust(uint32_t h,uint32_t m,uint32_t s)
{
RTC_SetCounter(h * 3600 + m * 60 + s);
RTC_WaitForLastTask();
}
void Time_Display(u32 TimeVar)
{
u32 THH = 0, TMM = 0, TSS = 0;
THH = TimeVar / 3600;
TMM = (TimeVar % 3600)/60;
TSS = (TimeVar % 3600) % 60;
//在第 4 行显示时间
sprintf((char * )text,"      %0.2d:%0.2d:%0.2d",THH, TMM, TSS);
LCD_DisplayStringLine(LCD_LINE_4,(uint8_t * )text);
}
```

(3) 参考代码 stm32f10x_it. h/. c。

① stm32f10x_it. h。

```
#ifndef __STM32F10x_IT_H
#define __STM32F10x_IT_H
#include"stm32f10x. h"


void RTC_IRQHandler (void);
void RTCAlarm_IRQHandler (void);
#endif
```

② stm32f10x_it. c。

```
#include"stm32f10x_it. h"
extern void Time_Display (u32 TimeVar);
void RTC_IRQHandler (void)
{
  if (RTC_GetITStatus (RTC_IT_SEC) ! = RESET)
  {
    RTC_ClearITPendingBit (RTC_IT_SEC);
    RTC_WaitForLastTask ();
    Time_Display (RTC_GetCounter ());
    /* 时间是 23：59：59 时，进行复位 */
    if (RTC_GetCounter () = = 0x00015180)
```

```
    {
        RTC_SetCounter (0x0);
        RTC_WaitForLastTask ();
    }
  }
}


    void RTCAlarm_IRQHandler (void)
    {
      if (RTC_GetITStatus (RTC_IT_ALR)! = RESET)
      {
        //清 EXTI_Line17 挂起位
        EXTI_ClearITPendingBit (EXTI_Line17);
        //开关 LED1
        GPIO_WriteBit (GPIOF, GPIO_Pin_6, (BitAction) (1- \
                        GPIO_ReadOutputDataBit (GPIOF, GPIO_Pin_6)));
        //在下一 5s 后，切换状态
        RTC_SetAlarm (RTC_GetCounter () + 5);
        RTC_WaitForLastTask ();
        //清 RTC 报警中断挂起
        RTC_ClearITPendingBit (RTC_IT_ALR);
        RTC_WaitForLastTask ();
      }
    }
```

▶ **考核评价** ◀

本单元的考核评价表如表 4-20 所示。

表 4-20 任务 4-4 的考核表

评价方式	标准分 共 100 分		考 核 内 容									计分
教师评价	专业能力	70	(1)完成时钟功能，并将时间显示于 LCD 上。（30 分） (2)完成闹钟功能，在闹钟时间到时切换 LED1 显示/关闭。（20 分） (3)提供设置或修改时间功能。（20 分）									
			(1)	(2)	(3)	/	/	/	/	/	/	
自我评价	方法能力	10	①自主学习		②信息处理			③数字应用				
小组评价	社会能力	10	①与人合作		②与人交流			③解决问题				
	职业素养	10	①出勤情况		②回答问题			③6S 执行力				
	备注		专业能力目标考核按【任务要求】各项进行									

4.7 ADC 转换应用

4.7.1 ADC 转换器概述

STM32 拥有 1~3 个 ADC（STM32F101/102 系列只有 1 个 ADC，STM32F103Zx 有 3 个 ADC），这些 ADC 可以独立使用，也可以使用双重模式（提高采样率）。

STM32 的 ADC 是 12 位逐次逼近型的模拟数字转换器。它有 18 个通道，可测量 16 个外部和 2 个内部信号源。各通道的 A/D 转换可以单次、连续、扫描或间断模式执行。ADC 的结果可以左对齐或右对齐方式存储在 16 位数据寄存器中。模拟看门狗特性允许应用程序检测输入电压是否超出用户定义的高/低阀值。

ADC 模块引脚功能描述见表 4-21，当 STM32 内部只有一个 ADC 模块时，其内部结构框图如图 4-37 所示。ADC 的主要特征有：

(1) 12 位分辨率。

(2) 模式：单次和连续转换模式，扫描模式，间断模式。

(3) 通道：规则组、注入组。

(4) 供电要求：2.4~3.6V。

(5) 输入范围：Vref$-$≤Vin≤Vref$+$。

(6) 16 个模拟输入通道（0、…、15）温度传感器和通道 16 相连，内部参照电压 Vrefint 和通道 17 相连。

(7) 规则通道转换期间有 DMA 请求产生。

表 4-21 ADC 模块引脚功能描述

引脚	信号类型	说　明
VREF+	输入，模拟参考正极	ADC 使用的高端/正极参考电压，2.4V≤VREF+≤VDDA
VDDA	输入，模拟电源	等效于 VDD 的模拟电源且：2.4V≤VDDA≤VDD(3.6V)
VREF−	输入，模拟参考负极	ADC 使用的低端/负极参考电压，VREF−=VSSA
VSSA	输入，模拟电源地	等效于 VSS 的模拟电源地
ADCIN[15：0]	模拟输入信号	16 个模拟输入通道

ADC 模块有 16 个多路通道，可分成两组：规则的和注入的，可在任意多个通道上以任意顺序进行的一系列转换构成成组转换。可以这么讲，规则通道相当于你运行的程序，而注入通道呢，就相当于中断。在你程序正常执行的时候，中断是可以打断你的执行的。同这个类似，注入通道的转换可以打断规则通道的转换，在注入通道被转换完成之后，规则通道才得以继续转换。在工业上，有时需要同时对许多物理量进行分组检测，可能需要对某一组物理量进行检测时，突然插入另一组物理量的检测，这时就可以应用规则组和注入组了。

4.7.2 ADC 模块的功能

ADC 模块由时钟控制器提供的 ADCCLK 时钟和 PCLK2（APB2 时钟）同步，且 RCC 控制器为 ADC 时钟提供一个专用的可编程预分频器。

通过设置 ADC_CR1 寄存器的 ADON 位可给 ADC 上电。当第一次设置 ADON 位时，

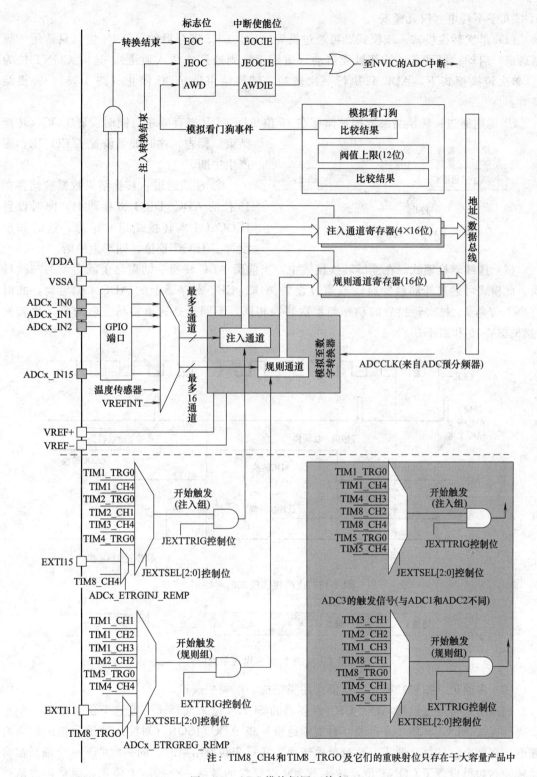

图 4-37　ADC 模块框图（单个）

它将 ADC 从断电状态下唤醒。ADC 上电延迟一段时间后（t_{STAB}），再次设置 ADON 位时开始进行转换。通过清除 ADON 位可以停止转换，并将 ADC 置于断电模式。在这个模式中，

ADC 几乎不耗电（仅几微安）。

（1）单次转换模式。该模式既可通过设置 ADC_CR2 寄存器的 ADON 位（只适用于规则通道）启动，也可通过外部触发启动（适用于规则通道或注入通道），这时 CONT 位为 0。单次转换模式下，ADC 只执行一次转换，转换结束后 ADC 停止（图 4-38）。转换结束时：

① 规则通道：转换结果数据被储存在 16 位 ADC_DR 寄存器中，同时设置 EOC（转换结束）标志，这时如果设置了 EOCIE，则产生中断。

② 注入通道：转换结果数据被储存在 16 位的 ADC_DRJ1 寄存器中，同时设置 JEOC（注入转换结束）标志，这时如果设置了 JEOCIE 位，则产生中断。

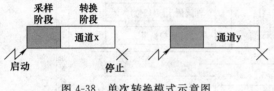

图 4-38　单次转换模式示意图

（2）连续转换模式。在连续转换模式中，当前面 ADC 转换一结束马上就启动另一次转换。此模式可通过外部触发启动或通过设置 ADC_CR2 寄存器上的 ADON 位启动，此时 CONT 位是 1。每次转换后的动作与单次转换相同，不同只是这里将马上启动第 2 次转换（参见图 4-39 和图 4-40）。

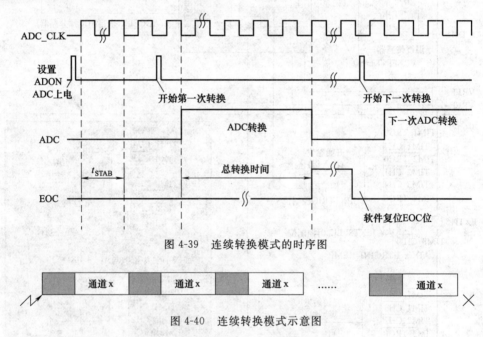

图 4-39　连续转换模式的时序图

图 4-40　连续转换模式示意图

（3）多通道（扫描）模式。此模式用来扫描一组模拟通道。

扫描模式可通过设置 ADC_CR1 寄存器的 SCAN 位来选择。一旦这个位被设置，ADC 扫描所有被 ADC_SQRX 寄存器（对规则通道）或 ADC_JSQR（对注入通道）选中的所有通道。在每个组的每个通道上执行单次转换。在每个转换结束时，同一组的下一个通道被自动转换。如果设置了 CONT 位，转换不会在选择组的最后一个通道上停止，而是再次从选择组的第一个通道继续转换。

如果设置了 DMA 位，在每次 EOC 后，DMA 控制器把规则组通道的转换数据传输到 SRAM 中。而注入通道转换的数据总是存储在 ADC_JDRx 寄存器中。图 4-41 所示为几种典型的转换模式。

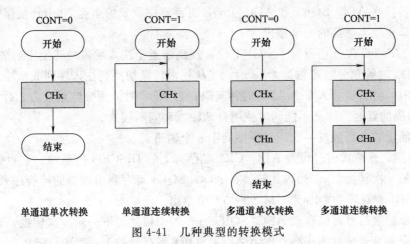

图 4-41　几种典型的转换模式

（4）注入通道管理

① 触发注入。清除 ADC_CR1 寄存器的 JAUTO 位，并且设置 SCAN 位，即可使用触发注入功能。

a. 利用外部触发或通过设置 ADC_CR2 寄存器的 ADON 位，启动一组规则通道的转换。

b. 如果在规则通道转换期间产生一外部注入触发，当前转换被复位，注入通道序列被以单次扫描方式进行转换（见图 4-42）。

c. 恢复上次被中断的规则组通道转换。如果在注入转换期间产生一规则事件，注入转换不会被中断，但是规则序列将在注入序列结束后被执行。注入转换的时序如图 4-43 所示。

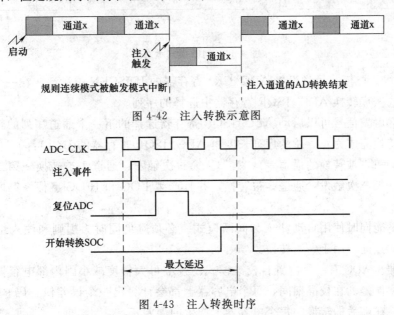

图 4-42　注入转换示意图

图 4-43　注入转换时序

注意：当使用触发的注入转换时，必须保证触发事件的间隔长于注入序列。例如：序列长度为 28 个 ADC 时钟周期（即 2 个具有 1.5 个时钟间隔采样时间的转换），触发之间最小的间隔必须是 29 个 ADC 时钟周期。

② 自动注入。如果设置了 JAUTO 位，在规则组通道之后，注入组通道被自动转换。这可以用来转换在 ADC_SQRx 和 ADC_JSQR 寄存器中设置的多至 20 个转换序列。在此模式里，必须禁止注入通道的外部触发。

如果除 JAUTO 位外还设置了 CONT 位，规则通道至注入通道的转换序列被连续执行。

对于 ADC 时钟预分频系数为 4~8 时，当从规则转换切换到注入序列或从注入转换切换到规则序列时，会自动插入 1 个 ADC 时钟间隔；当 ADC 时钟预分频系数为 2 时，则有 2 个 ADC 时钟间隔的延迟。注意不能同时使用自动注入和间断模式。

（5）间断模式。每触发一次，转换序列中 n 个通道。

① 规则组。此模式通过设置 ADC_CR1 寄存器上的 DISCEN 位激活。它可以用来执行一个短序列的 n 次转换（$n \leqslant 8$），此转换是 ADC_SQRx 寄存器所选择的转换序列的一部分。n 由 ADC_CR1 寄存器的 DISCNUM [2：0] 位给出。

一个外部触发信号可以启动 ADC_SQRx 寄存器中描述的下一轮 n 次转换，直到此序列所有的转换完成为止。总的序列长度由 ADC_SQR1 寄存器的 L [3：0] 定义。

举例：$n=3$，被转换的通道=0，1，2，3，6，7，9，10。第一次触发：转换的序列为 0，1，2→第二次触发：转换的序列为 3，6，7→第三次触发：转换的序列为 9，10，并产生 EOC 事件→第四次触发：转换的序列 0，1，2（图 4-44）。

注意：当以间断模式转换一个规则组时，转换序列结束后不自动从头开始。当所有子组被转换完成，下一次触发启动第一个子组的转换。在上面的例子中，第四次触发重新转换第一子组的通道 0、1 和 2。

图 4-44　间断模式示意图

② 注入组。此模式通过设置 ADC_CR1 寄存器的 JDISCEN 位激活。在一个外部触发事件后，该模式按序转换 ADC_JSQR 寄存器中选择的序列。

一个外部触发信号可以启动 ADC_JSQR 寄存器选择的下一个通道序列的转换，直到序列中所有的转换完成为止。总的序列长度由 ADC_JSQR 寄存器的 JL [1：0] 位定义。

举例：$n=1$，被转换的通道=1，2，3。第一次触发：通道 1 被转换→第二次触发：通道 2 被转换→第三次触发：通道 3 被转换，并且产生 EOC 和 JEOC 事件→第四次触发：通道 1 被转换。

注意：不能同时使用自动注入和间断模式。必须避免同时为规则和注入组设置间断模式。间断模式只能作用于一组转换。

（6）校准。ADC 有一个内置自校准模式。校准可大幅度减小因内部电容器组的变化而造成的准精度误差。在校准期间，每个电容器上都会计算出一个误差修正码（数字值），这个码用于消除在随后的转换中每个电容器上产生的误差。

通过设置 ADC_CR2 寄存器的 CAL 位启动校准。一旦校准结束，CAL 位被硬件复位，可以开始正常转换。建议在上电时执行一次 ADC 校准。校准阶段结束后，校准码储存在 ADC_DR 中。校准时序图见图 4-45。

图 4-45　校准时序图

注意：建议在每次上电后执行校准。启动校准前，ADC 必须处于关电状态（ADON＝'0'）超过至少两个 ADC 时钟周期。

（7）数据对齐。可以选择左对齐或右对齐（按 ADC_CR2 寄存器中的 ALIGN 位）。注入组通道转换的数据值已经减去了在 ADC_JOFRx 寄存器中定义的偏移量，因此结果可以是一个负值。SEXT 位是扩展的符号值。对于规则组通道，不需减去偏移值，因此只有 12 个位有效（见图 4-46）。

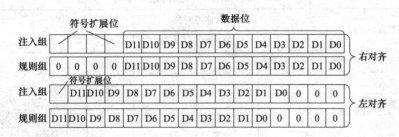

图 4-46　数据对齐示意图

（8）可编程的通道采样时间。ADC 使用若干个 ADC_CLK 周期对输入电压采样，采样周期数目可以通过 ADC_SMPR1 和 ADC_SMPR2 寄存器中的 SMP[2：0]位而更改。每个通道可以以不同的时间采样。总转换时间如下计算：TCONV＝采样时间＋12.5 个周期。例如：当 ADCCLK＝14MHz 和 1.5 周期的采样时间 TCONV＝1.5＋12.5＝14 周期＝1μs

（9）外部触发转换。转换也可以由外部事件触发（例如定时器捕获，EXTI 线）。如果设置了 EXTTRIG 控制位，则外部事件就能够触发转换。EXTSEL[2：0]和 JEXTSEL[2：0]控制位允许应用程序选择 8 个可能的事件中的某一个可以触发规则和注入组的采样。除图 4-37 所示的各种触发事件外，还可以用软件触发事件，这通过对寄存器 ADC_CR2 的 SWSTART 或 JSWSTART 位置'1'产生。

（10）DMA 请求。因为规则通道转换的值储存在一个唯一的数据寄存器中，所以当转换多个规则通道时需要使用 DMA，这可以避免丢失已经存储在 ADC_DR 寄存器中的数据。只有在规则通道的转换结束时才产生 DMA 请求，并将转换的数据从 ADC_DR 寄存器传输到用户指定的目的地址。

注：只有 ADC1 和 ADC3 拥有 DMA 功能。由 ADC2 转化的数据可以通过双 ADC 模式，利用 ADC1 的 DMA 性能来实现。

（11）温度传感器。温度传感器在内部和 ADCx_IN16 输入通道相连接，此通道把传感器输出的电压转换成数字值。温度传感器模拟输入推荐采样时间是 17.1μs。为使用传感器：

① 选择 ADCx_IN16 输入通道；

② 选择采样时间大于 2.2μs；

③ 设置 ADC CR2（ADC_CR2）的 TSVREFE 位，以唤醒关电模式下的温度传感器；

④ 通过设置 ADON 位启动 ADC 转换（或用外部触发）；

⑤ 读 ADC 数据寄存器上的 VSENSE 数据结果；

⑥ 利用下列公式得出温度：温度(℃)＝{(V$_{25}$－V$_{SENSE}$)/Avg_Slope}＋25。

这里：V$_{25}$＝V$_{SENSE}$在 25℃时的数值，Avg_Slope＝温度与 V$_{SENSE}$曲线的平均斜率（单位为 mV/℃或 μV/℃）。

（12）模拟看门狗。如果被 ADC 转换的模拟电压低于低阈值或高于高阈值，AWD 模拟看门狗状态位被设置。这些阈值位于 ADC_HTR 和 ADC_LTR 寄存器的最低 12 个有效位中。通过设置 ADC_CR1 寄存器的 AWDIE 位以允许产生相应中断。

阈值独立于由 ADC_CR2 寄存器上的 ALIGN 位选择的数据对齐模式。比较是在对齐之前完成的，通过配置 ADC_CR1 寄存器，模拟看门狗可以作用于 1 个或多个通道，这由 AWDCH[4：0] 位选择（表 4-22）。

表 4-22　模拟看门狗通道选择

模拟看门狗警戒的通道	ADC_CR1 寄存器控制位			备　　注
	AWDSGL 位	AWDEN 位	JAWDEN 位	
无	任意值	0	0	
所有注入通道	0	0	1	
所有规则通道	0	1	0	
所有注入和规则通道	0	1	1	
单一的注入通道	1	0	1	
单一的规则通道	1	1	0	
单一的(注入或规则)通道	1	1	1	

（备注栏图示：模拟电压、高阈值 HTR、监控区域、低阈值 LTR。模拟看门狗可以作用于 1 个或多个通道，这由 AWDCH[4：0]位选择）

4.7.3　DMA 概述

前面已述，当转换多个规则通道时需要使用 DMA（Direct Memory Access，直接内存存取），这可以避免丢失已经存储在 ADC_DR 寄存器中的数据，这在很多场合是很有用的。下面就简单说明 STM32 的 DMA 模块的功能。

如图 4-47 所示，两个 DMA 控制器有 12 个通道（DMA1 有 7 个通道，DMA2 有 5 个通道），每个通道专门用来管理来自于一个或多个外设对存储器访问的请求（图 4-48）。还有一个仲裁器来协调各个 DMA 请求的优先权。

在发生一个事件后，外设发送一个请求信号到 DMA 控制器。DMA 控制器根据通道的优先权处理请求。当 DMA 控制器开始访问外设的时候，DMA 控制器立即发送给外设一个应答信号。当从 DMA 控制器得到应答信号时，外设立即释放它的请求。一旦外设释放了这个请求，DMA 控制器同时撤销应答信号。如果发生更多的请求时，外设可以启动下次处理。

仲裁器根据通道请求的优先级来启动外设/存储器的访问。优先权管理分 2 个阶段：每个通道的优先权可以在 DMA_CCRx 寄存器中设置，有 4 个等级：最高优先级、高优先级、

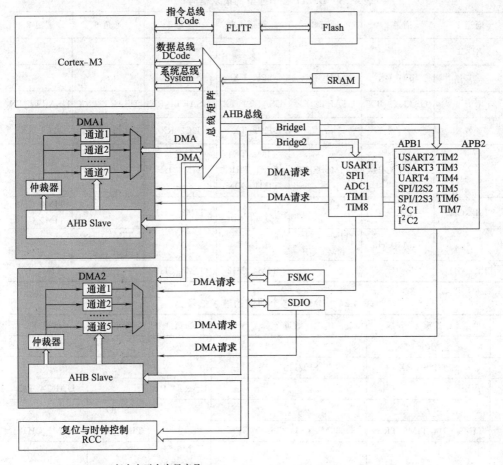

1. DMA2仅存在于大容量产品
2. ADC3、SPI/I2S3、UART4、SDIO、TIM5、TIM6、DAC、TIM7、TIM8的DMA请求仅存在于大容量产品。

图 4-47　DMA 结构框图

中等优先级、低优先级；如果 2 个请求有相同的软件优先级，则拥有较低编号的通道比拥有较高编号的通道有较高的优先权。举个例子，通道 2 优先于通道 4（注意：在大容量产品中，DMA1 控制器拥有高于 DMA2 控制器的优先级）。

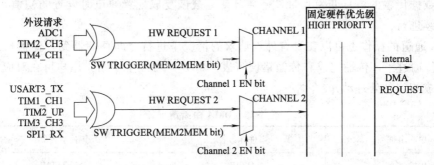

图 4-48　DMA 通道（部分，更详细的见表 4-23，表 4-24）

　　DMA 通道传输的数据量是可编程的，最大达到 65535；外设和存储器的指针在每次传输后可以有选择地完成自动增量，在增量模式时，下一个要传输的地址将是前一个地址加上增量值，增量值取决于所选的数据宽度为 1、2 或 4。

表 4-23　DMA1 各个通道的请求信号

外设	通道 1	通道 2	通道 3	通道 4	通道 5	通道 6	通道 7
ADC	ADC1	/	/	/	/	/	/
SPI	/	SPI1_RX	SPI1_TX	SPI2_RX	SPI2_TX	/	/
USART	/	USART3_TX	USART3_RX	USART1_TX	USART1_RX	USART2_RX	USART2_TX
I2C	/	/	/	I2C2_TX	I2C2_RX	I2C1_TX	I2C1_RX
TIM1	/	TIM1_CH1	TIM1_CH2	TIM1_TX4 TIM1_TRIG TIM1_COM	TIM1_UP	TIM1_CH3	/
TIM2	TIM2_CH3	TIM2_UP	/	/	TIM2_CH1	/	TIM2_CH2 TIM2_CH4
TIM3	/	TIM3_CH3	TIM3_CH4 TIM3_UP	/	/	TIM3_CH1 TIM3_TRIG	/
TIM4	TIM4_CH1	/	/	TIM4_CH2	TIM4_CH3	/	TIM4_UP

表 4-24　DMA2 各个通道的请求信号

外设	通道 1	通道 2	通道 3	通道 4	通道 5
ADC3	/	/	/		ADC3
SPI/I2S3	SPI/I2S3_RX	SPI/I2S3_TX	/	/	/
UART4	/	/	UART4_RX	/	UART4_TX
SDIO	/	/	/	SDIO	/
TIM5	TIM5_CH4/TIM5_TRIG	TIM5_CH3 /TIM5_UP	/	TIM5_CH2	TIM5_CH1
TIM6 /DAC 通道 1	/	/	TIM6_UP /DAC 通道 1	/	/
TIM7 /DAC 通道 2	/	/	/	TIM7_UP /DAC 通道 2	/
TIM8	TIM8_CH3/TIM8_UP	TIM8_CH4/TIM8_TRIG/ TIM8_COM	TIM8_CH1	/	TIM8_CH2

　　非循环模式下，传输结束后（即传输计数变为 0）将不再产生 DMA 操作。当启动了循环模式，数据传输的数目变为 0 时，将会自动地被恢复成配置通道时设置的初值，DMA 操作将会继续进行。

　　DMA 通道的操作也可以在没有外设请求的情况下进行，即存储器到存储器模式。可以在 DMA 传输过半、传输完成和传输错误（表 4-25）时可产生中断，用户可在对应的中断服务程序完成相应的处理动作。

表 4-25　DMA 中断请求

中断事件	事件标志位	使能控制位
传输过半	HTIF	HTIE
传输完成	TCIF	TCIE
传输错误	TEIF	TEIE

任务 4-5　采样通道数据采集器的设计

任务要求

（1）使用片上 12 位 ADC 采集 1 路电压信号（通道 8，见图 4-49 电压信号采样电路），并使用 DMA 传输 ADC 转换的数据至内存，然后在 LCD 屏上显示转换结果。

（2）使用片内温度传感器测量芯片周围温度。

（3）使用 ADC 的模拟看门狗保护，检测高低阈值。

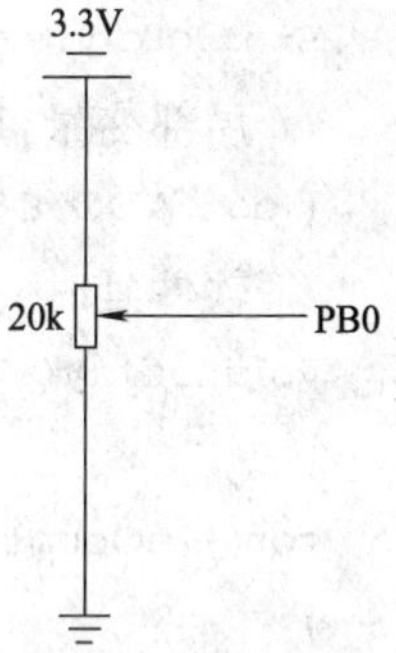

图 4-49　电压信号采样电路

任务目标

（1）学会 ADC 外设的寄存器、工作方式等的配置。

（2）了解 DMA 的使用。

（3）掌握 ADC 固件库函数的使用。

（4）掌握中断的使用。

引导问题

（1）如何启用 ADC 转换器？

（2）怎样将 ADC 转换得到的数据，通过 DMA 存储到存储器？

（3）如何使用自动注入方式转换？

（4）ADC 转换的模式有哪些？

（5）怎样测量芯片周围温度？

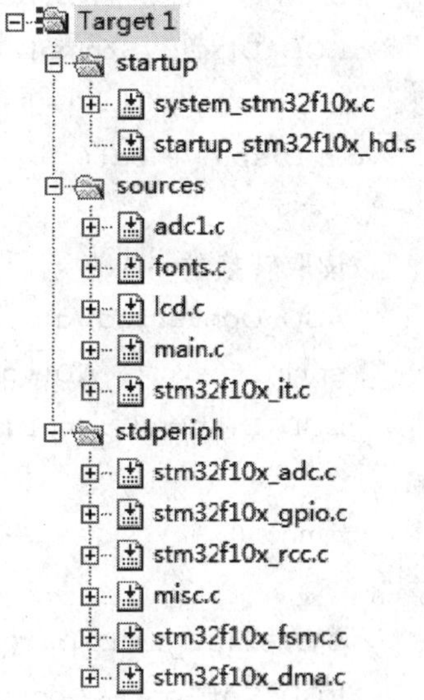

图 4-50　工程项目组织

任务实施

工程项目组织见图 4-50。由于工程要使用 ADC、GPIO，RCC，FSMC，PWR，BKP 和 NVIC，需把标准外设库目录下的：stm32f10x _adc. c, stm32f10x _rcc. c, stm32f10x _ fsmc. c, stm32f10x _ gpio. c，stm32f10x _dma. c 包含进来。而在 stm32f10x _conf. h 中需包含相应的头文件：stm32f10x _ adc. h，stm32f10x _ rcc. h，stm32f10x _fsmc. h, stm32f10x _gpio. h, stm32f10x _dma. h。

预定义宏：USE_STDPERIPH_DRIVER，STM32F10X_HD，头文件路径：. \sources；C：\Keil\ARM\CMSIS\Include；C：\Keil\ARM\RV31\LIB\ST\STM32F10x_StdPeriph_Driver\inc。

（1）使用片上 12 位 ADC 采集 1 路电压信号（通道 8，见图 4-49 电压信号采样电路），并使用 DMA 传输 ADC 转换的数据至内存，然后在 LCD 屏上显示转换结果。

① 参考代码 main. c。关于 LCD 操作部分的代码同任务 4-3，不再重复细述。

```
# include "stm32f10x. h"
# include <stdio. h>
```

```c
#include "lcd.h"
#include "adc1.h"
// ADC1 转换的电压值通过 MDA 方式传到 SRAM
extern __IO uint16_t ADC_ConvertedValue;
static char str[40];
// 局部变量，用于保存转换计算后的电压值
float ADC_ConvertedValueLocal;
// 软件延时
void Delay(__IO uint32_t nCount)
{
for(; nCount != 0; nCount--);
}
void DisplayHex()
{
  sprintf(str," AD(hex)=0x%04X",ADC_ConvertedValue);
  LCD_DisplayStringLine(LCD_LINE_3,(unsigned char *)str);
}
void DisplayFloat()
{
//读取转换的 AD 值
  ADC_ConvertedValueLocal =(float) ADC_ConvertedValue/4096*3.3;
  sprintf(str," AD(value)=%.2fV",ADC_ConvertedValueLocal);
  LCD_DisplayStringLine(LCD_LINE_4,(unsigned char *)str);
}
int main()
{
  STM3210E_LCD_Init();
  LCD_SetFont(&Font16x24);
  LCD_Clear(LCD_COLOR_BLACK);
  LCD_SetColors(LCD_COLOR_RED, LCD_COLOR_BLACK);
  ADC1_Init();
  while (1)
  {
  DisplayHex();
  DisplayFloat();
  Delay(0xffffee);
  }
}
```

② ADC 和 DMA 的初始化（参见 Adc1.c）。下面以实现"使用 DMA 传输 ADC 转换的数据并显示转换结果"的代码为例说明。

```
#include "adc1.h"
#define ADC1_DR_Address    ((u32)0x40012400 + 0x4c)
__IO uint16_t ADC_ConvertedValue;
static void ADC1_GPIO_Config(void)
{
GPIO_InitTypeDef GPIO_InitStructure; /* 使能 DMA 时钟 */
RCC_AHBPeriphClockCmd(RCC_AHBPeriph_DMA1, ENABLE);
/* 使能 ADC1 和 GPIOC 时钟 */
RCC_APB2PeriphClockCmd(RCC_APB2Periph_ADC1| RCC_APB2Periph_GPI-
OB, ENABLE);
/* 配置 PB.00 为模拟输入 */
GPIO_InitStructure.GPIO_Pin = GPIO_Pin_0;
GPIO_InitStructure.GPIO_Mode = GPIO_Mode_AIN;
GPIO_Init(GPIOB, &GPIO_InitStructure);// PC1,输入时不用设置速率
}
static void ADC1_Mode_Config(void)
{
DMA_InitTypeDef DMA_InitStructure;
ADC_InitTypeDef ADC_InitStructure;
/* DMA 通道 1 配置 */
DMA_DeInit(DMA1_Channel1);
DMA_InitStructure.DMA_PeripheralBaseAddr = ADC1_DR_Address;//ADC 地址
DMA_InitStructure.DMA_MemoryBaseAddr = (u32)&ADC_ConvertedValue;//
内存地址
DMA_InitStructure.DMA_DIR = DMA_DIR_PeripheralSRC;
DMA_InitStructure.DMA_BufferSize = 1;
//外设地址固定
DMA_InitStructure.DMA_PeripheralInc = DMA_PeripheralInc_Disable;
DMA_InitStructure.DMA_MemoryInc = DMA_MemoryInc_Disable;   //内存地址
固定
DMA_InitStructure.DMA_PeripheralDataSize =
                    DMA_PeripheralDataSize_HalfWord;//半字
DMA_InitStructure.DMA_MemoryDataSize = DMA_MemoryDataSize_HalfWord;
DMA_InitStructure.DMA_Mode = DMA_Mode_Circular; //循环传输
DMA_InitStructure.DMA_Priority = DMA_Priority_High;
DMA_InitStructure.DMA_M2M = DMA_M2M_Disable;
DMA_Init(DMA1_Channel1, &DMA_InitStructure);/* 使能 DMA 通道 1 */
DMA_Cmd(DMA1_Channel1, ENABLE);
/* ADC1 配置 */
```

```
ADC_InitStructure. ADC_Mode = ADC_Mode_Independent;//独立 ADC 模式
//禁止扫描模式,扫描模式用于多通道采集
ADC_InitStructure. ADC_ScanConvMode = DISABLE ;
//开启连续转换模式,即不停地进行 ADC 转换
ADC_InitStructure. ADC_ContinuousConvMode = ENABLE;
//不使用外部触发转换
ADC_InitStructure. ADC_ExternalTrigConv = ADC_ExternalTrigConv_None;
ADC_InitStructure. ADC_DataAlign = ADC_DataAlign_Right;//采集数据右对齐
ADC_InitStructure. ADC_NbrOfChannel = 1; //要转换的通道数目 1
ADC_Init(ADC1, &ADC_InitStructure);
/* 配置 ADC 时钟,为 PCLK2 的 8 分频,即 9Hz */
RCC_ADCCLKConfig(RCC_PCLK2_Div8);
/* 配置 ADC1 的通道 11 为 55.5 个采样周期,序列为 1 */
ADC_RegularChannelConfig(ADC1, ADC_Channel_8, 1,
                         ADC_SampleTime_55Cycles5);
ADC_DMACmd(ADC1, ENABLE); /* 使能 ADC1 DMA */
ADC_Cmd(ADC1, ENABLE); /* 使能 ADC1 */
ADC_ResetCalibration(ADC1); /* 复位校准寄存器 */
/* 等待校准寄存器复位完成 */
while(ADC_GetResetCalibrationStatus(ADC1)); /* ADC 校准 */
ADC_StartCalibration(ADC1); /* 等待校准完成 */
while(ADC_GetCalibrationStatus(ADC1));
/* 由于没有采用外部触发,所以使用软件触发 ADC 转换 */
ADC_SoftwareStartConvCmd(ADC1, ENABLE);
}
void ADC1_Init(void)
{
ADC1_GPIO_Config();
ADC1_Mode_Config();
}
```

(2) 使用片内温度传感器测量芯片周围温度。
① 在 adc1. c 中的代码为:

```
#include "adc1. h"
void  Adc_Init(void)
{
//先初始化 IO 口
RCC->APB2ENR| = 1<<2;        //使能 PORTA 口时钟
GPIOA->CRL&=0XFFFF0000;//PA0 1 2 3 anolog 输入
//通道 10/11 设置
RCC->APB2ENR| = 1<<9;        //ADC1 时钟使能
```

```
RCC->APB2RSTR|=1<<9;     //ADC1 复位
RCC->APB2RSTR&=~(1<<9);  //复位结束
RCC->CFGR&=~(3<<14);     //分频因子清零
//SYSCLK/DIV2 = 12M ADC 时钟设置为 12M,ADC 最大时钟不能超过 14M!
//否则将导致 ADC 准确度下降!
RCC->CFGR|=2<<14;
ADC1->CR1&=0XF0FFFF;     //工作模式清零
ADC1->CR1|=0<<16;        //独立工作模式
ADC1->CR1&=~(1<<8);      //非扫描模式

ADC1->CR2&=~(1<<1);      //单次转换模式
ADC1->CR2&=~(7<<17);
ADC1->CR2|=7<<17;        //软件控制转换
ADC1->CR2|=1<<20;        //使用外部触发(SWSTART)!!! 必须使用一个事件来触发
ADC1->CR2&=~(1<<11);     //右对齐
ADC1->CR2|=1<<23;        //使能温度传感器

ADC1->SQR1&=~(0XF<<20);
ADC1->SQR1&=0<<20;       //1 个转换在规则序列中,也就是只转换规则序列 1
//设置通道 0~3 的采样时间
ADC1->SMPR2&=0XFFFFF000; //通道 0、1、2、3 采样时间清空
ADC1->SMPR2|=7<<9;       //通道 3  239.5 周期,提高采样时间可以提高精确度
ADC1->SMPR2|=7<<6;       //通道 2  239.5 周期,提高采样时间可以提高精确度
ADC1->SMPR2|=7<<3;       //通道 1  239.5 周期,提高采样时间可以提高精确度
ADC1->SMPR2|=7<<0;       //通道 0  239.5 周期,提高采样时间可以提高精确度
ADC1->SMPR1&=~(7<<18);   //清除通道 16 原来的设置
ADC1->SMPR1|=7<<18;      //通道 16  239.5 周期,提高采样时间可以提高精确度

ADC1->CR2|=1<<0;         //开启 AD 转换器
ADC1->CR2|=1<<3;         //使能复位校准
while(ADC1->CR2&1<<3);   //等待校准结束
//该位由软件设置并由硬件清除。在校准寄存器被初始化后该位将被清除。
ADC1->CR2|=1<<2;         //开启 AD 校准
while(ADC1->CR2&1<<2);   //等待校准结束
//该位由软件设置以开始校准,并在校准结束时由硬件清除
}
//获得 ADC 值
//ch:通道值 0~3
u16 Get_Adc(u8 ch)
{
```

```
//设置转换序列
ADC1->SQR3&=0XFFFFFFE0;//规则序列1通道ch
DC1->SQR3|=ch;
ADC1->CR2|=1<<22;          //启动规则转换通道
while(! (ADC1->SR&1<<1));//等待转换结束
return ADC1->DR;          //返回adc值
}
//得到ADC采样内部温度传感器的值
//取10次,然后平均
static void Delay(__IO uint32_t nCount)
{
for(; nCount != 0; nCount--);
}
u16 Get_Temp(void)
{
u16 temp_val=0;
u8 t;
for(t=0;t<10;t++)
{
temp_val+=Get_Adc(TEMP_CH);
Delay(50000);
}
return temp_val/10;
}
```

② ADC1.h 中的代码为:

```
#ifndef __ADC_H
#define __ADC_H
#include "stm32f10x.h"
#define ADC_CH0   0   //通道0
#define ADC_CH1   1   //通道1
#define ADC_CH2   2   //通道2
#define ADC_CH3   3   //通道3
#define TEMP_CH   16 //温度传感器通道

u16 Get_Temp(void);  //取得温度值
void Adc_Init(void); //ADC通道初始化
u16  Get_Adc(u8 ch); //获得某个通道值
#endif
```

③ main.c 中的代码为:

```c
#include "stm32f10x.h"
#include <stdio.h>
#include "lcd.h"
#include "adc1.h"
static char str[40];
// 局部变量,用于保存转换计算后的电压值
// 软件延时
void Delay(__IO uint32_t nCount)
{
    for(; nCount != 0; nCount--);
}

int main()
{
    STM3210E_LCD_Init();
    LCD_SetFont(&Font16x24);
    LCD_Clear(LCD_COLOR_BLACK);
    LCD_SetColors(LCD_COLOR_RED, LCD_COLOR_BLACK);
    Adc_Init();
    while (1)
    {
    float temp,temperate;
    u16 adcx = Get_Temp();
    sprintf(str,"  AD(hex) = 0x%04X",adcx);
    LCD_DisplayStringLine(LCD_LINE_3,(unsigned char *)str);//显示 ADC 的值
    temp = (float)adcx * (3.3/4096);
    sprintf(str,"  Voltage = %.2f",temp);
    LCD_DisplayStringLine(LCD_LINE_4,(unsigned char *)str);//显示 ADC 的值

    temperate = (1.43-temp)/0.0043 + 25;//计算出当前温度值
    sprintf(str,"  temperate = %.1f",temperate);
    LCD_DisplayStringLine(LCD_LINE_5,(unsigned char *)str);//显示 ADC 的值
    Delay(2500);
    }
}
```

（3）使用 ADC 的模拟看门狗保护，检测高低阈值。

①Adc1.c 代码如下：
```c
#include "adc1.h"
void  Adc_Init(void)
```

```
{
    GPIO_InitTypeDef GPIO_InitStructure;
    DC_InitTypeDef   ADC_InitStructure;
    NVIC_InitTypeDef NVIC_InitStructure;
    //NVIC 中断优先级配置
    NVIC_InitStructure.NVIC_IRQChannel = ADC1_2_IRQn;
    NVIC_InitStructure.NVIC_IRQChannelPreemptionPriority = 0;
    NVIC_InitStructure.NVIC_IRQChannelSubPriority = 0;
    NVIC_InitStructure.NVIC_IRQChannelCmd = ENABLE;
    NVIC_Init(&NVIC_InitStructure);
    RCC_APB2PeriphClockCmd(RCC_APB2Periph_ADC1| RCC_APB2Periph_GPI-
OB, ENABLE);
    /* 配置 PB.00 为模拟输入 */
    GPIO_InitStructure.GPIO_Pin = GPIO_Pin_0;
    GPIO_InitStructure.GPIO_Mode = GPIO_Mode_AIN;
    GPIO_Init(GPIOB, &GPIO_InitStructure);         // PC1,输入时不用设置速率
    ADC_InitStructure.ADC_Mode = ADC_Mode_Independent;
    ADC_InitStructure.ADC_ScanConvMode = DISABLE;
    ADC_InitStructure.ADC_ContinuousConvMode = ENABLE;
    ADC_InitStructure.ADC_ExternalTrigConv = ADC_ExternalTrigConv_None;
    ADC_InitStructure.ADC_DataAlign = ADC_DataAlign_Right;
    ADC_InitStructure.ADC_NbrOfChannel = 1;
    ADC_Init(ADC1, &ADC_InitStructure);
    /* ADC1 规则通道 8 */
    ADC_RegularChannelConfig(ADC1, ADC_Channel_8, 1,
                            ADC_SampleTime_13Cycles5);
    /* 配置看门狗上限和下限 */
    ADC_AnalogWatchdogThresholdsConfig(ADC1, 0x0B00, 0x0300);
    /* 配置通道 8 为看门狗看护通道 */
    ADC_AnalogWatchdogSingleChannelConfig(ADC1, ADC_Channel_8);
    /* 在单一规则通道上使能模拟看门狗 */
    ADC_AnalogWatchdogCmd(ADC1, ADC_AnalogWatchdog_SingleRegEnable);
    /* 使能 AWD 中断 */
    ADC_ITConfig(ADC1, ADC_IT_AWD, ENABLE);
    /* 使能 ADC1 */
    ADC_Cmd(ADC1, ENABLE);
    /* 使能 ADC1 复位校准寄存器 */
    ADC_ResetCalibration(ADC1);
    /* 等待校准寄存器复位 */
```

```
while(ADC_GetResetCalibrationStatus(ADC1));
/* 开始 ADC1 校准 */
ADC_StartCalibration(ADC1);
/* 等待 ADC1 校准结束 */
while(ADC_GetCalibrationStatus(ADC1));
/* 开始 ADC1 软件转换 */
ADC_SoftwareStartConvCmd(ADC1, ENABLE);
}
```

② ADC1.h 代码如下:

```
#ifndef __ADC_H
#define __ADC_H
#include "stm32f10x.h"
void Adc_Init(void);  //ADC 通道初始化
#endif
```

③ main.c 代码如下:

```
#include "stm32f10x.h"
#include <stdio.h>
#include "lcd.h"
#include "adc1.h"
#include "led.h"
static char str[40] = {"AWD event!"};
extern u8 flag;
// 软件延时
void Delay(__IO uint32_t nCount)
{
for(; nCount ! = 0; nCount--);
}
int main()
{
LED_Init();
Adc_Init();
flag = 0;
while (1)
{
Delay(500);
if (flag = = 1){LED_On(0);flag = 0;}
else {LED_Off(0);}
}
}
```

本单元的考核评价表如表 4-26 所示。

表 4-26　任务 4-5 的考核表

评价方式	标准分 共 100 分	考 核 内 容									计分
教师评价	专业能力	70	（1）使用片上 12 位 ADC 采集 1 路电压信号（通道 8，见图 4-49 电压信号采样电路），并使用 DMA 传输 ADC 转换的数据至内存，然后在 LCD 屏上显示转换结果。（30 分） （2）使用片内温度传感器测量芯片周围温度。（20 分） （3）使用 ADC 的模拟看门狗保护，检测高低阈值。（20 分）									
			（1）	（2）	（3）	/	/	/	/	/	/
自我评价	方法能力	10	①自主学习		②信息处理		③数字应用				
小组评价	社会能力	10	①与人合作		②与人交流		③解决问题				
	职业素养	10	①出勤情况		②回答问题		③6S 执行力				
	备注		专业能力目标考核按【任务要求】各项进行								

4.8　通用定时器 TIMX 的应用

STM32 的定时器除了 TIM6 和 TIM7，其他的定时器都可以用来产生 PWM 输出。其中高级定时器 TIM1 和 TIM8 可以同时产生多达 7 路的 PWM 输出。而通用定时器也能同时产生多达 4 路的 PWM 输出，因此 STM32 最多可以同时产生 30 路 PWM 输出。

4.8.1　通用定时器简述

通用定时器包括一个由可编程的预分频器驱动的 16 位自动重载计数器。通用定时器可用于多种用途，例如测量输入信号的脉冲宽度（输入捕获），生成输出波形（输出比较和 PWM）。脉冲宽度和波形周期可通过定时器的预分频器及 RCC 时钟控制器的预分频器在几微秒到几毫秒之间调整。这些通用定时器是完全独立的，不共享任何资源。通用定时器 TIMx 有以下特性（图 4-51 是通用定时器框图）。

具有 16 位的向上、向下、向上/向下的自动重载计数器；16 位的可编程预分频器（也可以不工作）允许以在 1～65535 范围内的任何因子对计数器时钟进行分频。

具有多达 4 个独立的通道，用于：输入捕获、输出比较、产生 PWM（边沿和中心对齐模式）单脉冲输出。

同步电路和外部信号一起控制定时器，并和多个定时器互连。

以下事件产生中断/DMA：触发事件（计数器开始，停止，初始化或由内部/外部触发计数）、输入捕获、输出比较。

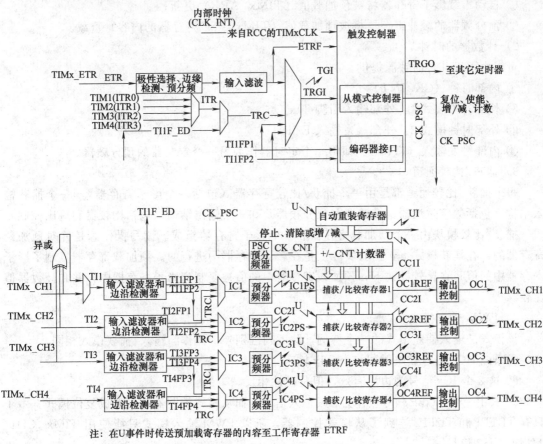

图 4-51　通用定时器框图

4.8.2　通用定时器工作模式

1) 时基单元

包括：计数器寄存器（TIMx_CNT）、预分频数寄存器（TIMx_PSC）、自动重载寄存器（TIMx_ARR）。预分频器用在 1～65535 的任何数对计数器时钟频率进行分频，计数器对预分频器的输出时钟 CK_CNT 进行计数；自动重载寄存器 TIMx_ARR 是预先加载的，预加载寄存器中的内容要么永久性地传送到影子寄存器中，要么仅在每次更新事件 UEV 发生时才传送到影子寄存器中。

① 向上计数模式。计数器从 0 向上计数到自动重载计数器中的值（TIMx_ARR 寄存器的内容），然后再从 0 开始并产生计数器上溢事件。

② 向下计数模式。计数器从自动重载值（TIMx_ARR 寄存器的内容）向下计数到 0。然后再从自动重载值开始并产生计数器下溢事件。

③ 中心对齐模式（向上/向下计数）。计数器首先从 0 向上计数到自动重载值（TIMx_ARR 寄存器的内容），产生计数器上溢事件后再向下计数到 0 产生计数器下溢事件。然后从 0 开始重复这一过程。

当一个更新事件发生时，所有的寄存器将被更新，更新标志位（TIMx_SR 寄存器中的 UIF 位）也将被置位（取决于 URS 位）：

① 自动重载影子寄存器将被预加载值（TIMx_ARR）更新；

② 预分频器的缓冲寄存器将被预加载值（TIMx_PSC寄存器的内容）重载。

2）计数器的时钟

可以由下面几种时钟源提供。

① 内部时钟（CK_INT）。

② 外部时钟模式1：外部输入引脚TIx。

③ 外部时钟模式2：外部触发输入ETR。

④ 内部触发输入（ITRx）：即将一个定时器作为另一个定时器的预分频器。

3）捕获/比较通道

每个捕获/比较通道都是由一个捕获/比较寄存器（包括一个影子寄存器），一个捕获输入结构（包括数字过滤器，多路器和预分频器）和一个输出结构（包括比较器和输出控制）。

捕获/比较模块由一个预加载寄存器和一个影子寄存器组成。读写操作总是针对预加载寄存器的：在捕获模式下，捕获实际上是在影子寄存器中进行的。预加载寄存器复制了影子寄存器中的值。在比较模式下，预加载寄存器中的值被复制到影子寄存器中，并和计数器值比较。

4）PWM输入模式

该模式是输入捕获模式的一个特例，除下列区别外，操作与输入/捕获模式相同。

① 两个ICx信号被映射同一个TIx输入。

② 这2个ICx信号为边沿有效，但是极性相反。

③ 其中一个TIxFP信号被作为触发输入信号，而从模式控制器被配置成复位模式。由于只有TI1FP1和TI2FP2连到了从模式控制器，所以PWM输入模式只能使用TIMx_CH1/TIMx_CH2信号。

例如：如果要测量输入到TI1上的PWM信号的长度和占空比，可以按图4-52中所示工作方式来测量。

① 选择TIMx_CCR1和TIMx_CCR2的有效输入均为TI1，并选择TI1FP1的有效极性为上升沿有效（用来捕获数据到TIMx_CCR1中和清除计数器），选择TI1FP2的有效极性为下降沿有效。

② 选择有效的触发输入信号为TI1FP1，配置从模式控制器为复位模式。

③ 使能捕获。

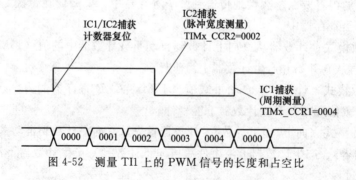

图4-52　测量TI1上的PWM信号的长度和占空比

5）强置输出模式

在输出模式下，输出比较信号（OCxREF和相应的OCx）能够直接由软件强置为有效或无效状态，而不依赖于输出比较寄存器和计数器间的比较结果。

置 TIMx_CCMRx 寄存器中相应的 OCxM＝101，即可强置输出比较信号（OCxREF/OCx）为有效状态。这样 OCxREF 被强置为高电平（OCxREF 始终为高电平有效），同时 OCx 得到 CCxP 极性位相反的值。例如：CCxP＝0（OCx 高电平有效），则 OCx 被强置为高电平。置 TIMx_CCMRx 寄存器中的 OCxM＝100，可强置 OCxREF 信号为低。该模式下，在 TIMx_CCRx 影子寄存器和计数器之间的比较仍然在进行，相应的标志也会被修改。因此仍然会产生相应的中断和 DMA 请求。

6) PWM 模式

脉宽调制模式允许产生一个信号，该信号的频率由 TIMx_ARR 寄存器的值决定，占空比因数由 TIMx_CCRx 寄存器的值决定（表 4-27）。例如：若 TIM3 计数器的时钟频率为 36 MHz，输出波形的频率为：TIM3 频率＝TIM3 计数器时钟/(TIM3_ARR＋1)。

表 4-27　定时器配置与占空比

寄存器	取值	占空比
TIM3_CCR1	0x1F4	TIM3_CCR1/(TIM3_ARR+1)×100＝50%
TIM3_CCR2	0x177	TIM3_CCR2/(TIM3_ARR+1)×100＝37.5%
TIM3_CCR3	0xFA	TIM3_CCR3/(TIM3_ARR+1)×100＝25%
TIM3_CCR4	0x7D	TIM3_CCR4/(TIM3_ARR+1)×100＝12.5%

在 TIMx_CCMRx 寄存器中的 OCxM 位写入'110'（PWM 模式 1）或'111'（PWM 模式 2），能够独立地设置每个 OCx 输出通道产生一路 PWM。必须设置 TIMx_CCMRx 寄存器 OCxPE 位以使能相应的预装载寄存器，最后还要设置 TIMx_CR1 寄存器的 ARPE 位使能自动重装载的预装载寄存器（在向上计数或中心对称模式中）。

在 PWM 模式（模式 1 或模式 2）下，TIMx_CNT 和 TIM1_CCRx 始终在进行比较（依据计数器的计数方向）以确定是否符合 TIM1_CCRx≤TIM1_CNT 或者 TIM1_CNT≤TIM1_CCRx。

然而为了与 OCREF_CLR 的功能（在下一个 PWM 周期之前，ETR 信号上的一个外部事件能够清除 OCxREF）一致，OCxREF 信号只能在下述条件下产生。

① 当比较的结果改变。

② 当输出比较模式（TIMx_CCMRx 寄存器中的 OCxM 位）从"冻结"（无比较，OCxM＝'000'）切换到某个 PWM 模式（OCxM＝'110'或'111'）。

这样在运行中可以通过软件强置 PWM 输出。根据 TIMx_CR1 寄存器中 CMS 位的状态，定时器能够产生边沿对齐的 PWM 信号或中央对齐的 PWM 信号。

7) 单脉冲模式

单脉冲模式（OPM）是前述众多模式的一个特例。这种模式允许计数器响应一个激励，并在一个程序可控的延时之后产生一个脉宽可程序控制的脉冲。

可以通过从模式控制器启动计数器，在输出比较模式或者 PWM 模式下产生波形。设置 TIMx_CR1 寄存器中的 OPM 位将选择单脉冲模式，这样可以让计数器自动地在产生下一个更新事件 UEV 时停止。

8) 编码器接口模式

选择编码器接口模式的方法是：如果计数器只在 TI2 的边沿计数，则置 TIMx_SMCR 寄存器中的 SMS＝001；如果只在 TI1 边沿计数，则置 SMS＝010；如果计数器同时在 TI1

和 TI2 边沿计数，则置 SMS=011。

通过设置 TIMx_CCER 寄存器中的 CC1P 和 CC2P 位，可以选择 TI1 和 TI2 极性；如果需要，还可以对输入滤波器编程。两个输入 TI1 和 TI2 被用来作为增量编码器的接口。

9）定时器和外部触发的同步

TIMx 定时器能够在多种模式下和一个外部的触发同步：复位模式、门控模式和触发模式。

① 从模式：复位模式。在发生一个触发输入事件时，计数器和它的预分频器能够重新被初始化；同时，如果 TIMx_CR1 寄存器的 URS 位为低，还产生一个更新事件 UEV；然后所有的预装载寄存器（TIMx_ARR，TIMx_CCRx）都被更新了。

② 从模式：门控模式。计数器的使能依赖于选中的输入端的电平。

③ 从模式：触发模式。计数器的使能依赖于选中的输入端上的事件。

④ 从模式：外部时钟模式 2 + 触发模式。外部时钟模式 2 可以与另一种从模式（外部时钟模式 1 和编码器模式除外）一起使用。这时，ETR 信号被用作外部时钟的输入，在复位模式、门控模式或触发模式时可以选择另一个输入作为触发输入。

10）定时器同步

所有 TIMx 定时器在内部相连，用于定时器同步或链接。当一个定时器处于主模式时，它可以对另一个处于从模式的定时器的计数器进行复位、启动、停止或提供时钟等操作。

任务 4-6 PWM 控制器的设计

任务要求

使用通用 TIM3 定时器输出 4 路 PWM 脉冲信号，其占空比分别为 50％、37.5％、25％、12.5％，频率为 36kHz（图 4-53）。

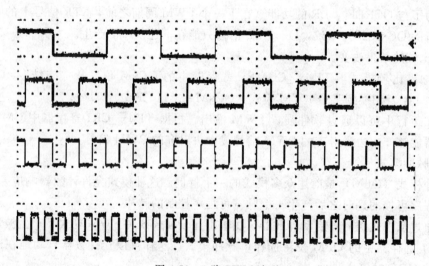

图 4-53 4 路 PWM 波形

任务目标

（1）熟悉通用定时器 TIM3 的 PWM 的使用方法。

（2）熟悉捕获输入、比较输出等的配置。

（3）熟悉 PWM 占空比调整方法。学会 ADC 外设的寄存器、工作方式等的配置。

（4）掌握定时器固件库函数的使用。

引导问题

（1）STM32F10xxx 有哪几种定时器？

（2）高级定时器 TIM1 与通用定时器 TIMx 异同点在哪里？

（3）怎样进行输入捕获、输出比较的配置？

（4）PWM 的输出频率如何设置？如何设置占空比？

任务实施

工程项目组织见图 4-54，由于工程要使用 GPIO，RCC，TIM 模块，需把标准外设库目录下的：stm32f10x_rcc. c, stm32f10x_gpio. c, stm32f10x_tim. c 包含进来。

而在 stm32f10x_conf. h 中需包含相应的头文件：stm32f10x_gpio. h, stm32f10x_rcc. h, stm32f10x_tim. h。

预定义宏：USE_STDPERIPH_DRIVER，STM32F10X_HD，头文件路径：. \sources；C:\Keil\ARM\CMSIS\Include；C:\Keil\ARM\RV31\LIB\ST\STM32F10x_StdPeriph_Driver\inc。

程序代码主要集中在 main. c 中，如下：

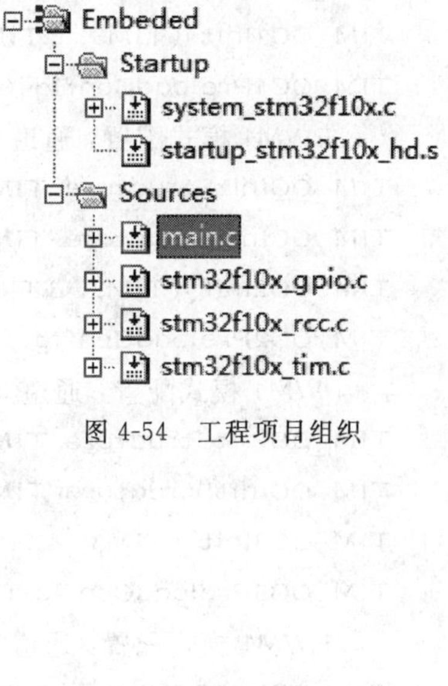

```
#include "stm32f10x. h"
TIM_TimeBaseInitTypeDef   TIM_TimeBas-
eStructure;
TIM_OCInitTypeDef   TIM_OCInitStructure;
uint16_t CCR1_Val = 333;
uint16_t CCR2_Val = 249;
uint16_t CCR3_Val = 166;
uint16_t CCR4_Val = 83;
uint16_t PrescalerValue = 0;
void RCC_Configuration (void);
void GPIO_Configuration (void);
int main (void)
{
  RCC_Configuration ();
  GPIO_Configuration ();
  /* ------------------------------------------------------------------
```

图 4-54 工程项目组织

TIM3 配置：生成 4 路不同占空比的 PWM 信号：

TIM3CLK 频率设为 SystemCoreClock (Hz)，为使 TIM3 计数时钟为 24MHz，预分频器按以下方法计算：

－分频系数＝(TIM3CLK/TIM3 计数时钟)－1

SystemCoreClock＝72MHz (High-density and Connectivity line devices)

TIM3 以 36 KHz 运行：TIM3 频率＝TIM3 计数时钟/(ARR＋1)＝24MHz/666＝36KHz

```
TIM3 Channel1 duty cycle = (TIM3_CCR1/TIM3_ARR) * 100 = 50%
TIM3 Channel2 duty cycle = (TIM3_CCR2/TIM3_ARR) * 100 = 37.5%
TIM3 Channel3 duty cycle = (TIM3_CCR3/TIM3_ARR) * 100 = 25%
TIM3 Channel4 duty cycle = (TIM3_CCR4/TIM3_ARR) * 100 = 12.5%
------------------------------------------------------------------------ */
/* 计算预分频系数 */
PrescalerValue = (uint16_t) (SystemCoreClock / 24000000) - 1;
/* 时基配置 */
TIM_TimeBaseStructure.TIM_Period = 665;
TIM_TimeBaseStructure.TIM_Prescaler = PrescalerValue;
TIM_TimeBaseStructure.TIM_ClockDivision = 0;
TIM_TimeBaseStructure.TIM_CounterMode = TIM_CounterMode_Up;
TIM_TimeBaseInit (TIM3, &TIM_TimeBaseStructure);
/* PWM1 模式配置：通道 1 */
TIM_OCInitStructure.TIM_OCMode = TIM_OCMode_PWM1;
TIM_OCInitStructure.TIM_OutputState = TIM_OutputState_Enable;
TIM_OCInitStructure.TIM_Pulse = CCR1_Val;
TIM_OCInitStructure.TIM_OCPolarity = TIM_OCPolarity_High;
TIM_OC1Init (TIM3, &TIM_OCInitStructure);
TIM_OC1PreloadConfig (TIM3, TIM_OCPreload_Enable);
/* PWM1 模式配置：通道 2 */
TIM_OCInitStructure.TIM_OutputState = TIM_OutputState_Enable;
TIM_OCInitStructure.TIM_Pulse = CCR2_Val;
TIM_OC2Init (TIM3, &TIM_OCInitStructure);
TIM_OC2PreloadConfig (TIM3, TIM_OCPreload_Enable);
/* PWM1 模式配置：通道 3 */
TIM_OCInitStructure.TIM_OutputState = TIM_OutputState_Enable;
TIM_OCInitStructure.TIM_Pulse = CCR3_Val;
TIM_OC3Init (TIM3, &TIM_OCInitStructure);
TIM_OC3PreloadConfig (TIM3, TIM_OCPreload_Enable);
/* PWM1 模式配置：通道 4 */
TIM_OCInitStructure.TIM_OutputState = TIM_OutputState_Enable;
TIM_OCInitStructure.TIM_Pulse = CCR4_Val;
TIM_OC4Init (TIM3, &TIM_OCInitStructure);
TIM_OC4PreloadConfig (TIM3, TIM_OCPreload_Enable);
TIM_ARRPreloadConfig (TIM3, ENABLE);
/* TIM3 使能 */
TIM_Cmd (TIM3, ENABLE);
while (1)
{}
```

```
}
void RCC_Configuration (void)
{
    /* TIM3 时钟使能 */
    RCC_APB1PeriphClockCmd (RCC_APB1Periph_TIM3, ENABLE);
    /* GPIOA 和 GPIOB 时钟使能 */
    RCC_APB2PeriphClockCmd (RCC_APB2Periph_GPIOA | RCC_APB2Periph_GPIOB |
                            RCC_APB2Periph_GPIOC | RCC_APB2Periph_AFIO,
                            ENABLE);
}
void GPIO_Configuration (void)
{
    GPIO_InitTypeDef GPIO_InitStructure;
    /* GPIOA 配置：TIM3 通道 1、2、3 和 4 第二功能推拉输出 */
    GPIO_InitStructure.GPIO_Pin = GPIO_Pin_6 | GPIO_Pin_7;
    GPIO_InitStructure.GPIO_Mode = GPIO_Mode_AF_PP;
    GPIO_InitStructure.GPIO_Speed = GPIO_Speed_50MHz;
    GPIO_Init (GPIOA, &GPIO_InitStructure);
    GPIO_InitStructure.GPIO_Pin = GPIO_Pin_0 | GPIO_Pin_1;
    GPIO_Init (GPIOB, &GPIO_InitStructure);
}
```

考核评价

本单元的考核评价如表 4-28 所示。

表 4-28　任务 4-6 的考核表

评价方式	标准分共 100 分	考 核 内 容									计分
教师评价	专业能力	70	使用通用 TIM3 定时器输出 4 路 PWM 脉冲信号,其占空比分别为 50%、37.5%、25%、12.5%,频率为 36kHz。 (1)完成 TIM3 初始化。 (2)完成 GPIO 初始化设置。 (3)完成 4 路 PWM 脉冲输出。								
			(1)	(2)	(3)	/	/	/	/	/	/
自我评价	方法能力	10	①自主学习		②信息处理		③数字应用				
小组评价	社会能力	10	①与人合作		②与人交流		③解决问题				
	职业素养	10	①出勤情况		②回答问题		③6S 执行力				
	备注		专业能力目标考核按【任务要求】各项进行								

4.9 USART 的应用

作为软件开发重要的调试手段，串口的作用是很大的。在调试的时候可以用来查看和输入相关的信息。在工程使用的时候，串口也是一个和外设（比如 GPS，GPRS 模块等）通信的重要渠道。

4.9.1 USART 的结构

最多可提供 5 路串口（结构框图如图 4-55），有分数波特率发生器、支持同步单线通信和半双工单线通信、支持 LIN、支持调制解调器操作、智能卡协议和 IrDA SIR ENDEC 规范（仅串口 3 支持）、具有 DMA 等。STM32 的串口使用需要开启串口时钟，并设置相应 IO 口的模式，然后配置一下波特率、数据位长度、奇偶校验位等信息。OSART 的工作模

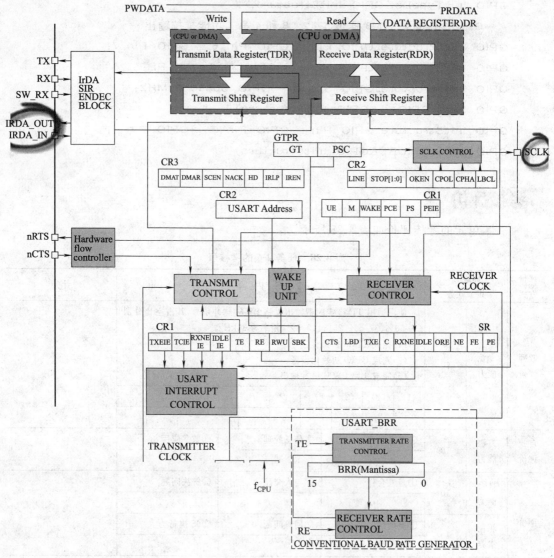

图 4-55 USART 结构框图

式见表4-29。

表4-29 USART 的工作模式

通信模式	引脚	描　　述
同步模式	SCLK	发送端时钟输出,时钟相位和极性都可以通过软件设置,与 SPI 主模式相关(起始位和停止位没有时钟脉冲,最后一个数据位时发送时钟脉冲的软件设置),并行数据可以在 RX 管脚同步接收到
智能卡模式		可以为智能卡提供时钟
IRDA 模式	IrDA_RDI	IrDA 模式下的接收数据输入
	IrDA_TDO	IrDA 模式下的发送数据输出
调制模式 (硬件流控)	nCTS	为高时,在当前发送末端清除该位以发送阻塞数据传送的信号
	nRTS	为低时,请求发送表明 USART 已经准备好接收数据的信号
	RX	接收数据输入是串行数据输入
	TX	发送数据输出。当发送端关闭的时候,输出管脚恢复 I/O 端口配置。当发送器被激活,并且不发送数据时,TX 引脚处于高电平。在单线和智能卡模式里,此 I/O 口被同时用于数据的发送和接收

4.9.2 通信数据帧

字长可以通过设置 USART_CR1 寄存器中的 M 位来选择是 8 位还是 9 位。空闲符号是完全由'1'组成的一个完整的数据帧,后面跟着包含了数据的下一帧的开始位('1'的位数也包括了停止位的位数)。断开符号是在一个帧周期内全部收到'0'(包括停止位期间,也是'0')。在断开帧结束时,发送器再插入 1 或 2 个停止位('1')来应答起始位。空闲帧

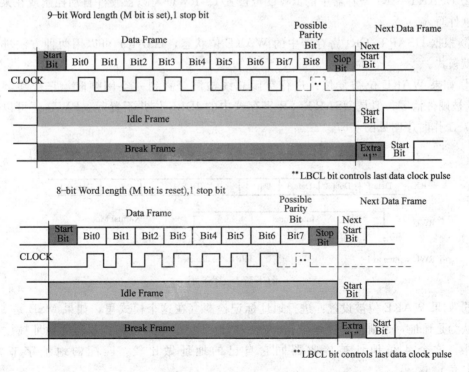

图 4-56　空闲帧和断开帧

和断开帧见图 4-56。

4.9.3　中断事件

USART 的各种中断事件被连接到同一个中断向量。可以在相关中断允许标志置位时，启用中断，如表 4-30。

表 4-30　中断请求

中断事件	事件标志	使能位
发送数据寄存器空	TXE	TXEIE
CTS 标志	CTS	CTSIE
发送完成	TC	TCIE
接收数据就绪可读	TXNE	TXNEIE
检测到数据溢出	ORE	
检测到空闲线路	IDLE	IDLEIE
奇偶检验错	PE	PEIE
断开标志	LBD	LBDIE
噪声标志,多缓冲通信中的溢出错误和帧错误	NE 或 ORT 或 FE	EIE

4.9.4　多处理器通信

多处理器通信时，未被寻址的设备可启用其静默功能置于静默模式。在静默模式里：

① 任何接收状态位都不会被设置。所有接收中断被禁止。

② USART _CR1 寄存器中的 RWU 位被置 1。RWU 可以被硬件自动控制或在某个条件下由软件写入。

③ 根据 USART _CR1 寄存器中的 WAKE 位状态，USART 可以用两种方法进入或退出静默模式。

④ 如果 WAKE 位被复位：进行空闲总线检测（测到一空闲帧时，它被唤醒。然后 RWU 被硬件清零，但是 USART _SR 寄存器中的 IDLE 位并不置起。RWU 还可以被软件写 0。）工作时序图见图 4-57。

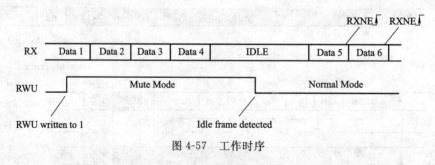

图 4-57　工作时序

⑤ 如果 WAKE 位被设置：进行地址标记检测（在这个模式里，如果 MSB 是 1，该字节被认为是地址，否则被认为是数据。在一个地址字节中，目标接收器的地址被放在 4 个 LSB 中。这个 4 位地址被接收器同它自己的地址做比较，匹配的地址字节将置位 RXNE 位）。

4.9.5　应用模式举例

1）同步、全双工（只支持主模式，见图 4-58）

允许用户以主模式方式控制双向同步串行通信。SCLK 脚是 USART 发送器时钟的输出。在起始位和停止位期间，SCLK 脚上没有时钟脉冲。在总线空闲期间，实际数据到来之前以及发送断开符号的时候，外部 SCLK 时钟不被激活。据 USART _CR2 寄存器中 LBCL 位的状态，决定在最后一个有效数据位期间产生或不产生时钟脉冲。如果 RE＝1，数据在 SCLK 上采样（根据 CPOL 和 CPHA 决定在上升沿还是下降沿）。

2）IRDA SIR 编解码（图 4-59）

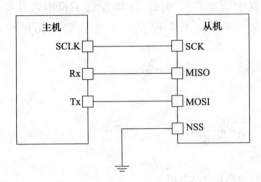

图 4-58　同步、全双工模式

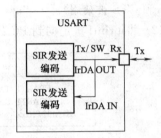

图 4-59　SIR 编解码

IrDA SIR 物理层规定使用反相归零调制方案（RZI），该方案用一个红外光脉冲代表逻辑 '0'（逻辑把 '0' 作为高脉冲发送，'1' 作为低电平发送），脉冲的宽度规定为正常模式时位周期的 3/16。

3）IrDA 低功耗模式

① 发送器。在低功耗模式，脉冲宽度不再持续 3/16 个位周期。取而代之，脉冲的宽度是低功耗波特率的 3 倍，它最小可以是 1.42MHz。通常这个值是 1.8432MHz（1.42MHz＜ PSC＜2.12MHz）。一个低功耗模式可编程分频器把系统时钟进行分频以达到这个值。

② 接收器。低功耗模式的接收类似于正常模式的接收。为了滤除尖峰干扰脉冲，US-ART 应该滤除宽度短于 1 个 PSC 的脉冲。只有持续时间大于 2 个周期的 IrDA 低功耗波特率时钟（USART _GTPR 中的 PSC）的低电平信号才被接受为有效的信号。

4）Smart Card（SCEN＝1，SO7816-3 标准）

USART 应该被设置为：8 位数据位加校验位；此时 USART _CR1 寄存器 M＝1，PCE＝1，并且下列条件满足其一。

① 接收时 0.5 个停止位：即 USART _CR2 寄存器的 STOP＝01

② 发送时 1.5 个停止位：即 USART _CR2 寄存器的 STOP＝11

当与智能卡相连接时（图 4-60 与智能卡的连接），USART 的 TX 驱动一根智能卡也驱动的双向线。SW _RX 必须和 TX 连接到相同的 I/O 口。在发送开始位和数据字节期间，发送器的输出使能位 TX _EN 被置起，在发送停止位期间被释放（弱上拉）。

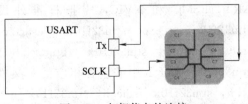

图 4-60　与智能卡的连接

③ 单线半双工（HDSEL＝1）。RX 不再被使用，当没有数据传输时，TX 总是被释放。因此，它在空闲状态或接收状态时表现为一个标准 I/O 口。这就意味该 I/O 在不被 USART 驱动时，必须配置成悬空输入（或开漏的输出高电平）。

任务 4-7　串行通信控制器的设计

任务要求

设计程序：

（1）使 PC 可以通过超级终端与 usart1 以中断方式向 stm32f103 发送字符串，并可显示于 LCD 上。要求波特率 9600bit/s，数据位为 8 位，1 个停止位，无校验，无硬件流控（RTS 和 CTS 被禁用）。

（2）将 printf 重定向到 PC 的超级终端，通信框图见图 4-61。

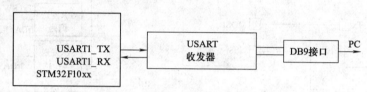

图 4-61　与 PC 的串行通信框图

任务目标

（1）熟悉 USART 的配置。

（2）熟悉 USART 的中断处理。

（3）会使超级终端收发数据。

引导问题

（1）UART 的通信数据帧格式是怎样的？波特率是什么意思？

（2）怎样启用 USART1，并将其置于波特率 9600bit/s，数据位为 8 位，两个停止位，奇校验，无硬件流控的异步通信方式？

（3）如何使 printf 重定向到 PC 超级终端？要是重定向到 LCD 显示屏上，该怎么做？

（4）如何启用 USART 的中断？使用时注意什么？

（5）思考：怎样把数据通过 DMA 传输到存储器？

任务实施

工程项目组织见图 4-62。由于工程要使用 RCC，US-ART，FSMC 和 NVIC，需把标准外设库目录下的：stm32f10x _ rcc. c，stm32f10x _ usart. c，stm32f10x _ fsmc. c，misc. c，stm32f10x _ gpio. c 包含进来。而在 stm32f10x _conf. h 中需包含相应的头文件：stm32f10x _ rcc. h，stm32f10x _fsmc. h，stm32f10x _gpio. h，stm32f10x _usart. h，misc. h。

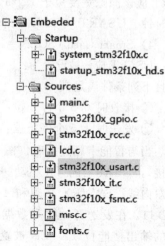

图 4-62　工程文件组织

预定义宏：USE _STDPERIPH _DRIVER，STM32F10X _HD，头文件路径：.\sources；C:\Keil\ARM\CMSIS\Include；C:\Keil\ARM\RV31\LIB\ST\STM32F10x_StdPeriph_Driver\inc。

参考代码如下。

① 在 main. c 中：

```c
#include "stm32f10x. h"
#include "lcd. h"

void USART_Configuration(void);
void GPIO_Configuration(void);
void NVIC_Configuration(void);
u8 str[] = {"Send me a character..."};
u8 SendChar (u8 ch);
void PrintString(u8 * p);

void Delay(__IO uint32_t nCount)
{
for(; nCount ! = 0; nCount--);
}
extern u8 flag;
extern u16 y;
int main (void)
{
  STM3210E_LCD_Init();
  LCD_SetFont(&Font16x24);
  LCD_Clear(LCD_COLOR_BLACK);
  LCD_SetColors(LCD_COLOR_RED, LCD_COLOR_BLACK);
  /*  使能 USART1、GPIOA 和 AFIO 时钟 */
  RCC_APB2PeriphClockCmd(RCC_APB2Periph_USART1 | RCC_APB2Periph_GPIOA
                    | RCC_APB2Periph_AFIO, ENABLE);
  USART_Configuration();
  GPIO_Configuration();
  NVIC_Configuration();
  while (1)
  {
    flag =0;
    PrintString(str);
    LCD_DisplayStringLine(LCD_LINE_3,str);
    while(flag = =0);
```

```
                flag = 1;
                    LCD_DisplayChar(LCD_LINE_4,0,y);
                    Delay(500);
                }
            }
        void USART_Configuration(void)
        {
        USART_InitTypeDef USART1_InitStruct ;
        USART1_InitStruct. USART_BaudRate = 115200;
        USART1_InitStruct. USART_StopBits = USART_StopBits_1;
        USART1_InitStruct. USART_WordLength = USART_WordLength_8b;
        USART1_InitStruct. USART_Parity = USART_Parity_No;
        USART1_InitStruct. USART_Mode    = USART_Mode_Rx|USART_Mode_Tx;
        USART1_InitStruct. USART_HardwareFlowControl = USART_HardwareFlow-
Control_None;
        USART_Init(USART1,&USART1_InitStruct);
        USART_ITConfig(USART1, USART_IT_RXNE, ENABLE);//允许接收中断
        USART_Cmd(USART1, ENABLE);
        }
        void GPIO_Configuration(void)
    {
        GPIO_InitTypeDef GPIO_InitStructure;
        GPIO_InitStructure. GPIO_Pin = GPIO_Pin_9;/* 配置 USARTx_Tx 为复用推挽输出 */
        GPIO_InitStructure. GPIO_Speed = GPIO_Speed_50MHz;
        GPIO_InitStructure. GPIO_Mode = GPIO_Mode_AF_PP;
        GPIO_Init(GPIOA; &GPIO_InitStructure);

        GPIO_InitStructure. GPIO_Pin = GPIO_Pin_10;   /* 配置 USARTx_Rx 为浮动输入 */
        GPIO_InitStructure. GPIO_Mode = GPIO_Mode_IN_FLOATING;
        GPIO_Init(GPIOA, &GPIO_InitStructure);
    }
    void NVIC_Configuration(void)
    {
        NVIC_InitTypeDef NVIC_InitStructure;
        NVIC_InitStructure. NVIC_IRQChannel  = USART1_IRQn;//指定中断源
        NVIC_InitStructure. NVIC_IRQChannelPreemptionPriority = 2;//指定抢占优先级
        NVIC_InitStructure. NVIC_IRQChannelSubPriority = 0;// 指定响应子优先级
        NVIC_InitStructure. NVIC_IRQChannelCmd   = ENABLE;
        NVIC_Init(&NVIC_InitStructure);
    }
```

```
u8 SendChar (u8 ch)//发送单个数据
{
    USART_SendData(USART1, ch);
    while(! (USART1->SR & USART_FLAG_TXE));
    return (ch);
}
void PrintString(u8 * p)//发送一串数据
{
    while( * p)
    {
        USART_SendData(USART1, * p++);
        while(USART_GetFlagStatus(USART1, USART_FLAG_TXE) == RESET)
        {}
    }
}
```

② 在 stm32f10x_it.c 中：

```
#include "stm32f10x_it.h"
u16 y;
u8 flag = 0;
void USART1_IRQHandler(void)
{
    if( USART_GetITStatus (USART1,USART_IT_RXNE)! = RESET)
    {
        y = USART_ReceiveData(USART1);
        flag = 1;
        USART_ClearITPendingBit(USART1,USART_IT_RXNE);//清除中断标志
    }
}
```

考核评价

本单元的考核评价如表 4-31 所示。

表 4-31　任务 4-7 的考核表

评价方式	标准分 共 100 分		考 核 内 容								计分
教师评价	专业能力	70	（1）使 PC 可以通过超级终端与 usart1 以中断方式向 stm32f103 发送字符串，并可显示于 LCD 上。要求波特率 9600bit/s，数据位为 8 位，1 个停止位，无校验，无硬件流控（RTS 和 CTS 被禁用）。(40) （2）将 printf 重定向到 PC 的超级终端。(30)								
			(1)	(2)	(3)	/	/	/	/	/	/	/

评价 方式	标准分 共100分		考 核 内 容			计分
自我 评价	方法 能力	10	①自主学习	②信息处理	③数字应用	
小组 评价	社会 能力	10	①与人合作	②与人交流	③解决问题	
	职业 素养	10	①出勤情况	②回答问题	③6S执行力	
	备注		专业能力目标考核按【任务要求】各项进行			

本章小结

本章对 STM32F10x 处理器中主要的处理器资源及其简单应用如电源、时钟系统、GPIO、LCD、LED 数码管、ADC、USART、通用定时器等进行了介绍，并安排了相关的任务。熟悉并综合运用这些知识是用该处理器进行嵌入式系统设计的基础。

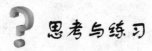

思考与练习

1. 判断题

（1）STM32F103ZE 是意法半导体（STMicroelectronics）公司基于 ARM Cortex-M3 内核的增强型产品系列的一种芯片。

（2）针对基于 STM32F103ZE 的嵌入式系统的常用开发环境是 RealView MDK（KEIL for ARM）。

（3）利用 RealView MDK 调试程序时，需要暂停程序运行后才可查看变量内容。

（4）STM32F10x 的 GPIO 端口都具有一个内部弱上拉电阻和弱下拉电阻。

（5）低速外部时钟 LSE 也可以作为驱动系统时钟（SYSCLK）的时钟源。

（6）STM32F10x 有一个时钟安全系统（CSS），当外部高速时钟（HSE）失效时，将发生 CSS 中断。

（7）GPIO 作为 APB2 外设只有在相关的时钟使能后，才有可能正常使用。

（8）STM32F10x 的中断向量表可以设在 RAM 中也可以设在 Flash 中。

2. 选择题

（1）Cortex-M3 使用基于＿＿＿＿＿＿＿＿的存储器体系结构，它的指令和数据各占一条总线，它的指令与数据可以从内存中同时读取，加快了程序的执行速度。

A. 冯·诺依曼结构　　　B. 哈佛结构　　　C. 普林斯顿结构　　　D. 以上均不是

（2）STM32F10xx 有三种低耗模式，其中功耗最低的一种模式是＿＿＿＿＿＿＿＿。

A. 睡眠（sleep）　　　B. 停机（stop）　　　C. 待机（standby）　　　D. 以上均不是

（3）以下描述中，不属于 STM32F10x 中嵌套中断向量控制器 NVIC 的工作特点的是_____。

A. 支持 16 个系统异常及 60 个可屏蔽中断通道

B. 复位异常的入口地址是在 0x0000 0000

C. 中断优先级按抢占优先级和次要优先级进行管理

D. 使用尾链（tool chain）技术，在一个异常处理即将返回时，有高优先级的异常发生，这时将跳过处理器状态的出栈过程，而直接执行新的异常服务处理程序

（4）关于 STM32F10x 的 GPIO 的主要特性的描述，不正确的是_____。

A. 所有端口具有外部中断/唤醒的能力，但欲使用外部中断线，端口必须配置成输入模式

B. 所有 GPIO 引脚均有一个内部弱上拉电阻和弱下拉电阻

C. 在单次 APB2 时钟的写操作里，只能更改一个位

D. 部分 IO 端口具有复用功能，还可以把一些引脚的复用功能重新映射到其他一些引脚上

（5）以下几种时钟源中，不能用以驱动系统时钟（SYSCLK）的时钟源是_____。

A. 高速内部时钟 HSI   B. 高速外部时钟 HSE

C. 内部 PLL   D. 低速外部时钟 LSE

3. 如图 4-17，设计一个显示处理程序：（引脚分布如题表 4-1），使得可以在延时函数作用下，闪烁显示 DIG2（关断时不显示，显示时显示字符'8'）要求将 0~F 按从右到左移动逐显示于 4 个 LED 数据管上：

① 显示 0，先在 LED1 上显示，延时 500ms 后移动至 LED2 上显示，再延时…最后在 LED4 上显示 0。

② 显示 1，先在 LED1 上显示，延时 500ms 后移动至 LED2 上显示，再延时…最后在 LED4 上显示 1。

③ 如此循环。使用中断，使得系统可以在按下 user 键时开关 DIG1（判断时不显示，显示时显示字符'8'）。

题表 4-1　与数码管相连接的相关引脚

引脚	类型	与数码管的连接	引脚	类型	与数码管的连接
PB10	I/O	DIG4	PC2	I/O	C
PB11	I/O	DIG3	PC3	I/O	D
PB12	I/O	DIG2	PC4	I/O	E
PB13	I/O	DIG1	PC5	I/O	F
PC0	I/O	A	PC6	I/O	G
PC1	I/O	B	PC7	I/O	H（DP）

4. 如题图 4-1 所示电路图，设计一个显示处理程序：（引脚分布如题表 4-2）：

① 使得可以在延时函数作用下闪烁显示 LED2（间隔 800ms）。

② 控制实验平台的发光二极管 LED1、LED2、LED3、LED4，使它们有规律的点亮，具体顺序如下：LED1 亮->LED2 亮->LED3 亮->LED4 亮，如此反复。

③ 使用中断，使得系统可以在按下 user 键时开关 LED1。

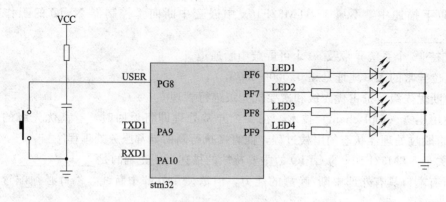

题图 4-1　LED 接口

题表 4-2　与 LED 相连接的相关引脚

引脚	类型	与 LED 的连接	引脚	类型	与 LED 的连接
PF6	I/O	LED1	PA9	I/O	TXD1
PF7	I/O	LED2	PA10	I/O	RXD1
PF8	I/O	LED3	PG8	I/O	USER
PF9	I/O	LED4			

5. 阅读以下关于嵌入式系统中异步串口的叙述，回答问题（1）至问题（4）。

异步串口是嵌入式处理器上最常用资源之一。一般而言，异步传输的数据以帧的方式传输。每一帧有效数据前有一个起始位，帧结束于一个或多个停止位。异步串口的数据由起始位和停止位分割成数据帧。常用的异步串口数据帧格式如题图 4-2 所示。

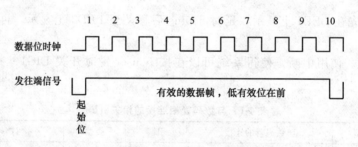

题图 4-2　异步串口数据帧格式

RS-232、RS-422 和 RS-485 都是常用的异步串口标准，它们的时序完全一样，只是在电气特性上有所区别，它们之间通过通用异步收发器（UART）可实现转换。UART 控制器可以集成到芯片中或者通过嵌入式处理器总线连接，所以，通常从 UART 发出的异步串口时序的逻辑电平都是处理器 I/O 电压标准（比如：TTL、LVTTL 等标准）。若要求符合RS-232、RS-422 或者 RS-485 的电气特性，则需要接口电路做转换。使用 MAX3232 芯片实现的串口电平转换的电路原理图如题图 4-3 所示。

问题：

（1）请说明异步传输和同步传输的不同之处。

（2）根据题图 4-2，请用 300 字以内文字简要描述异步串口的数据传输过程。

（3）如果系统设计采用串行数据传输最高波特率为 115200bps，串行时钟由系统时钟经

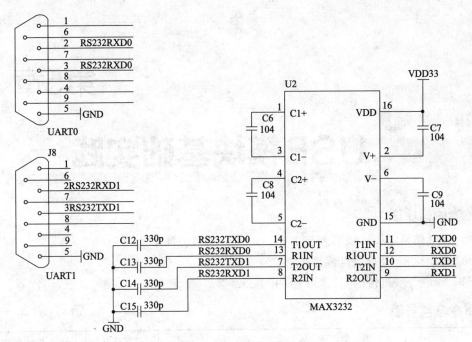

题图 4-3　串口电平转换电路

16 倍分频，则系统时钟至少为多少赫兹？

（4）题图 4-3 所示的电路原理图设计实现了几路串口？每个串口为多少条连接线？

6. 阅读芯片手册中关于 ADC、TIMx、USART、DMA 及 RTC 部分内容，设计一个带有实时时钟的数据采集系统，设计创新点自拟。

第5章

USB模块基础实践

本章内容提要

（1）USB 体系结构、USB 接口、电气特性、USB 设备类。

（2）STM32 的 USB 固件库框架。

（3）USB 产品设计任务：USB 接口的 LED 等。

本章教学导航

教 学 目 标			建议课时	教学方法
了解	熟悉	学会		
（1）USB 体系结构。 （2）USB 接口标准。 （3）USB 电气特性	（1）STM32 的 USB 固件库框架 （2）USB 设备类的划分 （3）实现一个 USB 设备的步骤	初步使用固件库提供的接口函数实现简单USB产品的设计	12 课时	任务驱动法 分组讨论法 理论实践一体化 讲练结合

5.1 USB 概述

由于 USB 支持热插拔，数据传输模式多样，驱动程序通用，很好地扩充了计算机系统的功能，目前被广泛应用于消费类电子产品。如今，各种类型的计算机产品差不多都采用了USB（Universal Serial Bus），USB 接口已经事实上成为其标准配置。

USB 传输的速度有 3 种，最原始的 USB1.0 标准支持的速度是 1.5Mbps，称为低速USB，比它高一代的 USB1.1 标准支持的速度是 12Mbps，称为全速 USB。当前主流的USB2.0 标准，支持 480Mbps 的传输速率，称为高速 USB，它兼容以前的低版本。例如，USB 鼠标、键盘是低速设备，而 USB 存储器是高速设备。

5.1.1 USB 体系结构

USB 体系包括"主机"（Host）、"设备"（Device）以及"物理连接"三个部分。其中主机是一个提供 USB 接口及接口管理能力的硬件、软件及固件的复合体，可以是 PC，也可以是 OTG（On-The-Go，既可作 Host 也可作 Device）设备。

USB 通信协议采用主从结构，所有的数据传输都由 USB 主机通过采用"轮询＋广播"的方式发起，任何时刻整个 USB 体系内仅允许一个数据包的传输，一个 USB 系统中仅有一个 USB 主机。设备包括 USB 功能设备和 USB HUB，最多支持 127 个设备（最多允许 5 个 HUB 级联，见图 5-1）；物理连接即指的是 USB 的传输线。在 USB 2.0 系统中，要求使用屏蔽的双绞线。根 HUB 是一个特殊的 USB HUB，它集成在主机控制器里，不占用地址。

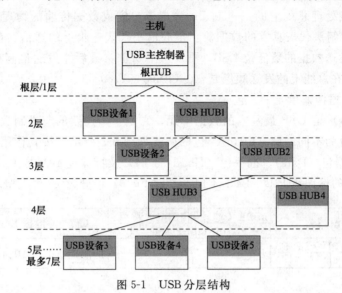

图 5-1　USB 分层结构

其中有的设备内置 HUB，并实现了多个 USB 设备类，比如带录音话筒的 USB 摄像头等，这种设备可以占有多个地址。

1）USB 系统的组成

USB 系统的软硬件资源，包括 3 个层次，即功能层、设备层和接口层（图 5-2）。在主机端，应用软件不能直接访问 USB 总线，而必须通过 USB 系统软件和 USB 主机控制器来访问 USB 总线，在 USB 总线上和 USB 设备进行通信。

（1）功能层完成每个 USB 设备特定功能的描述和行为定义，主机端由用户软件和设备类驱动程序实现，设备端由功能单元来定义。在这一层上，USB 体系中专门用设备类协议来规定不同类型的 USB 设备的功能和特性。

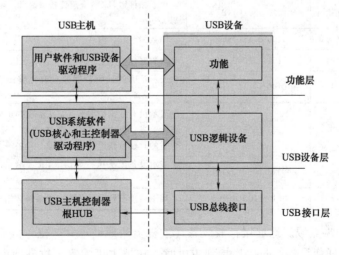

图 5-2　USB 系统的组成

（2）设备层则完成从功能层到接口层的转换，把一次功能层的行为转为一次一次的基本传输。即设备层主要提供 USB 的基本协议栈，执行通用的 USB 的各种操作和请求命令，从逻辑上讲，就是 USB 系统软件与 USB 逻辑设备之间的数据交换。

（3）接口层则处理总线上的二进制 Bit 数据流，完成数据传输的物理层实现和总线管理。图 4-2 中黑色箭头代表真实的数据流，空心箭头代表逻辑上的通信。在 USB 总线上传送数据，总是先发送数据的最低位 LSB，再发送下一位，最后才发送最高有效位 MSB，如数据 1100 1010，在总线上的发送顺序是：0（LSB）、1、0、1、0、0、1、1（MSB）。

2）USB 的数据传输单元——包

"包"（Packet）是 USB 最基本的数据单元，它是一串连续的二进制数，这些二进制位按其含义不同区分为不同的域（Field）。包的格式如图 5-3 所示。按其作用不用，分为令牌包（Token）、数据包（Data）、握手包（Handshacke）及特殊包 4 大类（图 4-4 给出 3 种包的组成图），由包的标识域 PID（Packet Identifier Field）区分为 16 种类型。

PID（包标识域）				ADDR（地址）	ENDP（端点）	DATA（数据）	CRC（校验）
				FrameNumber（帧号）			
PID0-PID3		/PID0-/PID3		7	4	N*8(N=0,1,…1024)	5/16
				11			

图 5-3　USB 包的格式

（1）PID 包标识。表明包的类型和格式，紧跟在同步域（SYNC，同步域由硬件处理）之后。它由 4 位标识符加紧跟的 4 位标识符的反码组成（用以检测错误）。共可表示 $2^4=16$ 种包类型，表 5-1 列出了 USB 协议 1.1 中所有的标识域名称与对应的 PID 值。

表 5-1　USB 协议 1.1 中使用的 10 种包类型及相应的 PID

包类型	标识域名称	PID 值（LSB→MSB）	描　　述
令牌包	OUT 输出	1000 0111（0x87）	用来通知设备将要输出一个数据包。主机→设备
	IN 输入	1001 0110（0x96）	用来通知设备将要返回一个数据包。设备→主机
	SETUP 设置	1011 0100（0xB4）	通知设备将要输出一个数据包,类似 OUT 包。不过 SET-UP 包只能往端点 0 发包,只用在控制传输中
	SOF 帧起始	1010 0101（0xA5）	用于帧计数,USB 全速设备每毫秒产生一帧,USB 高速设备每 125μs 产生一帧
数据包	DATA0 数据 0	1100 0011（0xC3）	偶数据包
	DATA1 数据 1	1101 0010（0xD2）	奇数据包
握手包	ACK 确认	0100 1011（0x4B）	表示正确的接收数据并且有足够的空间容纳数据。主机 <-->设备
	NAK 无效	0101 1010（0x5C）	表示没有数据需要返回,或者数据正确接收但是没有空间容纳。当主机收到 NAK 后,知道设备还未准备好,主机会在合适的时候重新进行数据传输。设备→主机
特殊包	STALL 错误	0111 1000（0x78）	表示设备无法执行该请求,或者端点已经被挂起。设备→主机
	PRE 前导	0011 1100（0x3C）	用于启动下行端口的低速设备的数据传输

（2）地址域和端点域。地址域存放设备在主机上的地址，共 7 位，因而地址容量为 $2^7=128$ 个。地址 0 是任何设备第一次连接到主机时，在被主机配置、枚举前的默认地址，因而是保留的。

端点域占 4 位，实际上是 USB 中一系列实际的物理缓冲区的编号，最多可以有 16 个。每一次 USB 数据传输其实是在某一个特定的端点和主机应用软件的缓冲 Buffer 之间进行的，数据传输的通道称为管道。地址为 0 的端点专门用来配置设备，控制管道专门和它相连，完成设备的枚举过程。其他任何端点都可以定义为 IN 端点（设备到主机控制器）和 OUT 端点（主机控制器到设备）。用于对设备进行控制的一组管道，构成设备的接口（图 5-4）。

注意：IN 传输与 OUT 传输的地址空间是分开的，所以一个 IN 端点和 OUT 端点可以有相同的地址。

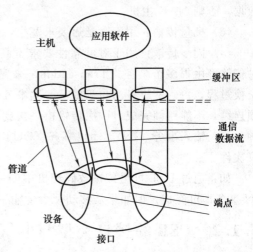

图 5-4 接口、端点和管道

另外，如果正在传输的包是 SOF（Start Of Frame，帧起始包），则此 11 位解析为帧号域，最多可以为 $2^{11}=2048$ 个传输数据帧记录帧编号（图 5-5）。

（3）数据域。在不同的传输数据包中，数据域的长度不同，从 0～1023 字节不等。在数据包被发送时，按 DATA0 和 DATA1 两种数据包交替发送。

（4）校验域。校验域对令牌包和数据包中除 PID 域外的部分进行 CRC 校验（Cyclic Redundancy Checks），对令牌包采用 5 位 CRC 校验算法，对数据包采用 16 位 CRC 检验算法。发送方把 CRC 计算结果填入 CRC 域发送出去，而接收方则把收到的数据进行同样的 CRC 算法运算，将结果与收到的 CRC 域的值比较，如果一致，则表明传输过程没有出错（很多 USB 接口芯片由硬件完成这一工作）。

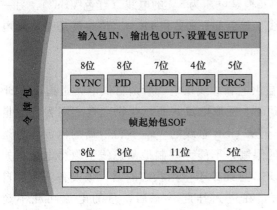

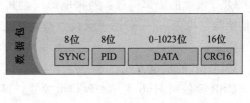

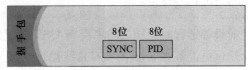

图 5-5 令牌包、数据包和握手包

3）USB 数据传输（Transfer）类型

USB 体系定义了以下四种类型的传输。

（1）控制传输：主要用于在设备连接时对设备进行枚举以及其他因设备引起的特定操作。

（2）中断传输：用于对延迟要求严格、小量数据的可靠传输，如键盘、游戏手柄等。注意：中断传输并不意味在传输过程中，设备会先中断 HOST，继而通知 HOST 启动传输。中断传输也是 HOST 发起的传输，采用轮询的方式询问设备是否有数据发送，若有则传输数据，否则 NAK 主机。

（3）批量传输：用于对延迟要求宽松，大量数据的可靠传输，如 U 盘等。

（4）同步传输：用于对可靠性要求不高的实时数据传输，如摄像头、USB 音响等。每种传输都由很多个事务（Transaction）来完成，这里的事务即是完成传输时的每一次数据交换过程，每一笔事务由包组成。一次事务传输也不能打断，属于一次事务传输的几个包必须连续，不能跨帧完成。一次传输由一次到多次事务传输构成，可以跨帧完成。事务分为 3 种类型：输入事务（IN）、输出事务（OUT）和设置事务（SETUP）。具体参见 USB2.0 协议文件。

如：通过 USB 批量传输数码相机中的一幅照片到 PC 机，由于文件较小，只需要一笔 IN 事务即可完成。但如果从移动硬盘传输一大批文件到 PC 机，则需要多笔事务。

5.1.2　USB 的接口类型与电气特性

1）USB 接口类型

如图 5-6 所示，从左往右依次是：MiniUSB 公口（A 型插头）、MiniUSB 公口（B 型插头）、USB 公口（B 型插头）、USB 母口（A 型插座）、USB 公口（A 型插头）。

图 5-6　USB 接口类型及 USB 线缆

USB 线缆的内部构成：两根电源线，其中一根是电压为 5V 的电线（红色 VBus），另一根是地线（棕色）；一对用来承载数据的双绞线（黄色 D＋和蓝色 D－）。该线缆还是屏蔽电缆（图 5-6）。

2）USB 的供电方式

USB 设备和 Hub 采用 2 种供电模式，即自供电和总线供电。所谓自供电，是指该 USB 设备或 Hub 能够自己提供电源，而无需从 VBus 上提取电流，而总线供电模式则为耗电量小的设备提供了一种方便的连接方式，能够完全从 USB 总线的 V_{Bus} 获得所需的电流，但是这样的设备运行时所耗的功率受到 USB 协议的限制，不能无限制地从总线上取得电流。如果总线供电设备在 3ms 内没有总线操作，即 USB 总线处于空闲状态的话，该设备就需要自动进入挂起状态。对于总线供电的设备而言，在进入挂起状态后，总的电流功耗不超过 $280\mu A$。

3）即插即用

即插即用技术包含 2 个技术层面，即热插拔和自动识别配置。热插拔的关键技术在于电路接插件插、拔期间强电流的处理，图 5-7 所示为全速 USB 设备与主机的连接模型，如果是低速 USB 设备，设备端的上接电阻接在 D－上。

当该设备接入时，USB 主机或 Hub 的 D＋线将有一个从 0 电平到＋3.3V 的上冲过程。与此同时，D－信号线仍将维持电平 0 不变。上冲过程的有效段持续 $2.5\mu s$ 以上的时间，USB 主机可认定有一全速 USB 设备接入。检测低速设备也类似。然后主机通过默认的控制

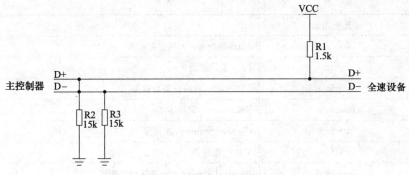

图 5-7　全速 USB 设备与主机的连接模型

管道对其进行枚举，完成获得其设备描述、进行地址分配、获得其配置描述、进行配置等操作，之后设备方可正常使用。

枚举是由一系列标准请求组成（若设备属于某个子类，还包含该子类定义的特殊请求）。通过枚举 HOST 可以获得设备的基本描述信息，如支持的 USB 版本、PID、VID、设备类、供电方式、最大消耗电流、配置数量、各种类型端点的数量及传输能力（最大包长度），主机根据 PID 和 VID 加载设备驱动程序，并对设备进行合适的配置。只有经过枚举的设备才能正常使用。

5.1.3　USB 设备类

在功能层上，USB-IF（USB Implementers Forum，通用接口业界联合组织，其目标是支持和推动市场与用户对 USB 兼容外设的认同）将常用的具有相同或相似功能的设备归为一类，并制定了相关的设备类规范，使得只要依照统一规范标准，不同的厂商开发的 USB 设备可以使用同样的驱动程序。

这些 USB 设备类包括：音频类（Audio）、通信类－虚拟串口类（CDC）、设备固件升级类（DFU）、人机接口类（HID）、大容量存储设备类（Mass Storage）、智能卡接口设备类（CCID）、图像类（Image）、IrDA 桥接设备类（IrDA Bridge）、监视设备类（Monitor）、个人保健设备类（Personal Health Care）、电源设备类（Power Device）、物理接口设备类（Physical Interface）、打印设备类（Printer）、视频类（Video）、测试测量类（Test & Measurement）等（表 5-2）。表中描述符值，有些是基于接口定义的，有些是基于设备的，也有的是既基于接口，也基于设备的。

表 5-2　USB 设备类

基础类	描述符用法	描述
00h	Device(基于设备)	使用接口描述符中的类信息
01h	Interface(基于接口)	Audio,音频类
02h	Both（基于以上两者）	Communications and CDC Control,通信和通信设备控制类
03h	Interface	HID（Human Interface Device），人机接口类
05h	Interface	Physical,物理接口类
06h	Interface	Image,图像类
07h	Interface	Printer,打印机类

基础类	描述符用法	描 述
08h	Interface	Mass Storage,大容量存储类
09h	Device	Hub 集线器类
0Ah	Interface	CDC-Data,通信设备数据类
0Bh	Interface	Smart Card,智能卡类
0Dh	Interface	Content Security,加密类
0Eh	Interface	Video,视频类
0Fh	Interface	Personal Healthcare,个人健康类
10h	Interface	Audio/Video Devices,音频/视频设备类
DCh	Both	Diagnostic Device,诊断设备类
E0h	Interface	Wireless Controller,无线控制器类
EFh	Both	Miscellaneous,杂项类
FEh	Interface	Application Specific,应用特定
FFh	Both	Vendor Specific,厂商定义类

不同的设备类有不同的类协议,而相关设备的厂商则遵循对应的设备类协议来生产设备。比如 Mass Storage 类中定义了一系列有关磁盘操作的命令和格式,来规范数据的传输。Windows 操作系统中就提供了完整的 USB Mass Storage 类设备的驱动程序,而许多移动存储设备的厂商只要严格按此协议生产,无论是什么样的移动存储设备,都可以在 PC 上使用。总的来说,USB 类协议作为软件层次的规范,基本脱离了 USB 硬件的约束,降低了设备开发的难度,也促进了 USB 设备的标准化。

5.1.4 USB 设备的枚举与描述符

当 USB 设备第一次连接到主机上时,要接收主机的枚举(Enumeration)和配置(Configuration),目的就是让主机知道该设备具有什么功能、是哪一类的 USB 设备、需要占用多少 USB 的资源、使用了哪些传输方式以及传输的数据量多大等。

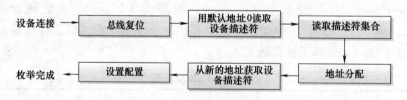

图 5-8 USB 设备的枚举过程流程

总线枚举的过程如下。

(1)设备连接。USB 设备经 USB 总线连接主机。

(2)设备上电。USB 设备可以自供电,也可以使用 USB 总线供电。

(3)主机检测到设备,发出复位。主机通过检测设备在总线的上拉电阻检测到有新的设备连接,并获释设备是全速设备还是低速设备,然后向该端口发送一个复位信号。

(4)设备默认状态。设备从总线上接收到一个复位信号后,才可以对总线的处理操作做出响应。设备接收到复位信号后,就暂时使用默认地址(00H)来响应主机的命令。

（5）地址分配。当主机接收到有设备对默认地址（00H）响应的时候，就分配给设备一个空闲的地址，以后设备就只对该地址进行响应。

（6）读取 USB 设备描述符。主机读取 USB 设备描述符，确认 USB 设备的属性。

（7）设备配置。主机依照读取的 USB 设备描述符来进行配置，如果设备所需的 USB 资源得以满足，就发送配置命令给 USB 设备，表示配置完毕。

（8）挂起。如果使用总线供电，为了节省电源，当总线保持空闲状态超过 3ms 以后，设备驱动程序就会进入挂起状态，在挂起状态时，USB 设备保留了包括其地址和配置信息在内的所有内部状态，设备的消耗电流不超过 500uA。

图 5-8 所示为一般 USB 设备的枚举过程流程图。

只有主机完全确认了这些信息后，设备才能真正开始工作。这些信息是通过存储在设备中的 USB 描述符（相当于 USB 设备的身份证明）来体现的，它们包括：设备描述符（Device Desc riptor）、配置描述符（Configuration Descriptor）、接口描述符（Interface Descriptor）、端点描述符（Endpoint Descriptor）和字符串描述符（String Descriptor，可选）。描述符之间的关系见图 5-9。

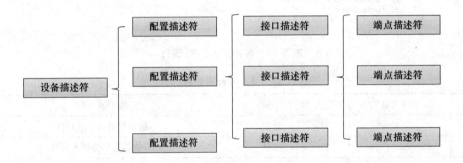

图 5-9　描述符之间的关系

每个 USB 设备只有一个设备描述符，而一个设备中可包含一个或多个配置描述符，即 USB 设备可以有多种配置。设备的每一个配置中又可以包含一个或多个接口描述符，即 USB 设备可以支持多种功能（接口），接口的特性通过描述符提供。

usb 命令 request 及这些描述符 discriptor 的详细描述见表 5-3～表 5-6，相应的 C 语言数据结构表示如图 5-10 所示。

在 USB 主机访问 USB 设备的描述符时，USB 设备依照设备描述符、配置描述符、接口描述符、端点描述符、字符串描述符顺序将所有描述符传给主机。一设备至少要包含设备描述符、配置描述符和接口描述符，如果 USB 设备没有端点描述符，则它仅仅用默认管道与主机进行数据传输。

5.1.5　标准的 USB 设备请求命令

枚举时，USB 设备与 PC 主机间将通过控制传输来交换信息、设备地址和读取设备的描述符，开发 USB 系统的首要任务是利用控制传输实现设备的枚举过程，然后再进行其余部分的设计。USB 设备请求命令就是在控制传输中主机配置 USB 设备的关键所在。表 5-7 给出了 11 种标准 USB 请求命令，不同的 USB 设备类将在此基础再添加新的 USB 命令。

```c
struct usb_device_descriptor {
    u8  bLength;
    u8  bDescriptorType;

    u16 bcdUSB;
    u8  bDeviceClass;
    u8  bDeviceSubClass;
    u8  bDeviceProtocol;
    u8  bMaxPacketSize0;
    u16 idVendor;
    u16 idProduct;
    u16 bcdDevice;
    u8  iManufacturer;
    u8  iProduct;
    u8  iSerialNumber;
    u8  bNumConfigurations;
}

struct usb_interface_descriptor {
    u8  bLength;
    u8  bDescriptorType;

    u8  bInterfaceNumber;
    u8  bAlternateSetting;
    u8  bNumEndpoints;
    u8  bInterfaceClass;
    u8  bInterfaceSubClass;
    u8  bInterfaceProtocol;
    u8  iInterface;
}

struct usb_config_descriptor {
    u8  bLength;
    u8  bDescriptorType;

    u16 wTotalLength;
    u8  bNumInterfaces;
    u8  bConfigurationValue;
    u8  iConfiguration;
    u8  bmAttributes;
    u8  bMaxPower;
}

struct usb_endpoint_descriptor {
    u8  bLength;
    u8  bDescriptorType;
    u8  bEndpointAddress;
    u8  bmAttributes;
    u16 wMaxPacketSize;
    u8  bInterval;

}
struct usb_string_descriptor {
    u8  bLength;
    u8  bDescriptorType;

    u16 wData[1];
}
```

图 5-10　各描述符的 C 语言

表 5-3　设备描述符

偏移量	字段名称	字段大小	字段	值 说 明
0	bLength	1B	数字	描述符的大小＝12H
1	bDescriptorType	1B	常数	设备描述符类型＝01H
2	bcdUSB	2B	BCD	USB 规划发布号
4	bDeviceClass	1B	类型	类型代码
5	bDeviceSubClass	1B	子类型	子类型代码
6	bDeviceProtocol	1B	协议	协议代码
7	bMaxPacketSize0	1B	数字	端点 0 最大分组大小
8	idVendor	2B	ID	供应商 ID
10	idProduct	2B	ID	产品 ID
12	bcdDevice	2B	BCD	设备出厂编号
14	iManuafacturer	1B	索引	厂商字符串索引
15	iProduct	1B	索引	产品字符串索引
16	iSeriaNumber	1B	索引	设备序列号字符串索引
17	bNumconfiguration	1B	索引	可能的配置数

表 5-4　配置描述符

偏移量	字段名称	字段大小	字段	值 说 明
0	bLength	1B	数字	描述符大小(字节)
1	bDescriptorType	1B	常数	常数 configuration(02h)
2	wTotalLength	2B	数字	此配置传回的所有数据大小(字节)

偏移量	字段名称	字段大小	字段	值 说 明
4	bNumInterfaces	1B	数字	此配置支持的接口数目
5	bConfigurationValue	1B	数字	Set configuration 与 get configuration 要求的标识符
6	iConfigurtion	1B	索引	此配置的字符串描述符的索引值
7	bmAuributes	1B	位图	自身电源/总线电源以及远程唤醒设置
8	MaxPower	1B	mA	需要总线电源,标识法为(最大 mA/2)

表 5-5 接口描述符

偏移量	字段名称	字段大小	字段	值 说 明
0	bLength	1B	数字	描述符大小(字节)
1	bDescriptorType	1B	常数	常数 interface(04h)
2	bInterfaceNumber	1B	数字	识别此接口的数字
3	bAlternateSetting	1B	数字	用来选择一个替代设置的数值
4	bNumEndpoints	1B	数字	除了端点 0 外,支持的端点数量
5	bInterfaceClass	1B	类别	类别码
6	bInterfaceSubclass	1B	子类别	子类别码
7	bInterfaceProtocol	1B	协议	协议码
8	iInterface	1B	索引值	此接口的字符串描述符的索引值

表 5-6 端点描述符

偏移量	字段名称	字段大小	字段	值 说 明
0	bLength	1	数字	描述符大小(字节)
1	bDescriptorType	1	常数	常数 endpoint(05h)
2	bEndpointAddress	1	端点	端点数目与方向
3	bmAttributes	1	数字	支持的传输类型
4	wMaxPacketSize	2	数字	支持的最大信息包大小
6	bInterval	1	数字	最大延迟/轮询时距/NAK 速率

表 5-7 11 种标准 USB 设备请求命令

命令	bmRequestType	bRequest	wValue	wIndex	wLength	Data
ClearFeature	00000000B 00000001B 00000010B	CLEAR FEATURE	特性选择符	0、接口号、端点号	0	无
GetConfiguration	10000000B	GET CONFIGURATION	0	0	1	配置值
GetDescriptor	10000000B	GET DESCRIPTOR	描述表种类(高字节)和索引(低字节)	零或语言标志	描述表长	描述表
GetInterface	10000001B	GET INTERFACE	0	接口号	1	可选设置

命令	bmRequestType	bRequest	wValue	wIndex	wLength	Data
Get_Status	10000000B 10000001B 10000010B	GET_STATUS	0	0（返回设备状态）、接口号（对象时接口时）、端点号（对象是端点时）	2	设备，接口，或端点状态
Set_Address	00000000B	SET_ADDRESS	设备地址	0	0	无
Set_Configuration	00000000B	SET_CONFIGURATION	配置值（高字节为0，低字节表示要设置的配置值）	0	0	无
Set_Descriptor	00000000B	SET_DESCRIPTOR	描述表种类（高字节）和索引（低字节）	0或语言标志	描述表长	描述表
Set_Feature	00000000B 00000001B 00000010B	SET_FEATURE	特性选择符（1表示设备，0表示端点）	0、接口号、端点号	0	无
Set_Interface	00000001B	SET_INTERFACE	可选设置	接口号	0	无
Synch_Frame	100000010B	SYNCH_FRAME	零	端点号	2	帧号

5.2 使用STM32F103ZE的USB设备接口模块

5.2.1 USB设备接口模块

在STM32F103xC、STM32F103xD和STM32F103xE增强型系列产品中，内嵌有一个兼容全速USB的设备控制器，遵循全速USB设备（12兆位/秒）标准（已通过USB-IF认证），端点可由软件配置，具有待机/唤醒功能（图5-11）。USB专用的48MHz时钟由内部主PLL直接产生（时钟源必须是一个HSE晶体振荡器）。

1）USB模块的组成

（1）串行接口引擎（SIE）：该模块包括的功能有帧头同步域的识别、位填充、CRC的产生和校验、PID的验证/产生和握手分组处理等。它与USB收发器交互，利用分组缓冲接口提供的虚拟缓冲区存储局部数据。它也根据USB事件，和类似于传输结束或一个包正确接收等与端点相关事件生成信号，例如帧首（Start of Frame）、USB复位、数据错误等，这些信号用来产生中断。

（2）定时器（Suspend Timer）：本模块的功能是产生一个与帧开始报文同步的时钟脉冲，并在3ms内没有数据传输的状态，检测出（主机的）全局挂起条件。

（3）分组缓冲器接口（Packet Buffer Interface）：此模块管理那些用于发送和接收的临时本地内存单元。它根据SIE的要求分配合适的缓冲区，并定位到端点寄存器所指向的存储区地址。它在每个字节传输后，自动递增地址，直到数据分组传输结束。它记录传输的字节数并防止缓冲区溢出。

（4）端点相关寄存器（Endpoint Registers）：每个端点都有一个与之相关的寄存器，用于描述端点类型和当前状态。对于单向和单缓冲器端点，一个寄存器就可以用于实现两个不同的端点。一共 8 个寄存器，可以用于实现最多 16 个单向/单缓冲的端点或者 7 个双缓冲的端点或者这些端点的组合。例如，可以同时实现 4 个双缓冲端点和 8 个单缓冲/单向端点。

（5）控制寄存器（Control Registers & Logic）：这些寄存器包含整个 USB 模块的状态信息，用来触发诸如恢复，低功耗等 USB 事件。

（6）中断寄存器（Interrupt Registers & Logic）：这些寄存器包含中断屏蔽信息和中断事件的记录信息。配置和访问这些寄存器可以获取中断源，中断状态等信息，并能清除待处理中断的状态标志。

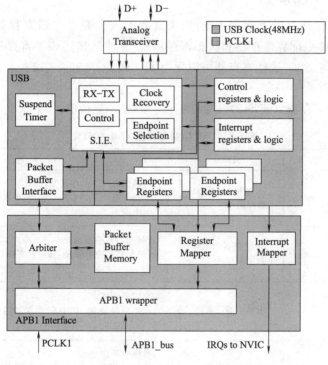

图 5-11　STM32F103ZE USB 框图

2）与 APB1 总线的接口

USB 模块通过 APB1 接口部件与 APB1 总线相连，APB1 接口部件包括以下部分。

（1）分组缓冲区（Packet Buffer Memory）：数据分组缓存在分组缓冲区中，它由分组缓冲接口控制并创建数据结构。应用软件可以直接访问该缓冲区。它的大小为 512 字节，由 256 个 16 位的字构成。

（2）仲裁器（Arbiter）：该部件负责处理来自 APB1 总线和 USB 接口的存储器请求。它通过向 APB1 提供较高的访问优先权来解决总线的冲突，并且总是保留一半的存储器带宽供 USB 完成传输。它采用时分复用的策略实现了虚拟的双端口 SRAM，即在 USB 传输的同时，允许应用程序访问存储器。此策略也允许任意长度的多字节 APB1 传输。

（3）寄存器映射单元（Register Mapper）：此部件将 USB 模块的各种字节宽度和位宽度的寄存器映射成能被 APB1 寻址的 16 位宽度的内存集合。

（4）APB1 封装（APB1 Wrapper）：此部件为缓冲区和寄存器提供了到 APB1 的接口，并将整个 USB 模块映射到 APB1 地址空间。

（5）中断映射单元（Interrupt Mapper）。将可能产生中断的 USB 事件映射到三个不同的 NVIC 请求线上。

① USB 低优先级中断（通道 20）：可由所有 USB 事件触发（正确传输，USB 复位等）。固件在处理中断前应当首先确定中断源。

② USB 高优先级中断（通道 19）：仅能由同步和双缓冲批量传输的正确传输事件触发，目的是保证最大的传输速率。

③ USB 唤醒中断（通道 42）：由 USB 挂起模式的唤醒事件触发。

5.2.2　USB 寄存器

USB 模块的寄存器有以下三类：通用类寄存器（主要含中断寄存器和控制寄存器）、端点类寄存器（含端点配置寄存器和状态寄存器）、缓冲区描述表类寄存器（用来确定数据分组存放地址的寄存器）。这些寄存器可以用半字（16 位）或字（32 位）的方式操作。

1）通用寄存器

（1）USB 控制寄存器（表 5-8）。地址偏移：0x40，复位值：0x0003。

表 5-8　USB 控制寄存器 USB _CNTR

位		读/写	名称	描述
15	CTRM	rw	正确传输（CTR）中断屏蔽位	0:正确传输（CTR）中断禁止 1:正确传输（CTR）中断使能,在中断寄存器的相应位被置 1 时产生中断
14	PMAOVRM	rw	分组缓冲区溢出中断屏蔽位	0:PMAOVR 中断禁止 1:PMAOVR 中断使能,在中断寄存器的相应位置 1 时产生中断
13	ERRM	rw	出错中断屏蔽位	0:出错中断禁止 1:出错中断使能,在中断寄存器的相应位置 1 时产生中断
12	WKUPM	rw	唤醒中断屏蔽位	0:唤醒中断禁止 1:唤醒中断使能,在中断寄存器的相应位置 1 时产生中断
11	SUSPM	rw	挂起中断屏蔽位	0:挂起（SUSP）中断禁止 1:挂起（SUSP）中断使能,中断寄存器的相应位置 1 时产生中断
10	RESETM	rw	USB 复位中断屏蔽位	0:USB RESET 中断禁止 1:USB RESET 中断使能,中断寄存器的相应位置 1 时产生中断
9	SOFM	rw	帧首中断屏蔽位	0:SOF 中断禁止 1:SOF 中断使能,在中断寄存器的相应位置 1 时产生中断
8	ESOFM	rw	期望帧首中断屏蔽位	0:ESOF 中断禁止 1:ESOF 中断使能,在中断寄存器的相应位置 1 时产生中断

位		读/写	名称	描　述
7：5		保留		
4	RESUME	rw	唤醒请求	设置此位将向 PC 主机发送唤醒请求。根据 USB 协议,如果此位在 1ms 到 15ms 内保持有效,主机将对 USB 模块实行唤醒操作
3	FSUSP	rw	强制挂起	当 USB 总线上保持 3ms 没有数据通信时,SUSP 中断会被触发,此时软件必须设置此位 0:无效 1:进入挂起模式,USB 模拟收发器的时钟和静态功耗仍然保持。如果需要进入低功耗状态(总线供电类的设备),应用程序需要先置位 FSUSP,再置位 LP_MODE
2	LP MODE	rw	低功耗模式	此模式用于在 USB 挂起状态下降低功耗。在此模式下,除了外接上拉电阻的供电,其他的静态功耗都被关闭,系统时钟将会停止或者降低到一定的频率来减少耗电。USB 总线上的活动(唤醒事件)将会复位此位(软件也可以复位此位) 0:非低功耗模式 1:低功耗模式
1	PDMN	rw	断电模式	此模式用于彻底关闭 USB 模块。当此位被置位时,不能使用 USB 模块 0:退出断电模式
0	FRES	rw	强制 USB 复位	0:清除 USB 复位信号 1:对 USB 模块强制复位,类似于 USB 总线上的复位信号。USB 模块将一直保持在复位状态下 直到软件清除此位。如果 USB 复位中断被使能,将产生一个复位中断

(2) USB 中断状态寄存器 (表 5-9)。地址偏移:0x44,复位值:0x0000。

表 5-9　USB 中断状态寄存器 USB_ISTR

位		读/写	名称	描　述
15	CTR	r	正确的传输	此位在端点正确完成一次数据传输后由硬件置位。应用程序可以通过 DIR 和 EP_ID 位来识别是哪个端点完成了正确的数据传输
14	PMAOVR	rc w0	分组缓冲区溢出	此位在微控制器长时间没有响应一个访问 USB 分组缓冲区请求时由硬件置位。在正常的数据传输中不会产生 PMAOVR 中断。USB 模块通常在以下情况时置位该位,且主机会要求数据重传: (1)在接收过程中一个 ACK 握手分组没有被发送 (2)在发送过程中发生了比特填充错误
13	ERR	rc w0	出错	在下列错误发生时硬件会置位该位: (1)NANS:无应答。主机的应答超时。 (2)CRC:循环冗余校验码错误。数据或令牌分组中的 CRC 校验出错。 (3)BST:位填充错误。PID,数据或 CRC 中检测出位填充错误。 (4)FVIO:帧格式错误。收到非标准帧(如 EOP 出现在错误的时刻,错误的令牌等)
12	WKUP	rc w0	唤醒请求	当 USB 模块处于挂起状态时,如果检测到唤醒信号,此位将由硬件置位
11	SUSP	rc w0	挂起模块请求	此位在 USB 线上超过 3ms 没有信号传输时由硬件置位,用以指示一个来自 USB 总线的挂起请求

位		读/写	名称	描述
10	RESET	rc w0	USB 复位请求	此位在 USB 模块检测到 USB 复位信号输入时由硬件置位
9	SOF	rc w0	帧首标志	此位在 USB 模块检测到总线上的 SOF 分组时由硬件置位,标志一个新的 USB 帧的开始
8	ESOF	rc w0	期望帧首标识位	此位在 USB 模块未收到期望的 SOF 分组时由硬件置位。主机应该每毫秒都发送 SOF 分组,但如果 USB 模块没有收到,挂起定时器将触发此中断。如果连续发生 3 次 ESOF 中断,也就是连续 3 次未收到 SOF 分组,将产生 SUSP 中断。即使在挂起定时器未被锁定时发生 SOF 分组丢失,此位也会被置位
7:5	保留			
4	DIR	r	传输方向	此位在完成数据传输产生中断后由硬件根据传输方向写入 0:相应端点的 CTR_TX 位被置位,标志一个 IN 分组(数据从 USB 模块传输到 PC 主机)的传输完成 1:相应端点的 CTR_RX 位被置位,标志一个 OUT 分组(数据从 PC 主机传输到 USB 模块)的传输完成。如果 CTR_TX 位同时也被置位,就标志同时存在挂起的 OUT 分组和 IN 分组
3	EP_ID [3:0]	r	端点标识	在 USB 模块完成数据传输产生中断后由硬件根据请求中断的端点号写入。如果同时有多个端点的请求中断,硬件写入优先级最高的端点号。端点的优先级按以下方法定义:同步端点和双缓冲批量端点具有高优先级,其他的端点为低优先级。如果多个同优先级的端点请求中断,则根据端点号来确定优先级,即端点 0 具有最高优先级,端点号越小,优先级越高
2		r		
1		r		
0		r		

（3）USB 帧编号寄存器（表 5-10）。地址偏移：0x48。复位值：0x0XXX，X 表示未定义值。

表 5-10　USB 帧编号寄存器 USB_FNR

位		读/写	名称	描述
15	RXDP	r	D+状态位	此位用于观察 USB D+数据线的状态,可在挂起状态下检测唤醒条件的出现
14	RXDM	r	D−状态位	此位用于观察 USB D-数据线的状态,可在挂起状态下检测唤醒条件的出现
13	LCK	r	锁定位	USB 模块在复位或唤醒序列结束后会检测 SOF 分组,如果连续检测到至少 2 个 SOF 分组,则硬件会置位此位。此位一旦锁定,帧计数器将停止计数,一直等到 USB 模块复位或总线挂起时再恢复计数
12:11	LSOF [1:0]	r	帧首丢失标志位	当 ESOF 事件发生时,硬件会将丢失的 SOF 分组的数目写入此位。如果再次收到 SOF 分组,引脚会清除此位
10:0	FN [10:0]	r	帧编号	记录了最新收到的 SOF 分组中的 11 位帧编号。主机每发送一个帧,帧编号都会自加,这对于同步传输非常有意义。此部分发生 SOF 中断时更新

（4）USB 设备地址寄存器（表 5-11）。地址偏移：0x4C。复位值：0x0000。

（5）USB 分组缓冲区描述表地址寄存器（表 5-12）。地址偏移：0x50。复位值：0x0000。

表 5-11　USB 设备地址寄存器 USB_DADDR

位	读/写	名称	描　述
15:8	保留		
7	EF	rw	USB 模块使能位	此位在需要使能 USB 模块时由应用程序置位。如果此位为 0,USB 模块将停止工作,忽略所有寄存器的设置,不响应任何 USB 通信
6:0	ADD [6:0]	rw	设备地址	此位记录了 USB 主机在枚举过程中为 USB 设备分配的地址值。该地址值和端点地址(EA)必须和 USB 令牌分组中的地址信息匹配,才能在指定的端点进行正确的 USB 传输

表 5-12　USB 分组缓冲区描述表地址寄存器 USB_BTABLE

位	读/写	名称	描　述
15:3	BTABLE[15:3]	rw	缓冲表	此位记录分组缓冲描述表的起始地址。分组缓冲区描述表用来指示每个端点的分组缓冲区地址和大小,按 8 字节对齐(即最低 3 位为 000)。每次传输开始时,USB 模块读取相应端点所对应的分组缓冲区描述表获得缓冲地址和大小信息
2:0	保留位,由硬件置为 0		

2) 端点寄存器

端点寄存器的数量由 USB 模块所支持的端点数目决定。USB 模块最多支持 8 个双向端点。每个 USB 设备必须支持一个控制端点,控制端点的地址(EA 位)必须为 0。不同的端点必须使用不同的端点号,否则端点的状态不定。每个端点都有与之对应的 USB_EPnR 寄存器,用于存储该端点的各种状态信息。

USB 端点 N 寄存器 USB_EPnR(表 5-13)。

表 5-13　USB 端点 N 寄存器 USB_EPNR,N=[0…7]

位	读/写	名称	描　述
15	CTR_RX	t	正确接收标志位	此位在正确接收到 OUT 或 SETUP 分组时由硬件置位,应用程序只能对此位清零。如果 CTRM 位已置位,相应的中断会产生。收到的是 OUT 分组还是 SETUP 分组可以通过下面描述的 SETUP 位确定。以 NAK 或 STALL 结束的分组和出错的传输不会导致此位置位,因为没有真正传输数据。此位应用程序可读可写,但只有写 0 有效,写 1 无效
14	DTOG_RX	t	用于数据接收的数据翻转位	对于非同步端点,此位由硬件设置,用于标记希望接收的下一个数据分组的 Toggle 位(0=DATA0,1=DATA1)。在接收到 PID(分组 ID)正确的数据分组之后,USB 模块发送 ACK 握手分组,并翻转此位。对于控制端点,硬件在收到 SETUP 分组后清除此位 对于双缓冲端点,此位还用于支持双缓冲区的交换(请参考 20.4.3 双缓冲端点)。对于同步端点,由于仅发送 DATA0,因此此位仅用于支持双缓冲区的交换而不需进行翻转。同步传输不需要握手分组,因此硬件在收到数据分组后立即设置此位 应用程序可以对此位进行初始化(对于非控制端点,初始化是必需的),或者翻转此位用于特殊用途。此位应用程序可读可写,但写 0 无效,写 1 可以翻转此位

位	读/写	名称	描 述
13：12	STAT_RX [1：0]	t	用于数据接收的 状态位	用于指示端点当前的状态 00：DISABLED，端点忽略所有的接收请求 01：STALL，端点以 STALL 分组响应所有的接收请求 10：NAK，端点以 NAK 分组响应所有的接收请求 11：VALID，端点可用于接收 当一次正确的 OUT 或 SETUP 数据传输完成后（CTR_RX＝1），硬件会自动设置此位为 NAK 状态，使应用程序有足够的时间在处理完当前传输的数据后，响应下一个数据分组 对于双缓冲批量端点，由于使用特殊的传输流量控制策略，因此根据使用的缓冲区状态控制传输状态。对于同步端点，由于端点状态只能是有效或禁用，因此硬件不会在正确的传输之后设置此位。如果应用程序将此位设为 STALL 或者 NAK，USB 模块响应的操作是未定义的 此位应用程序可读可写，但写 0 无效，写 1 翻转此位
11	SETUP	r	SETUP 分组传输 完成标志位	此位在 USB 模块收到一个正确的 SETUP 分组后由硬件置位，只有控制端点才使用此位。在接收完成后（CTR_RX＝1），应用程序需要检测此位以判断完成的传输是否是 SETUP 分组。为了防止中断服务程序在处理 SETUP 分组时下一个令牌分组修改了此位，只有 CTR_RX 为 0 时，此位才可以被修改，CTR_RX 为 1 时不能修改。此位应用程序只读
10：9	EPTYPE [1：0]	rw	端点类型位	此位用于指示端点当前的类型 00：BULK，批量端点　01：CONTROL，控制端点 10：ISO，同步端点　11：INTERRUPT，中断端点 所有的 USB 设备都必须包含一个地址为 0 的控制端点，如果需要可以有其他地址的控制端点。只有控制端点才会有 SETUP 传输，其他类型的端点无视此类传输。SETUP 传输不能以 NAK 或 STALL 分组响应，如果控制端点在收到 SETUP 分组时处于 NAK 状态，USB 模块将不响应分组，就会出现接收错误。如果控制端点处于 STALL 状态，SETUP 分组会被正确接收，数据会被正确传输，并产生一个正确传输完成的中断。控制端点的 OUT 分组安装普通端点的方式处理 批量端点和中断端点的处理方式非常类似，仅在对 EP_KIND 位的处理上有差别
8	EP_KIND	rw	端点特殊类型位	此位需要和 EP_TYPE 位配合使用 EP_TYPE[1：0]＝00 时（BULK），表示 DBL_BUF，双缓冲端点 EP_TYPE[1：0]＝01 时（CONTROL）表示 STATUS_OUT EP_TYPE[1：0]＝10 时（ISO）或 11（INTERRUPT）时，该位未使用 DBL_BUF：应用程序设置此位能使能批量端点的双缓冲功能。STATUS_OUT：应用程序设置此位表示 USB 设备期望主机发送一个状态数据分组，此时，设备对于任何长度不为 0 的数据分组都响应 STALL 分组。此功能仅用于控制端点，有利于提供应用程序对于协议层错误的检测。如果 STATUS_OUT 位被清除，OUT 分组可以包含任意长度的数据

位		读/写	名称	描 述
7	CTR_TX	rc,w0	正确发送标志位	此位由硬件在一个正确的 IN 分组传输完成后置位。如果 CTRM 已被置位,会产生相应的中断。应用程序需要在处理完该事件后清除此位。在 IN 分组结束时,如果主机响应 NAK 或 STALL 则此位不会被置位,因为数据传输没有成功。此位应用程序可读可写,但写 0 有效,写 1 无效
6	DTOG_TX	t	发送数据翻转位	对于非同步端点,此位用于指示下一个要传输的数据分组的 Toggle 位(0=DATA0,1=DATA1)。在一个成功传输的数据分组后,如果 USB 模块接收到主机发送的 ACK 分组,就会翻转此位。对于控制端点,USB 模块会在收到正确的 SET-UP PID 后置位此位 对于双缓冲端点,此位还可用于支持分组缓冲区交换。对于同步端点,由于只传送 DATA0,因此该位只用于支持分组缓冲区交换。由于同步传输不需要握手分组,因此硬件在接收到数据分组后即设置该位。应用程序可以初始化该位(对于非控制端点,初始化此位时必需的),也可以设置该位用于特殊用途。此位应用程序可读可写,但写 0 无效,写 1 翻转此位
5:4	STAT_TX [1:0]	t	用于发送数据的状态位	用于标识端点的当前状态 00 DISABLED:端点忽略所有的接收请求 01 STALL:端点以 STALL 分组响应所有的接收请求 10 NAK:端点以 NAK 分组响应所有的接收请求 11 VALID:端点可用于接收 应用程序可以翻转这些位来初始化状态信息。在正确完成一次 IN 分组的传输后(CTR_TX=1),硬件会自动设置此位为 NAK 状态,保证应用程序有足够的时间准备好数据响应后续的数据传输 对于双缓冲批量端点,由于使用特殊的传输流量控制策略,是根据缓冲区的状态控制传输的状态的。对于同步端点,由于端点的状态只能是有效或禁用,因此硬件不会在数据传输结束时改变端点的状态。如果应用程序将此位设为 STALL 或者 NAK,则 USB 模块后续的操作是未定义的。此位应用程序可读可写,但写 0 无效,写 1 翻转此位
3:0	EA[3:0]	rw	端点地址	应用程序必须设置此 4 位,在使能一个端点前为它定义一个地址

3) 缓冲区描述表

缓冲区描述表位于分组缓冲区内(首地址为 0x4000 6000),可以作为特殊的寄存器,用以配置 USB 模块和微控制器内核共享的分组缓冲区的地址和大小。

它有两种地址表示方式:应用程序访问分组缓冲区时使用(32 位对齐)和 USB 模块的本地地址(USB_BTABLE 寄存器和缓冲区描述表所使用的地址)。这里供应用程序使用的分组缓冲区地址需要乘以 2 才能得到缓冲区在微控制器中的真正地址。

(1)发送缓冲区地址寄存器 n(表 5-14)。地址偏移:[USB_BTABLE]+n×16
USB 本地地址:[USB_BTABLE]+n×8。

(2)发送数字节数寄存器 n(表 5-15)。地址偏移:[USB_BTABLE]+n×16+4
USB 本地地址:[USB_BTABLE]+n×8+2。

表 5-14　发送缓冲区地址寄存器 USB_ADDRn_TX

位		读/写	名称	描　述
15：1	ADDRnTX [15：1]	rw	发送缓冲区地址	记录收到下一个 IN 分组时,需要发送的数据所在的缓冲区起始地址
0	—	—	—	因为分组缓冲区的地址必须按字对齐,所以此位必须为 0

表 5-15　发送数据字节数寄存器 USB_COUNTn_TX

位	读/写	名称	描　述
15：10	—	—	因 USB 模块支持的最大数据分组为 1023 个字节,故忽略这些位
9：0	USB_COUNTn_TX	rw	发送数据字节数	记录收到下一个 IN 分组时要传输的数据字节数

双缓冲区和同步 IN 端点有两个 USB_COUNTn_TX 寄存器：USB_COUNTn_TX_1 和 USB_COUNTn_TX_0（表 5-16）。

表 5-16　USB_COUNTN_TX_1 和 USB_COUNTN_TX_0

位		读/写	名称	描　述
31：26	—			—
25：16	COUNTn_TX_1[9：0]	rw	发送数据字节数	记录收到下一个 IN 分组时要传输的数据字节数
15：10	—			—
9：0	COUNTnTX_0[9：0]	rw	发送数据字节数	记录收到下一个 IN 分组时要传输的数据字节数

（3）接收缓冲区地址寄存器 n（表 5-17）。地址偏移：［USB_BTABLE］＋n×16＋8 USB 本地地址：［USB_BTABLE］＋n×8＋4。

表 5-17　接收缓冲区地址寄存器 n（USB_ADDRn_RX）

位		读/写	名称	描　述
15：1	ADDRnRX	rw	接收缓冲区地址	记录收到下一个 OUT 或者 SETUP 分组时,保存数据的缓冲区起始地址
0	—	—	—	因为分组缓冲区的地址按字对齐,所以此位必须为 0

（4）接收数据字节数寄存器 n（表 5-18）。地址偏移：［USB_BTABLE］＋n×16＋12 USB 本地地址：［USB_BTABLE］＋n×8＋6。

表 5-18　接收数据字节数寄存器 N（USB_COUNTN_RX）

位		读/写	名称	描　述
15	BL_SIZE	rw	存储区块的大小	用于定义决定缓冲区大小的存储区块的大小 如果 BL_SIZE＝0,存储区块的大小为 2 字节,因此能分配的分组缓冲区的大小范围为 2～62 个字节 如果 BL_SIZE＝1,存储区块的大小为 32 字节,因此能分配的分组缓冲区的大小范围为 32～512 字节,符合 USB 协议定义的最大分组长度限制
14：10	NUM_BLOCK[4：0]	rw	存储区块的数目	此位用以记录分配的存储区块的数目,从而决定最终使用的分组缓冲区的大小

位		读/写	名称	描 述
9：0	COUNTn_RX[9：0]	rw	接收到的字节数	此位由 USB 模块写入,用以记录端点收到的最新的 OUT 或 SETUP 分组的实际字节数

双缓冲区和同步 IN 端点有两个 USB_COUNTn_RX 寄存器：USB_COUNTn_RX_1 和 USB_COUNTn_TX_0（表 5-19）。

表 5-19　USB_COUNTn_RX_1 和 USB_COUNTn_TX_0

位		读/写	名称	描　述		
31	BLSIZE1	rw	块大小		BL_SIZE=0 时	BL_SIZE=1 时
30：26	NUM_BLOCK_1[4：0]	rw	块数	NUM_BLOCK[4：0]	分组缓冲区大小	分组缓冲区大小
				00000	不允许使用	32 字节
25：16	COUNTn_RX_1[9：0]	r	接收数据字节数	00001	2 字节	64 字节
				00010	4 字节	96 字节
				00011	6 字节	128 字节
15	BLSIZE_0	rw	块大小	...	...	...
14：10	NUM_BLOCK_0[4：0]	rw	块数	01111	30 字节	512 字节
				10000	32 字节	保留
9：0	COUNTn_RX_0[9：0]	r	接收数据字节数	10001	34 字节	保留
				10010	36 字节	保留
				...	...	...
				11110	60 字节	保留
				11111	62 字节	保留

5.2.3　USB 全速设备开发固件和软件开发包

ST 公司为方便对 STM32 系列芯片的 USB 设备模块的应用开发，管理 2.0 全速设备和 2.0 OTG 全速设备（互联型产品中），提供了 STM32 USB-FS-Device development kit（USB 设备固件和软件开发包），目前是 V3.4 版。

1）STM32_USB-FS_Device_Lib 固件库结构

STM32_USB-FS_Device_Lib 固件库被分成了两层（见图 5-12），下面主要以 2.0 全速设备为例说明。

（1）STM32USB 全速设备驱动：兼容 USB2.0 的规范，是从 STM32 固件库中分离出来的库。这一层直接和 USB 的硬件进行通信，负责管理 USB 的硬件设备和 USB 标准协议的直接交互，它又由低层（表 5-20）和中间层两个层组成（表 5-21）。

（2）应用程序接口层：这一层为用户应用程序提供和底层的 USB 设备库进行交互的接口。它提供了一个开发模板，需要根据不同的应用程序进行不同的裁剪。表 5-22 列出了应用程序接口中用到的各个模块。

2）用 STM32 USB-FS-Device 库实现 USB 设备

（1）STM32 USB-FS-Device 库的工作过程

① 发生系统复位或者上电复位时，首先需要提供 USB 模块所需要的时钟信号，然后清除复位信号，使程序可以访问 USB 模块的寄存器。下面是复位之后的主要的初始化流程：

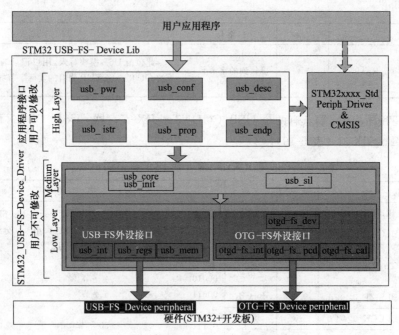

图 5-12　STM32 USB-FS LIB 库结构

表 5-20　USB-FS_DEVICE 外设接口模块（底层）

文件	描　述
usbreg(.h，.c)	硬件抽象层,提供一套访问 USB-FS_Device 外设寄存器(见 4.2.2 节)的函数
usb_int.c	中断处理程序,使库关联上 USB 设备协议,主要是两个端点正确传输(CTR)程序:低优先级 CTR_LP()和高优先级 CTR_HP()

usb_mem(.h，.c)	数据传输控制,用户内存区的 buffer 中的数据和包内存区(Packet Memory Area,PMA)之间的数据拷贝,主要是两个函数:
	 void UserToPMABufferCopy(uint8_t * pbUsrBuf,uint16_t wPMABufAddr, uint16_t wNBytes);
	 void PMAToUserBufferCopy(uint8_t * pbUsrBuf,uint16_t wPMABufAddr, uint16_t wNBytes);

表 5-21　USB-FS_DEVICE 中间层模块

文件	描　述
usb_init(.h，.c)	USB 设备的初始化
usb_core(.h，.c)	USB 的协议处理(和 USB2.0 规格文档说明的第 9 章兼容)
Usb_sil(.h，.c)	对端点访问的读/写操作的精简函数(USB-FS_Device 和 OTG-FS_Device 外设的抽象层)
usb_def.h /usb_type.h	USB 传输中的一些数据结构的定义和库中用到的基本数据类型的定义

表 5-22　应用程序接口模块

文　件	描　述
usb_istr(.h，.c)	USB 中断处理函数
usb_conf.h	USB 配置文件
usb_prop(.h，.c)	USB 应用程序专门定义的属性
usb_endp.c	非控制端点的中断处理函数
usb_pwr(.h，.c)	USB 电源管理模块
usb_desc(.h，.c)	USB 描述符

首先，由应用程序激活寄存器单元的时钟，再配置设备时钟管理逻辑单元的相关控制位，清除复位信号。

其次，必须配置 CNTR 寄存器的 PDWN 位用以开启 USB 收发器相关的模拟部分，即使内部参照电压为端点收发器供电。因为打开内部电压需要一段时间 $t_{STARTUP}$（约 $1\mu s$），这段时间内 USB 收发器处于不确定状态，故这段时间后，才可以清除 USB 模块的复位信号（即 CNTR 寄存器的 FRES 位）和 ISTR 寄存器的内容，从而清除未处理的假中断标志。

最后，应用程序需要通过配置设备时钟管理逻辑的相应控制位来为 USB 模块提供标准所定义的 48MHz。然后，初始化所有需要的寄存器和分组缓冲区描述表（根据具体需求进行初始化，比如中断使能的选择，分组缓冲区地址的选择等），使 USB 模块能够产生正常的中断和完成数据传输。

② 中断。当收到 USB 的中断后，进入 stm32f10x_it.c 中的 USB_HP_CAN1_TX_IRQHandler（高优先级）中断服务程序［仅由 USB 同步（Isochronous）模式传输或双缓冲块（Bulk）传输模式下的正确传输事件产生，正确传输事件由 USB_ISTR 寄存器的 CTR 位标识］和 USB_LP_CAN1_R X0_IRQHandler［低优先级，由所有其他的 USB 事件产生，例如正确传输（不包括同步模式和双缓冲块模式）、USB 复位等，事件标志位在 USB_ISTR 寄存器中］。

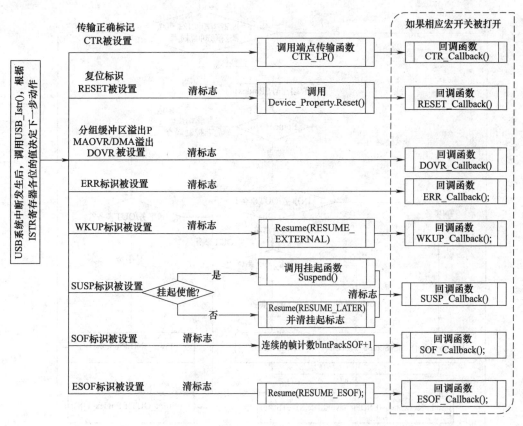

图 5-13　USB_ISTR 函数的调用流程

在 STM32 的 USB 开发包的例子中包含了上述中断的处理，例如在 USB 扬声器的例子中，CTR_HP 函数处理 USB 高优先级中断；在所有例子中都有 USB_Istr（）函数处理 USB 低优先级中断。

a. USB_LP_CAN1_RX0_IRQHandler（）只有一个任务，就是调用 USB_Istr（）。这就进入固件库的框架内了（应用层的 usb_istr.c 文件）。

USB_Istr（）根据具体的请求（由 ISTR 寄存器中对应位的值来表达）决定是调用哪种函数（图 5-13）：CTR_LP（）、设备类的 Reset（）、Resume（）、Suspend（）及各种回调函数如 CTR_Callback（）、DOVR_Callback（）、ERR_Callback（）、WKUP_Callback（）、USP_Callback（）、RESET_Callback（）、SOF_Callback（）、ESOF_Callback（）等。上述各种 Callback 回调函数可由对应用的宏开关设置：CTR_CALLBACK、DOVR_CALL-BACK、ERR_CALLBACK、WKUP_CALLBACK、SUSP_CALLBACK、RESET_CALL-BACK 及 SOF_CALLBACK。

其中，正确传输（CTR）后，CTR_LP（）函数被调用，它根据 ISTR 寄存器的 CTR 位，来确定是否存在正确传输完成后需要进行响应的中断请求，如果存在，则判断是否是控制端点 0 上的请求。

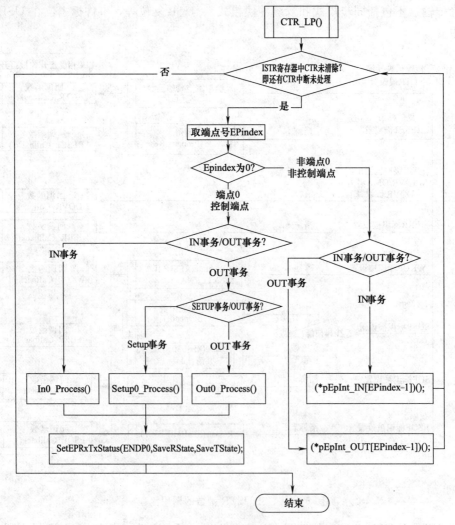

图 5-14　CTR_LP 的执行流程

如果是控制端点 0 上的中断请求，则还要根据 ISTR 寄存器的 DIR 位判断是 IN 事务，还是 OUT 事务，如果是 IN 事务，则执行 In0_Process ()。如果是 OUT 事务，则还要根据 EP0R 寄存器的 SETUP 位判断是否是 Setup 事务，如果是 Setup 事务，则执行 Setup0_Process ()，否则是 OUT 事务，执行 Out0_Process ()。执行以上处理函数后，保存状态后，退出 CTR_LP () 函数。

如果是普通端点上的数据传输，判断是 IN 事务还是 OUT 事务，如果是 IN 事务，则执行（＊pEpInt_OUT [EPindex-1]）()；如果是 OUT 事务，执行（＊pEpInt_IN [EPindex-1]）()；这两个指向函数的指针数组，在 usb_istr.c 中定义：

```
void (＊pEpInt_IN[7])(void) = {  EP1_IN_Callback,
  EP2_IN_Callback,  EP3_IN_Callback,  EP4_IN_Callback,   EP5_IN_Callback,
  EP6_IN_Callback,EP7_IN_Callback,
};
void (＊pEpInt_OUT[7])(void) = {   EP1_OUT_Callback,   EP2_OUT_Callback,
  EP3_OUT_Callback,   EP4_OUT_Callback,   EP5_OUT_Callback,
  EP6_OUT_Callback,   EP7_OUT_Callback,
};
```

这两组端点的回调函数数组的各元素，即各端点的 IN 和 OUT 回调函数在 usb_endp.c 中定义。以上流程见图 5-14。

b. USB_HP_CAN1_TX_IRQHandler () 仅调用 CTR_HP ()，在此函数（usb_int.c）中，

```
void CTR_HP(void)
{
uint32_t wEPVal = 0;
//存在正确传输数据后的中断请求
  while ((((wIstr = _GetISTR()) & ISTR_CTR) ! = 0)
  {
    _SetISTR((uint16_t)CLR_CTR); /＊ 清除 CTR 标识 ＊/
    EPindex = (uint8_t)(wIstr & ISTR_EP_ID); /＊ 取得最高优先级的端点数据 ＊/
    /＊ 处理相关的端点寄存器 ＊/
    wEPVal = _GetENDPOINT(EPindex);
    if ((wEPVal & EP_CTR_RX) ! = 0)//如果是 OUT 事务
    {
    _ClearEP_CTR_RX(EPindex); /＊ 清除中断标识 ＊/
    (＊pEpInt_OUT[EPindex-1])(); /＊ 调用 OUT 服务函数 ＊/
    }
    else if ((wEPVal & EP_CTR_TX) ! = 0)//如果是 IN 事务
    {
      _ClearEP_CTR_TX(EPindex); /＊ 清中断标识 ＊/
      (＊pEpInt_IN[EPindex-1])(); /＊ 调用 IN 服务函数 ＊/
    }
```

```
        }
    }
```

可见此函数也是执行（∗pEpInt_OUT［EPindex-1］）（）或（∗pEpInt_IN［EPindex-1］）（）。

（2）实现一个 USB 设备的步骤

① 根据应用选择合适的 USB 设备类。

② 根据所选择的 USB 类协议，完成各个描述符（包括设备描述符，配置描述符，接口描述符，端点描述符和字符描述符，主要是在文件 usb_desc.c、usb_desc.h 文件中进行）。

③ 根据描述符，初始化端点数目，分配各端点所需使用的 Packet Buffer。

④ 初始化所使用的端点，配置端点的传输类型、方向、Packet Buffer 地址，和初始状态（usb_conf.h）。

⑤ 在需要发送或接收数据的时候，使能端点。

⑥ 在该端点的中断回调函数中（），处理数据，如果需要则使能下一次传输。

任务 5-1 构建 USB 接口的 LED 控制器

任务要求

利用 STM32F103ZE 的 USB 接口及相关固件库函数，设计一个 USB HID 设备类的控制器，使 PC 机可以通过 USB 接口控制 LED 发光状态的开或关（电路见图 5-15）。

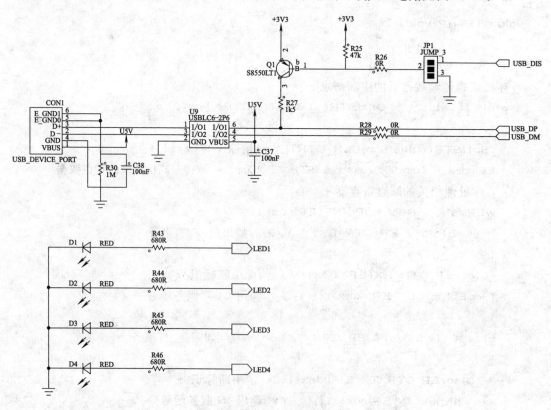

图 5-15 电路图

任务目标

（1）专业能力目标

① 熟悉 USB 体系结构。

② 了解 USB 协议中关于数据包、数据传输方式、USB 设备类的相关知识。

③ 熟悉 USB 设备的枚举过程。

④ 熟悉 USB 固件库的结构及 USB 设备的实现步骤。

⑤ 学会 USB 设备的调试方法。

（2）方法能力目标

① 自主学习：会根据任务要求分配学习时间，制定工作计划，形成解决问题的思路。

② 信息处理：能通过查找资料与文献，对知识点的通读与精度，快速取得有用的信息。

③ 数字应用：能通过一定的数字化手段将任务完成情况呈现出来。

（3）社会能力目标

① 与人合作：小组工作中，有较强的参与意识和团队协作精神。

② 与人交流：能形成较为有效的交流。

③ 解决问题：能有效管控小组学习过程，解决学习过程中出现的各类问题。

（4）职业素养目标

① 平时出勤：遵守出勤纪律。

② 回答问题：能认真回答任务相关问题。

③ 6S 执行力：学习行为符合实验实训场地的 6S 管理。

引导问题

（1）简述 USB 的枚举过程。

（2）什么是设备描述符、配置描述符、接口描述符、端点描述符？它们分别描述 USB 的哪些属性。

（3）标准的 USB 请求命令有哪些？其数据格式是怎样的？

（4）STM32 的固件库结构是怎样的？利用固件库实现一个 USB 设备主要需要经过哪些步骤？

（5）能够触发的 USB 硬件中断的条件有哪些？响应过程是怎样的？

任务实施

（1）目录和工程的准备

① 新建目录（名为"任务 4-1 构建 USB 接口的 LED 控制器"），在这个目录里再建 4 个子目录：Sources、Startup、Objs、Lsts。

② 把样例：STM32 _ USB-FS-Device _ Lib _ V3.4.0＼Project＼Custom _HID 下 inc 和 src 两个目录的文件拷贝到 Sources 目录下。形成图 5-16 所示的目录结构。

③ 新建工程 USBLED.uvproj，如图 5-17 组织源文件（可仅选择此图中所列出的必须包括的文件），并设置工程头文件的搜索路径：

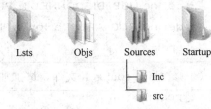

图 5-16　工程目录结构

C：\ Keil \ ARM \ CMSIS \ Include；

C：\ Keil \ ARM \ RV31 \ LIB \ ST \ STM32F10x_StdPeriph_Driver \ inc；

C：\ Keil \ ARM \ RV31 \ LIB \ ST \ STM32_USB-FS-Device_Driver \ inc；

. \ Sources \ inc

以及设置预定义常量：STM32F10X_HD，USE_STDPERIPH_DRIVE。

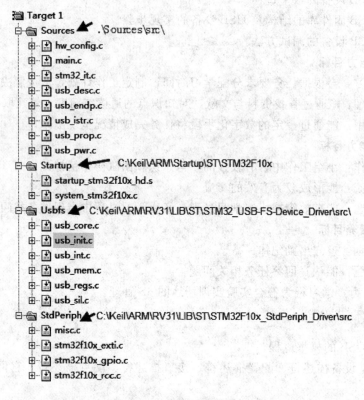

图 5-17　工程文件的组织

（2）代码移植与修改

① 修改 platform_config. h，只保留如下内容：

```
#ifndef_PLATFORM_CONFIG_H
#define_PLATFORM_CONFIG_H
#include "stm32f10x. h"
#define USB_DISCONNECT                         GPIOB
#define USB_DISCONNECT_PIN                     GPIO_Pin_14
#define RCC_APB2Periph_GPIO_DISCONNECT         RCC_APB2Periph_GPIOB
#endif
```

② 修改 hw_config. h 文件，增加如下内容：

```
typedef enum
{
LED1=0，  LED2=1，  LED3=2，  LED4=3
} LedTypeDef;
```

```
void LED_Init (void);
void LED_On (unsigned int num);// 打开 LED
void LED_Off (unsigned int num);// 关闭 LED
void LED_Out(unsigned int num);//LED 状态切换输出
```

③ 再在 hw_config.c 文件中增加 LED 的操作函数:

```
#define GPIOLED GPIOF
const unsigned long led_mask[] = { 1UL <<  6, 1UL <<  7, 1UL << 8, 1UL
<< 9};
unsigned int LED_NUM = sizeof(led_mask)/sizeof(unsigned long);
void LED_Init (void)
{
    RCC->APB2ENR |= (1UL << 7);                    /* 打开 GPIOF 时钟  */
    GPIOLED->ODR  &= ~0x000003C0;                  /* 关闭所有 LED     */
    /* 配置 LED 端口(GPIOF 引脚 6,7,8,9)为推挽输出,时钟 50MHz */
    GPIOLED->CRL  &= ~0xFF000000;  GPIOLED->CRL  |=  0x33000000;
    GPIOLED->CRH  &= ~0x000000FF;  GPIOLED->CRH  |=  0x00000033;
}
// 打开 LED
void LED_On (unsigned int num) {
  if (num < LED_NUM) {
    GPIOLED->BSRR = led_mask[num];
  }
}
// 关闭 LED
void LED_Off (unsigned int num) {
  if (num < LED_NUM) {
    GPIOLED->BRR = led_mask[num];
  }
}
//LED 状态切换输出
void LED_Out(unsigned int num) {
    if (GPIOLED->ODR & led_mask[num]) LED_Off (num);
  else LED_On(num);
}
```

④ 修改 hw_config.c 文件中的 Set_System () 函数为:

```
void Set_System(void)
{
  GPIO_Configuration();
  LED_Init();
}
```

修改 Set_USBClock () 函数为：

```
void Set_USBClock(void)
{
  RCC_USBCLKConfig(RCC_USBCLKSource_PLLCLK_1Div5);
  RCC_APB1PeriphClockCmd(RCC_APB1Periph_USB, ENABLE);
}
```

修改 USB_Interrupts_Config () 函数为：

```
void USB_Interrupts_Config (void)
{
  NVIC_InitTypeDef NVIC_InitStructure;
  NVIC_PriorityGroupConfig (NVIC_PriorityGroup_2);
  NVIC_InitStructure. NVIC_IRQChannel = USB_LP_  CAN1_RX0_IRQn;
  NVIC_InitStructure. NVIC_IRQChannelPreemptionPriority = 1;
  NVIC_InitStructure. NVIC_IRQChannelSubPriority = 0;
  NVIC_InitStructure. NVIC_IRQChannelCmd = ENABLE;
  NVIC_Init (&NVIC_InitStructure);
}
```

修改 GPIO_Configuration () 为：

```
void GPIO_Configuration(void)
{
  RCC_APB2PeriphClockCmd(RCC_APB2Periph_GPIO_DISCONNECT, ENABLE);
  GPIO_InitStructure. GPIO_Pin = USB_DISCONNECT_PIN;
  GPIO_InitStructure. GPIO_Speed = GPIO_Speed_50MHz;
  GPIO_InitStructure. GPIO_Mode = GPIO_Mode_Out_OD;
  GPIO_Init(USB_DISCONNECT, &GPIO_InitStructure);
}
```

修改 EXTI_Configuration () 函数为：

```
void EXTI_Configuration(void){  }
```

修改 ADC_Configuration () 函数为：

```
ADC_Configuration(){   }
```

⑤ stm32_it.c 中的各中断响应函数，只保留如下函数的定义：

```
void USB_LP_CAN1_RX0_IRQHandler(void){  USB_Istr();}
```

（3）按 HID 类协议，完成包括设备描述符、配置描述符、接口描述符、端点描述符和字符描述符在内的各种描述符取值的定义（usb_desc.c，usb_desc.h）。这里保持原样即可，但可注意一下主要的描述符字段（图 5-18）。

```
const uint 8_t
CustomHID_DeviceDescriptor [CUSTOMHID_SIZ_DEVICE_DESC]
= {
  0x12,                       /*bLength */
  USB_DEVICE_DESCRIPTOR_TYPE, /*bDescriptorType */
  0x00,        /*bcdUSB */
  0x02,
  0x00,          /*bDeviceClass */
  0x00,          /*bDeviceSubClass */
  0x00,          /*bDeviceProtocol */
  0x40,          /*bMaxPacketSize 40*/
  0x83,          /*idVendor  (0x0483)*/
  0x04,
  0x50,          /*idProduct  = 0x5750 */
  0x57,
  0x00,          /*bcdDevice rel . 2.00*/
  0x02,
  1,             /*厂商字符串描述符索引 */
  2,             /*产品字符串描述符索引*/
  3,             /*设备串号字符串描述符索引 */
  0x01           /*bNumConfigurations */
}

const uint 8_t
CustomHID_ConfigDescriptor [CUSTOMHID_SIZ_CONFIG_DESC] =
  {
  0x09, /* bLength: 配置描述符长度 */
  USB_CONFIGURATION_DESCRIPTOR_TYPE, /* bDescriptorType */
  CUSTOMHID_SIZ_CONFIG_DESC,  /* wTotalLength */
  0x00,
  0x01,          /* bNumInterfaces : 1 个接口*/
  0x01,          /* bConfigurationValue : 配置值 */
  0x00,          /* iConfiguration : 配置字符串描述符索引*/
  0xC0,          /* bmAttributes : Bus powered */
  0x32,          /* MaxPower  100 mA: 该电流用于检测Vbus */

/*********** 接口描述符 ***************/
```

```
  0x09,          /* bLength */
  USB_INTERFACE_DESCRIPTOR_TYPE,/* bDescriptorType */
  0x00,          /* bInterfaceNumber */
  0x00,          /* bAlternateSetting */
  0x02,          /* bNumEndpoints */
  0x03,          /* bInterfaceClass : HID */
  0x00,          /* bInterfaceSubClass  : 1=BOOT, 0=no boot */
  0x00,          /* nInterfaceProtocol  : 0=none,
                    1=keyboard, 2=mouse */
  0,             /* iInterface : 字符串描述符索引 */
/************** HID类描述符 ***************/
  0x09,          /* bLength */
  HID_DESCRIPTOR_TYPE, /* bDescriptorType : HID */
  0x10,          /* bcdHID */
  0x01,
  0x00,          /* bCountryCode */
  0x01,          /* bNumDescriptors */
  0x22,          /* bDescriptorType */
  CUSTOMHID_SIZ_REPORT_DESC, /* wItemLength */
  0x00,
/************** HID 端点描述符*************/
  0x07,          /* bLength */
  USB_ENDPOINT_DESCRIPTOR_TYPE, /* bDescriptorType : */
  0x81,          /* bEndpointAddress : 端点地址(IN) */
  0x03,          /* bmAttributes : Interrupt endpoint */
  0x02,          /* wMaxPacketSize : 2 Bytes max */
  0x00,
  0x20,          /* bInterval: 轮询间隔(32 ms) */
  0x07,   /* bLength */
  USB_ENDPOINT_DESCRIPTOR_TYPE, /* bDescriptorType : */
  0x01,          /* bEndpointAddress : Endpoint Address  (OUT) */
  0x03,          /* bmAttributes : Interrupt endpoint */
  0x02,          /* wMaxPacketSize : 2 Bytes max */
  0x00,
  0x20,  /* bInterval: 轮询间隔(32 ms) */
}
```

图 5-18 设备的各种描述符

（4）在 usb_conf.h 文件中根据需要增加端点缓存地址（这里保持默认），修改需要处理的中断，修改 CTR 服务程序中的 EPn_IN_Callback 和 EPn_OUT_Callback，注释掉需要处理的函数：EP1_IN_Callback 和 EP1_OUT_Callback。NOP_Process 表示不处理。

（5）在 usb_endp.c 中增加或修改 EPn_IN_Callback 和 EPn_OUT_Callback 的函数定义。

```
void EP1_OUT_Callback(void)
{
    BitAction Led_State;
    u8 bLed;
    USB_SIL_Read(EP1_OUT, Receive_Buffer);
    Led_State = (Receive_Buffer[1] == 0)? Bit_RESET : Bit_SET;
    bLed = Receive_Buffer[0] - 1;
    switch (bLed)
    {
```

```
case 0 : case 1 : case 2 : case 3 : /* Led 1,2,3,4 */
(Led_State ! = Bit_RESET)? LED_On(bLed) : LED_Off(bLed);
break;
default:
LED_Off(LED1);LED_Off(LED2);LED_Off(LED3);LED_Off(LED4);
break;
}
SetEPRxStatus(ENDP1, EP_RX_VALID);
}
void EP1_IN_Callback(void){  PrevXferComplete = 1;}
```

（6）在 usb_prop.c 中修改 Reset、Init 等需要定制的函数。这里修改 CustomHID_Set-Configuration（）函数为：

```
void CustomHID_SetConfiguration(void)
{
    if (pInformation->Current_Configuration ! = 0)  {
        bDeviceState = CONFIGURED;
    }
}
```

（7）现在编译整个工程，应该无误通过，下载程序到开发板然后再将开发板 USB 接口接到 PC 机的 USB 接口。调试时要使用上位机程序向开发板发送命令，该程序采用 C：\ Keil \ ARM \ Utilities \ HID_Client \ Release \ HIDClient.exe 修改完成（图 5-19），见附带光盘。勾选或不勾选 LED 复选框，可以控制开发板对应的发光二极管的发光与否。

考核评价

任务 5-1 的考核表见表 5-23。

知识链接

图 5-19　PC 上位机程序

1）HID 设备类规范简述

USB HID 类是比较大的一个类，HID 类设备属于人机交互操作的设备。用于控制计算机操作的一些方面，如 USB 鼠标、USB 键盘、USB 游戏操纵杆、USB 触摸板、USB 轨迹球、电话拨号设备、VCR 遥控等设备。另外，使用 HID 设备的一个好处就是，操作系统自带了 HID 类的驱动程序，而用户无需去开发很麻烦的驱动程序，只要直接使用 API 调用即可完成通信。所以很多简单的 USB 设备，喜欢枚举成 HID 设备，这样就可以不用安装驱动而直接使用。

HID 类仅支持控制传输与中断传输，HID 设备与主机上的 HID 驱动之间通过缺省的控制管道和中断管道来传输数据。

表 5-23 任务 5-1 的考核表

评价方式	标准分 共100分		考核内容									计分
教师评价	专业能力	70	(1)目录和工程的准备									
			①	②	③	④	⑤	⑥	⑦	⑧	⑨	⑩
			/	/	/	/	/	/	/	/	/	/
			(2)代码移植与修改									
			①	②	③	④	⑤	⑥	⑦	⑧	⑨	⑩
								/	/	/	/	/
			(3)完成描述符的定义									
			(4)根据需要增加端点缓存地址,修改需要处理的中断(usb_conf.h)									
			(5)增加或修改 EPn_IN_Callback 和 EPn_OUT_Callback 的函数定义(usb_endp.c)									
			(6)修改 Reset、Init 等需要定制的函数(usb_prop.c)									
			(7)编译工程,并调试通过									
自我评价	方法能力	10	①自主学习			②信息处理			③数字应用			
小组评价	社会能力	10	①与人合作			②与人交流			③解决问题			
	职业素养	10	①出勤情况			②回答问题			③6S 执行力			
备注			专业能力目标考核按【任务要求】各项进行,每小项 10 分									

其中控制管道主要用来:接收并响应主机的控制请求及类协议的特定请求、在 USB 主机查询时传输数据(如响应 Get_Report 请求等)及接收 USB 主机的数据。中断管道主要用于以下两个方面:USB 主机接收 USB 设备的异步传输数据、USB 主机发送有实时性要求的数据给 USB 设备。

USB 相关的信息以各种描述符形式存放在设备固件中,除了标准的 USB 描述符,即设备描述符、配置描述符、接口描述符、端点描述符和字符串描述符外,HID 设备还有其独有的描述符,如 HID 描述符、报告描述符和物理描述符(图 5-20)。

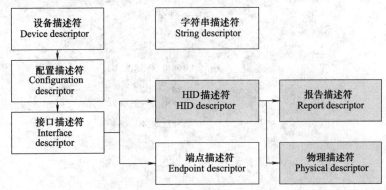

图 5-20 HID 描述符体系结构

① HID 描述符。HID 描述符是整个 HID 特定的类描述符的上层描述符，报告描述符和物理描述符则是其下层描述符，在 HID 描述符中定义了其下层描述符的数量、长度和类型等信息（表 5-24）。

② 报告描述符。报告描述符，用于定义的报告数据的格式和用法，由一系列的条目 (items)组成，共有三种类型的条目：主条目、全局条目和局部条目。报告描述符比较灵活，各种条目能够组合出很多种情况，限于篇幅，此处仅以本任务所用实例说明（图 5-21）。

```
const uint8_t
CustomHID_ReportDescriptor [CUSTOMHID_SIZ_REPORT_DESC] =
  {
    0x06, 0xFF, 0x00,        /* USAGE_PAGE (Vendor Page : 0xFF00) */
    0x09, 0x01,              /* USAGE (Demo Kit)                  */
    0xa1, 0x01,              /* COLLECTION (Application)          */

    /* Led 1 */
    0x85, 0x01,        /*       REPORT_ID (1)                  */
    0x09, 0x01,        /*       USAGE (LED 1)                  */
    0x15, 0x00,        /*       LOGICAL_MINIMUM (0)            */
    0x25, 0x01,        /*       LOGICAL_MAXIMUM (1)            */
    0x75, 0x08,        /*       REPORT_SIZE (8)                */
    0x95, 0x01,        /*       REPORT_COUNT (1)               */
    0xB1, 0x82,        /*       FEATURE (Data,Var,Abs,Vol) */

    0x85, 0x01,        /*       REPORT_ID (1)                  */
    0x09, 0x01,        /*       USAGE (LED 1)                  */
    0x91, 0x82,        /*       OUTPUT (Data,Var,Abs,Vol) */

    /* Led 2 */
    0x85, 0x02,        /*       REPORT_ID 2                    */
    0x09, 0x02,        /*       USAGE (LED 2)                  */
    0x15, 0x00,        /*       LOGICAL_MINIMUM (0)            */
    0x25, 0x01,        /*       LOGICAL_MAXIMUM (1)            */
    0x75, 0x08,        /*       REPORT_SIZE (8)                */
    0x95, 0x01,        /*       REPORT_COUNT (1)               */
    0xB1, 0x82,        /*       FEATURE (Data,Var,Abs,Vol) */

    0x85, 0x02,        /*       REPORT_ID (2)                  */
    0x09, 0x02,        /*       USAGE (LED 2)                  */
    0x91, 0x82,        /*       OUTPUT (Data,Var,Abs,Vol) */

    /* Led 3 */
    0x85, 0x03,        /*       REPORT_ID (3)                  */
    0x09, 0x03,        /*       USAGE (LED 3)                  */
    0x15, 0x00,        /*       LOGICAL_MINIMUM (0)            */
    0x25, 0x01,        /*       LOGICAL_MAXIMUM (1)            */
    0x75, 0x08,        /*       REPORT_SIZE (8)                */
    0x95, 0x01,        /*       REPORT_COUNT (1)               */
    0xB1, 0x82,        /*       FEATURE (Data,Var,Abs,Vol) */

    0x85, 0x03,        /*       REPORT_ID (3)                  */
    0x09, 0x03,        /*       USAGE (LED 3)                  */
    0x91, 0x82,        /*       OUTPUT (Data,Var,Abs,Vol) */

    /* Led 4 */
    0x85, 0x04,        /*       REPORT_ID 4                    */
    0x09, 0x04,        /*       USAGE (LED 4)                  */
    0x15, 0x00,        /*       LOGICAL_MINIMUM (0)            */
    0x25, 0x01,        /*       LOGICAL_MAXIMUM (1)            */
    0x75, 0x08,        /*       REPORT_SIZE (8)                */
    0x95, 0x01,        /*       REPORT_COUNT (1)               */
    0xB1, 0x82,        /*       FEATURE (Data,Var,Abs,Vol) */

    0x85, 0x04,        /*       REPORT_ID (4)                  */
    0x09, 0x04,        /*       USAGE (LED 4)                  */
    0x91, 0x82,        /*       OUTPUT (Data,Var,Abs,Vol) */

    0xc0          /*       END_COLLECTION                */
  };
```

图 5-21　报告描述符

表 5-24　HID 描述符的字段组成

偏移量	字段名称	大小(字节)	意　　义
0	bLength	1	描述符的长度(以字节为单位)
1	bDescriptorType	1	描述符的类型编号
2	bcdHID	2	HID 协议的版本号
4	bCountryCode	1	硬件的国家或地区代码
5	bNumDescriptors	1	下级描述符的数量
6	bDescriptorType	1	下级描述符的类型。 0x21:HID 描述符、0x22:报告描述符、0x23:物理描述符
7	wDescriptorLength	2	下级描述符的长度
9	[bDescriptorType]...	1	同 6,另一描述符的类型编号
10	[wDescriptorLength]...	2	同 7,另一描述符的长度

③ 物理描述符用于指示当前控制某个 HID 活动的人体的部位,是可选的,不再详细说明。

2) HID 的数据传输方式

所有的 HID 设备通过 USB 的控制管道(默认管道,即端点 0)和中断管道与主机通信(表 5-25)。

控制管道主要用于以下 3 个方面。

① 接收/响应 USB 主机的控制请示及相关的类数据。

② 在 USB 主机查询时传输数据(如响应 Get_Report 请求等)。

③ 接收 USB 主机的数据。

中断管道主要用于以下三个方面。

① USB 主机接收 USB 设备的异步传输数据。

② USB 主机发送有实时性要求的数据给 USB 设备。

③ 从 USB 主机到 USB 设备的中断输出数据传输是可选的,当不支持中断输出数据传输时,USB 主机通过控制管道将数据传输给 USB 设备。

表 5-25　HID 支持的数据传输管道

数据传输管道	特点	HID 支持程度
控制管道	利用控制传输方式,传输标准的请求命令和类请求命令的数据,以及各种用于主机轮询设备时的消息数据	必须支持
中断输入 IN 管道	利用中断传输方式,把数据从设备发送给主机	必须支持
中断输出 OUT 管道	利用中断传输方式,把数据从主机发送给设备	可选

本章小结

本章介绍了 USB 体系框架，并对 STM32F10x 的 USB 模块进行了介绍，并安排一个 USB 接口的 LED 控制器任务，对 HID 类设备作了实例化介绍。

思考与练习

1. 完整的 USB 系统由哪些部分组成？这些部分之间是怎样相互联系的？
2. 简述 USB 即插即用机制实现的原理。
3. 什么是传输？什么是事务？二者之间的关系是怎样的？
4. USB 的数据传输过程是怎样的？
5. 中断传输与批量传输有何区别？
6. 控制传输分哪几个步骤？每一个步骤包括什么事务？
7. STM32 的 USB 固件库的结构是怎样的？

μCOS操作系统基础与实践

本章主要内容

（1）μCOSⅡ操作系统的特点、软件体系结构。

（2）μCOSⅡ移植至STM32F103ZE的要点及步骤。

（3）在μCOSⅡ操作系统环境运行多任务。

本章教学导航

教学目标			建议课时	教学方法
了解	熟悉	学会		任务驱动法 分组讨论法 理论实践一体化 讲练结合
μCOSⅡ操作系统的背景知识，如历史、应用特点等	μCOSⅡ操作系统的移植要点及步骤	（1）在μCOSⅡ操作系统环境下运行多任务。 （2）会使用μCOSⅡ进行具体的应用设计	12课时	

6.1　μCOSⅡ操作系统概述

6.1.1　μCOS-Ⅱ操作系统简介

μCOS-Ⅱ是Jean J. Labrosse于1992年发表的一个实时操作系统内核，1999年改进为μC/OS-Ⅱ，它是专为嵌入式应用设计的，可用于8位、16位和32位单片机或DSP。它有了近十年的广泛实践，有许多成功应用该实时内核的实例。

它的主要特点如下。

（1）公开源代码，很容易就能把操作系统移植到各个不同的硬件平台上；μC/OS-Ⅱ的Liense表明个人可以免费使用，但将μC/OS-Ⅱ用于商业产品，需要购买并获得正式使用授权。购买了此授权后可以得到开发期间的技术支持和升级服务。

（2）可移植性，绝大部分源代码是用C语言写的，便于移植到其他微处理器上（最好参照移植实例）。

（3）可裁剪性，有选择地使用需要的系统服务，以减少所需的存储空间；（最小内核可编译至2KB）。

（4）抢占式，完全是抢占式的实时内核，即总是运行就绪条件下优先级最高的任务；（非时间片轮转法）。

（5）多任务，可管理 64 个任务，任务的优先级必须是不同的，不支持时间片轮转调度法。

（6）可确定性，函数调用与服务的执行时间具有其可确定性，不依赖于任务的多少。

现在 μCOS-Ⅱ 是一个基本完整的嵌入式操作系统解决方案套件，包括 μC/TCP-IP（IP 网络协议栈）、μC/FS（文件系统）、μC/GUI（图形界面）、μC/USB（USB 驱动）、μC/FL（Flash 加载器）等部件。但是这些部件不是公开代码的。

可以从如下地址获得 μCOS-Ⅱ 的源代码（这个是已经针对某些芯片移植好的源代码）下载资料需要注册账号）：http：//micrium. com/page/downloads/ports/st/stm32。在下载列表中，选择芯片 STM32F103VET6，下载得 Micrium_STM32F103ZE-SK_μCOS-Ⅱ. exe。如果是没有经过移植的源代码，则可以从：http：//micrium. com/? wpdmdl＝246& 下载，得到 Micrium-μCOS-Ⅱ-V290. zip。

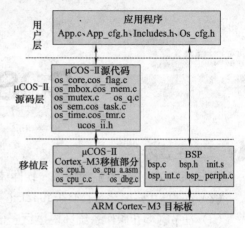

图 6-1　MCOS-Ⅱ 软件体系结构

6.1.2　μCOS-Ⅱ 软件体系结构

软件的层次结构主要包括如下几部分：用户层、μCOS-Ⅱ 源码层、移植层等（图 6-1）。

其中，用户层存放用户代码与设置，app. c 是用户编写代码的地方，app_cfg. h 定义任务的堆栈大小、优先级等，os_cfg. h 是 μCOS-Ⅱ 的配置文件，includes. h 是总的头文件，除 μCOS-Ⅱ 的源码外，所有 .c 的文件都包含它。μCOS-Ⅱ 源码层包括 10 个源代码文件，分别实现内核管理、事件管理、消息邮箱管理、内存管理、互斥型信号量管理、消息队列管理、信号量管理、任务管理、时间管理和定时器管理等。移植层包括与处理器相关部分的代码 os_cpu. h/. c，os_cpu_a. asm 和 os_dbg. c 等，及板级支持包 BSP 部分如 bsp. c，bsp. h，bsp_int. c 等。

表 6-1 表示了 Micrium_STM32F103ZE-SK_μCOS-Ⅱ. exe 展开后的文件夹结构。

表 6-1　MICRIUM_STM32F103ZE-SK_μCOS-Ⅱ. EXE 展开后的文件夹结构

文件名		说　明
AppNotes		μCOS-Ⅱ 的说明文件，其中文件 Micrium\AppNotes\AN1xxx-RTOS\ AN1018-μCOS-Ⅱ-Cortex-M3 \AN-1018. pdf 很重要。这个文件对 uC/OS 在 M3 内核移植过程中需要修改的代码做了详细的说明
Licensing		包含了 μCOS-Ⅱ 使用许可证
Software		应用软件，主要是 μCOS-Ⅱ 文件夹。在整个移植过程中只需用到 μCOS-Ⅱ 下的两个文件夹：Ports 和 Source
		Doc：uC/OS 官方自带说明文档和教程
		Ports 官方移植到 M3 的移植文件（IAR 工程）
	cpu. h	定义数据类型、处理器相关代码、声明函数原型

文件名		说　明
	cpu_c.c	定义用户钩子函数,提供扩充软件功能的入口点(所谓钩子函数,就是指那些插入到某函数中拓展这些函数功能的函数)
	cpu_a.asm	与处理器相关汇编函数,主要是任务切换函数
	os_dbg.c	内核调试数据和函数
	Source:μC/OS Ⅱ 的源代码文件	
	ucos_ii.h	内部函数参数设置
	os_core.c	内核结构管理,μC/OS 的核心,包含了内核初始化,任务切换,事件块管理、事件标志组管理等功能
Software	os_time.c	时间管理,主要是延时
	os_tmr.c	定时器管理,设置定时时间,时间到了就进行一次回调函数处理
	os_task.c	任务管理
	os_mem.c	内存管理
	os_sem.c	信号量
	os_mutex.c	互斥信号量
	os_mbox.c	消息邮箱
	os_q.c	队列
	os_flag.c	事件标志组
CPU	实际上包含了 STM32 的标准外设库文件	
EvalBoards	bsp.c bsp_int.c bsp_periph.c	micrium 官方评估板相关端口、外设地址分配、中断处理函数等
uC-CPU	基于 micrium 官方评估板的 CPU 移植代码	
uC-LIB	micrium 官方的一个库代码	
uC-Probe	uC-Probe 有关的代码,是一个通用工具,使得在实时环境中可以监测嵌入式系统	

CPU、uC-CPU、uC-LIB 这三个文件是 micrium 官方自己写的移植文件,如果使用标准外设库 CMSIS 中提供的启动文件及固件库,就不必考虑这三个文件夹了。

6.1.3　μCOS-Ⅱ 操作系统运行流程

运行在 μCOS-Ⅱ 操作系统环境下的嵌入式系统的工作过程,不同于传统的无操作系统的裸机运行方式(图 6-2)。

μCOS-Ⅱ 操作系统环境下,通过不断产生定时中断,或者任务主动放弃 CPU 控制器,然后按特定的任务调度算法进行任务调度,相应让 CPU 不断地循环执行不同的任务(函数),最终实现各种功能(图 6-3)。

至于 μCOS-Ⅱ 操作系统环境下的 main 函数,则主要完成任务的创建,并启动操作系统的多任务调度运行过程。下面是一般的 main 函数的结构。

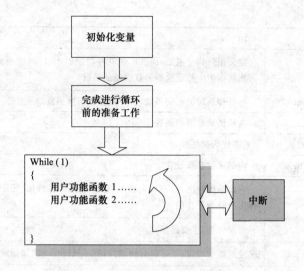

图 6-2　无操作系统的裸机运行方式

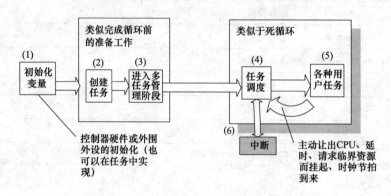

图 6-3　μCOS-Ⅱ操作系统环境下的运行流程

```
void main()
{
......
OSInit();//初始化 uC/OS-II
......
OSTaskCreate(MyTask1,......);//创建用户任务,至少创建一个
OSTaskCreate(MyTask2,......);//创建用户任务
......
OSStart();//启动多任务管理
......
}
```

上面的 MyTask1 等任务函数可以另外创建，完成任务具体的功能。

（1）初始化变量。由函数 OSInit（）来完成：初始化所有全局变量、数据结构、创建最低优先级的空闲任务 OSTaskIdle（如果还使用了统计任务，也在这里创建），创建 6 个空数据链表：空任务控制块链表、空事件控制块链表、空队列控制块链表、空标志组链表、空内存控制块链表、空闲定时器控制块链表。

（2）创建任务。由函数 OSTaskCreate（）来完成：至少需要创建一个任务。一般可以先创建一个最高优先级任务 TaskStart 任务，任务调度开始后，再由这个任务创建其他任务，初始化相关硬件及开中断等。

（3）进入任务管理阶段。由函数 OSStart（）来完成：将就绪表中最高优先级任务的栈指针加载到 SP 中，并强制中断返回。

（4）任务调度。任务调度是内核的主要服务，是区分裸机跟多任务系统的最大特点，好的调度策略能更好地发挥系统的效率。

μCOS-II 的任务调度工作有两部分：查找就绪表中的最高优先级任务以及实现任务切换。调度器分为任务级的调度器 OSSched（）及中断级的调度器 OSIntExt（）。

（5）用户任务。用户任务可以在延时、请求临界资源而挂起、时钟节拍到来、甚至可以主动让出 CPU，如此调度器可以把 CPU 资源分配给其他任务。

（6）中断。μCOS-II 的实时性是靠中断来完成的。

每个时钟节拍到来时，就会产生一次定时中断，中断后进行任务调度，运行就绪表中优先级最高的任务（非抢占式内核中断后继续运行被中断任务）。即过一段时间就检测是否有重要任务需要运行，如果是则就转而运行更重要的任务，从而保证实时性（当然裸机程序就无法这样做了）。

6.2　μCOS II 移植至 STM32F103ZE 的要点

所谓移植，就是使一个实时操作系统能够在某个微处理器平台上或微控制器上运行。由 μCOS-II 的文件系统可知，在移植过程中，用户所需要关注的就是与处理器相关的代码。这部分包括一个头文件 OS_CPU.H，一个汇编文件 OS_CPU_A.ASM 和一个 C 代码文件 OS_CPU_C.C。

1）基本配置（文件 OS_CPU.H）

① 定义与编译器相关的数据类型。

为了保证可移植性，μCOS-II 没有直接使用 C 语言中与处理器类型有关的 short，int 和 long 等数据类型的定义，而重新定义了数据类型。

```
typedef unsigned char BOOLEAN;

typedef unsigned char INT8U;

typedef signed char INT8S;

typedef unsigned short INT16U;

typedef signed short INT16S;

typedef unsigned int INT32U;

typedef signed int INT32S;

typedef float FP32;

typedef double FP64;
```

```
typedef unsigned int OS_STK;
typedef unsigned int OS_CPU_SR;
```

② 定义允许和禁止中断宏。

μCOS-Ⅱ访问临界区的代码前需要先禁止中断，并且在访问完毕后，重新允许中断。这就使得 μCOS-Ⅱ能够保护临界段代码免受多任务或中断服务例程 ISR 的破坏。（禁止时间的长短将影响到用户的系统对实时事件的响应能力，这主要依赖于处理器结构和编译器）。

```
#define  OS_ENTER_CRITICAL()  {cpu_sr=OS_CPU_SR_Save();}
#define  OS_EXIT_CRITICAL()  {OS_CPU_SR_Restore(cpu_sr);}
```

其中，OS_CPU_SR_Save () 和 OS_CPU_SR_Restore 用汇编语言定义，代码如下，

```
OS_CPU_SR_Save
        MRS     R0, PRIMASK        ;设置中断优先级掩码 (除了 faults)
        CPSID   I
        BX      LR
OS_CPU_SR_Restore
        MSR     PRIMASK, R0
        BX      LR
```

③ 定义栈的增长方向。

μCOS-Ⅱ使用结构常量 OS_STK_GROWTH 来指定堆栈的增长方式，STM32F103 处理器上实现定义堆栈增长方向的代码如下：

```
#define OS_STK_GROWTH 1 //1 表示堆栈从上往下长,0 表示堆栈从下往上长;
```

④ 定义 OS_TASK_SW()宏。

OS_TASK_SW()宏是 μCOS-Ⅱ从低优先级任务切换到高优先级任务时被调用的。可采用下面两种方式定义:如果处理器支持软中断,则可使用软中断将中断向量指向 OSCtxSW()函数,或者直接调用 OSCtxSw()函数。

2）改写 OS_CPU_A.ASM 中的 4 个与处理器相关的函数

① OSStartHighRdy():运行优先级最高的就绪任务。

OSStartHighRdy()函数是在 OSStart()多任务启动之后,负责从最高优先级任务的 TCB 控制块中获得该任务的堆栈指针 SP,并通过 SP 依次将 CPU 现场恢复。这是系统就将控制权交给用户创建的任务进程,直到该任务被阻塞或者被其他更高优先级的任务抢占 CPU。该函数仅仅在多任务启动时被执行一次,用来启动最高优先级的任务执行。移植该函数的原因是,它涉及将处理器寄存器保存到堆栈的操作。μCOS-Ⅱ在 STM32F103 处理器上实现 OSStartHighRdy 的代码如下,

```
OSStartHighRdy
        LDR     R4, = NVIC_SYSPRI2      ;设置 PendSV 异常优先级
        LDR     R5, = NVIC_PENDSV_PRI
        STR     R5, [R4]
```

```
          MOV     R4, #0                      ;设置PSP=0以初始化context切换
          MSR     PSP, R4
          LDR     R4, =OSRunning              ;//设置OSRunning=TRUE
          MOV     R5, #1
          STRB    R5, [R4]
          ;//切换到最高优先级的任务
          LDR     R4, =NVIC_INT_CTRL          ;触发PendSV异常(引起context切换)
          LDR     R5, =NVIC_PENDSVSET
          STR     R5, [R4]
          CPSIE   I                           ;在处理器级使能中断
OSStartHang
          B       OSStartHang
```

② OSCtxSw():任务级的优先级切换函数。

OSCtxSw()先将当前任务的CPU现场保存到该任务的堆栈中,然后获得最高优先级任务的堆栈指针,并从该堆栈中恢复此任务的CPU现场,使之继续执行。函数OSSched()调用OS_TASK_SW()宏,此宏将调用OSCtxSw完成任务切换。μCOS-Ⅱ在STM32F103处理器上实现OSCtxSw的代码如下,该段代码由汇编语言实现。

```
OSCtxSw
   LDR     R4, =NVIC_INT_CTRL      ;触发PendSV异常(引起context切换)
   LDR     R5, =NVIC_PENDSVSET
   STR     R5, [R4]
   BX      LR
```

③ OSInitCtxSw ():中断级的任务切换函数。

在中断服务子程序的最后,OSInitExit()函数会调用OSIntCtxSw()做任务切换,以尽快地让高优先级的任务得到响应,保证系统的实时性能。OSIntCtxSw()与OSCtxSw()都是用于任务切换的函数,其区别在于,在OSIntCtxSw()中无需再保存CPU寄存器,因为在调用OSIntCtxSw()之前已发生了中断,OSIntCtxSw()已将默认的CPU寄存器保存到了被中断的任务堆栈中。

```
OSIntCtxSw
   LDR     R0, =NVIC_INT_CTRL      ;触发PendSV异常(引起context切换)
   LDR     R1, =NVIC_PENDSVSET
   STR     R1, [R0]
   BX      LR
```

④ OSTickISR():时钟节拍中断服务函数。

由硬件定时器产生的时钟节拍是特定的周期性中断,被看做是系统心脏的脉动。时钟的节拍式中断使得内核可将任务延时若干个整数时钟节拍,以及当任务等待事件发生时,提供等待超时的依据。时钟节拍频率越高,系统的额外开销越大。OSTickISR()首先将CPU寄存器

的值保存在被中断任务的堆栈中,之后调用 OSIntEnter()。随后 OSTickISR()调用 OSTime-Tick,检查所有处于延时等待状态的任务,判断是否有延时结束就绪的任务。OSTickISR()最后调用 OSIntExit(),如果在中断中(或其他嵌套的中断)有更高优先级的任务就绪,并且当前中断为中断嵌套的最后一层,那么 OSIntExit()将进行任务调度。

3) 改写 OS_CPU_C.C 中的 6 个函数

该 6 个函数为:OSTaskStkInit(),OSTaskDelHook(),OSTaskSwHook(),OSTaskStart-Hook()及 OSTimeTickHook()。其中任务堆栈初始化函数 OSTaskStkInit()在任务创建时被调用,负责初始化任务的堆栈结构并返回新堆栈的指针 stk。堆栈初始化工作结束后,返回新的堆栈栈顶指针,这是这些函数中,唯一必须移植的函数。μCOS-Ⅱ 在 STM32F103 处理器上实现 OSTaskStkInit 的代码如下,

```
OS_STK * OSTaskStkInit (void ( * task)(void * p_arg), void * p_arg, OS_
STK * ptos, INT16U opt)
{
    OS_STK * stk;
    (void)opt;                          /* 'opt' 未使用,仅为阻止告警 */
    stk       = ptos;                   /* 载入堆栈指针 */
    /* 在异常中自动入栈保存的寄存器 */
    * (stk)     = (INT32U)0x01000000L;       /* xPSR */
    * (--stk)   = (INT32U)task;              /* 任务入口 */
    * (--stk)   = (INT32U)0xFFFFFFFEL;   /* R14 (LR)(如果用此初值将导致
fault ) */
    * (--stk)   = (INT32U)0x12121212L;       /* R12 */
    * (--stk)   = (INT32U)0x03030303L;       /* R3 */
    * (--stk)   = (INT32U)0x02020202L;       /* R2 */
    * (--stk)   = (INT32U)0x01010101L;       /* R1 */
    * (--stk)   = (INT32U)p_arg;             /* R0 :变量 */

    /* 其余保存在进程堆栈上的寄存器 */
    * (--stk)   = (INT32U)0x11111111L;       /* R11 */
    * (--stk)   = (INT32U)0x10101010L;       /* R10 */
    * (--stk)   = (INT32U)0x09090909L;       /* R9 */
    * (--stk)   = (INT32U)0x08080808L;       /* R8 */
    * (--stk)   = (INT32U)0x07070707L;       /* R7 */
    * (--stk)   = (INT32U)0x06060606L;       /* R6 */
    * (--stk)   = (INT32U)0x05050505L;       /* R5 */
    * (--stk)   = (INT32U)0x04040404L;       /* R4 */

    return (stk);
}
```

其他 5 个均为 Hook 钩子函数，必须声明，但并不一定要包含任何代码。表 6-2 是这 5 个 Hook 钩子函数的功能描述。

表 6-2　5 个钩子函数的功能描述

Hook 函数	描　　述
OSTaskCreateHook()	初始化好内部结构后，会在调用任务调度程序之前调用该函数，它被调用时中断是禁止的，故应尽量减少该函数中的代码，以缩短中断的响应时间
OSTaskDelHook()	当任务被删除时调用，可用来进行一些清除操作
OSTaskSwHook()	当发生任务切换时调用，不管任务切换是通过 OSCtxSw()，还是通过 OSIntCtxSw() 来执行的，都会调用该函数。这部分代码的多少会影响到中断的响应时间，所以应尽量简短
OSTaskStatHook()	每秒会被 OSTaskStart() 调用一次，可用来扩展统计功能
OSTimeTickHook()	在每个时钟节拍都会被 OSTimeTick() 调用，实际上，它是在节拍被 μCOS-II 处理，并在通知用户的移植实例或应用程序之前被调用的

6.3　多任务环境下 LED 的显示

本节基于 μCOSII 操作系统环境下，以多个 LED 闪烁显示作为基本任务，来演示说明 μCOSII 中多任务程序的设计。

（1）搭建工程目录结构（表 6-3）。

表 6-3　工程目录结构

目录	子目录或文件		目录	子目录或文件	Keil 环境下工程组织层次
μCOSII	Ports	Os_cpu.h	app	app.h	⊟🗖 Target 1
		Os_cpu_a.asm		app.c	📁 startup
		Os_cpu_c.c		app_cfg.h	📄 startup_stm32f10x_hd.s
		Os_dbg.c		os_cfg.h	⊞ 📄 system_stm32f10x.c
	Source	Os_core.c	bsp	bsp.h	📁 app
		Os_flag.c		bsp.c	⊞ 📄 app.c
		Os_mbox.c		led.h	📁 user
		Os_mem.c		led.c	⊞ 📄 stm32f10x_it.c
		Os_mutex.c	user	includes.h	⊞ 📄 main.c
		Os_q.c		main.c	⊞ 📁 ucosII\ports
		Os_sem.c		stm32f10x_conf.h	⊞ 📁 uscosII\sources
		Os_task.c		stm32f10x_it.c	📁 bsp
		Os_time.c	stdperiph	stm32f10x_gpio.c	⊞ 📄 bsp.c
		Os_tmr.c		stm32f10x_rcc.c	⊞ 📄 led.c
		Ucos_ii.h			📁 stdperiph
					⊞ 📄 misc.c
					⊞ 📄 stm32f10x_gpio.c
					⊞ 📄 stm32f10x_rcc.c

新建工程文件目录，并创建 μCOSII、app、bsp、user、stdperiph 等 5 个子目录，其中 μCOSII 目录下，需要把 Micrium _ STM32F103ZE-SK _ μCOS-II.exe 展开后的 ports 和 source 两个文件夹的内容全部拷贝过来（表 6-1）。

（2）配置 μCOSⅡ内核。为减少内核体积，需要把多余的模块剪裁掉，等需要用到再启用。

① 首先，禁用信号量、互斥信号量、邮箱、队列、信号量集、定时器、内存管理，关闭调试模式，这主要在 os＿cfg.h 文件（可以从下载文件中拷贝）中进行修改。

```
#define OS_FLAG_EN          0    //禁用信号量集
#define OS_MBOX_EN          0    //禁用邮箱
#define OS_MEM_EN           0    //禁用内存管理
#define OS_MUTEX_EN         0    //禁用互斥信号量
#define OS_Q_EN             0    //禁用队列
#define OS_SEM_EN           0    //禁用信号量
#define OS_TMR_EN           0    //禁用定时器
#define OS_DEBUG_EN         0    //禁用调试
```

然后，禁用应用软件的钩子函数、多重事件控制（在我们的程序中暂时用不着）

```
#define OS_APP_HOOKS_EN     0
#define OS_EVENT_MULTI_EN   0
```

② 修改 os_cpu_a.asm，由于 keil 与 IAR 的编译器原因，把 PULIC 全部改为 EXPORT。

```
PUBLIC   OS_CPU_SR_Save
PUBLIC   OS_CPU_SR_Restore
PUBLIC   OSStartHighRdy
PUBLIC   OSCtxSw
PUBLIC   OSIntCtxSw
PUBLIC   OS_CPU_PendSVHandler
```

原来的 RSEG CODE:CODE:NOROOT(2)，也要改为：

```
AREA |.text|, CODE, READONLY, ALIGN=2
     THUMB
     REQUIRE8
     PRESERVE8
```

③ startup＿stm32f10x＿hd.s 文件中，PendSV 中断向量名为 PendSV＿Handler，但在 μCOSⅡ 中使用 PendSVHandler，所以需要把所有出现 PendSV＿Handler 的地方替换成 OS＿CPU＿PendSVHandler 即可。

（3）编写 includes.h，由这个文件引入所有需要包含的头文件。

```
#ifndef    ___INCLUDES_H___
#define    ___INCLUDES_H___


#include "stm32f10x.h"
#include "stm32f10x_rcc.h"    //SysTick 定时器相关
```

```
#include   "ucos_ii.h"         //uC/OS-II 系统函数头文件
#include    "BSP.h"            //与开发板相关的函数
#include    "app.h"            //用户任务函数
#include    "led.h"            //LED 驱动函数
#endif //____INCLUDES_H____
```

（4）编写 LED 驱动及 BSP。

在 bsp 目录下新建 led.c，输入如下内容：

```c
#include "led.h"
#define GPIOLED GPIOF
const unsigned long led_mask[] = { 1UL <<  6, 1UL <<  7, 1UL << 8, 1UL << 9};
unsigned int LED_NUM = sizeof(led_mask)/sizeof(unsigned long);
void LED_Init (void)
{
  RCC->APB2ENR |= (1UL << 7);                /* 打开 GPIOF 时钟   */
  GPIOLED->ODR  &= ~0x000003C0;              /* 关闭所有 LED      */
  /* 配置 LED 端口(GPIOF 引脚 6,7,8,9)为推挽输出,时钟 50MHz */
  GPIOLED->CRL  &= ~0xFF000000;  GPIOLED->CRL  |=  0x33000000;
  GPIOLED->CRH  &= ~0x000000FF;  GPIOLED->CRH  |=  0x00000033;
}
// 打开 LED
  void LED_On (unsigned intnum) {
    if (num< LED_NUM) {
      GPIOLED->BSRR = led_mask[num];
  }
}
// 关闭 LED
void LED_Off (unsigned intnum) {
  if (num< LED_NUM) {
    GPIOLED->BRR = led_mask[num];
  }
}
//LED 状态切换输出
void LED_Toggle(unsigned intnum) {
    if (GPIOLED->ODR &led_mask[num]) LED_Off (num);
    else LED_On(num);
}
```

在 bsp 目录下新建 led.h，输入如下内容：

```
#ifndef ____LED_H
#define ____LED_H
#include "stm32f10x.h"
typedefenum
{
   LED1 = 0,   LED2 = 1,   LED3 = 2,   LED4 = 3
} Led_TypeDef;
void LED_Init (void);
void LED_On (unsigned intnum);// 打开 LED
void LED_Off (unsigned intnum);// 关闭 LED
void LED_Toggle(unsigned intnum);//LED 状态切换输出
#endif /* ____LED_H */
```

在 bsp 目录下新建 bsp.c，输入如下内容：

```
#include "includes.h"
void BSP_Init(void)
{
    SystemInit();      /* 配置系统时钟为 72M */
    SysTick_init();     /* 初始化并使能 SysTick 定时器 */
    LED_Init();   /* LED 端口初始化 */
}
void SysTick_init(void)
{
    //初始化并使能 SysTick 定时器
    SysTick_Config(SystemCoreClock/OS_TICKS_PER_SEC);
}
INT32U   OS_CPU_SysTickClkFreq(void){   return SystemCoreClock;}
```

然后，新建 bsp.h，输入如下内容：

```
#ifndef ____BSP_H
#define ____BSP_H
void SysTick_init(void);
void BSP_Init(void);
INT32U   OS_CPU_SysTickClkFreq(void);
#endif // ____BSP_H
```

(5) 在 user 目录，新建 stm32f10x.c 配置时钟，输入如下内容：

```
void SysTick_Handler(void)
{

    OSIntEnter();

    OSTimeTick();

    OSIntExit();

}
```

接下来创建，用户应用代码。

（6）编写 app _ cfg. h。设置各任务的优先级和栈大小。

```
#ifndef    ___ APP_CFG_H ___
#define    ___ APP_CFG_H ___
/ * * * * * * * * * * * * * * * * * * 设置任务优先级 * * * * * * * * *
* * * * * * * * * /
#define STARTUP_TASK_PRIO        4
#define TASK_LED2_PRIO           5
#define TASK_LED3_PRIO           6
/ * * * * * * * * * * * * 设置栈大小（单位为 OS_STK）* * * * * * * * * *
* * /
#define STARTUP_TASK_STK_SIZE   80
#define TASK_LED2_STK_SIZE      80
#define TASK_LED3_STK_SIZE      80
#endif
```

（7）编写 app. c,创建各任务的具体代码。

```
#include "includes. h"
void Task_LED1 (void * p_arg)
{
  (void) p_arg;
  while (1){ LED_Toggle (0); OSTimeDlyHMSM(0, 0,0,300); }
}
void Task_LED2 (void * p_arg)
{
  (void) p_arg;
  while (1){ LED_Toggle (1); OSTimeDlyHMSM(0, 0,0,200);}
}
void Task_LED3 (void * p_arg)
{
  (void) p_arg;
```

```
    while (1){ LED_Toggle (2); OSTimeDlyHMSM(0, 0,0,100);}
  }
  void Task_LED4 (void * p_arg)
  {
    (void) p_arg;
    while (1){ LED_Toggle (3); OSTimeDlyHMSM(0, 0,0,50);}
  }
```

编写 app.h,输入如下内容:

```
  #ifndef _APP_H_
  #define _APP_H_
  #include "includes. h"
  /* * * * * * * * * * * * * * * 用户任务声明 * * * * * * * * * * * * * *
  * * * * * */
  void Task_LED1 (void * p_arg)  ;
  void Task_LED2 (void * p_arg)  ;
  void Task_LED3 (void * p_arg)  ;
  void Task_LED4 (void * p_arg)  ;
  #endif  //_APP_H_
```

新建 app_cfg.h,输入如下内容:

```
  #ifndef ____APP_CFG_H ____
  #define ____APP_CFG_H ____
  #define TASK_STK_SIZE   80
  enum PRIO{TASK_LED1_PRIO = 5,TASK_LED2_PRIO,TASK_LED3_PRIO,TASK
_LED4_PRIO};
  #endif
```

(8) 在 user 目录下新建 main.c,输入如下内容:

```
  #include "includes. h"
  static OS_STK task_led1_stk[TASK_STK_SIZE];            //定义栈
  static OS_STK task_led2_stk[TASK_STK_SIZE];
  static OS_STK task_led3_stk[TASK_STK_SIZE];
  static OS_STK task_led4_stk[TASK_STK_SIZE];

  int main(void)
  {      BSP_Init();
        OSInit();
        OSTaskCreate(Task_LED1,(void * )0,
```

```
        &task_led1_stk[TASK_STK_SIZE - 1], TASK_LED1_PRIO);
    OSTaskCreate(Task_LED2,(void *)0,
        &task_led2_stk[TASK_STK_SIZE - 1], TASK_LED2_PRIO);
    OSTaskCreate(Task_LED3,(void *)0,
        &task_led3_stk[TASK_STK_SIZE - 1], TASK_LED3_PRIO);
        OSTaskCreate(Task_LED4,(void *)0,
        &task_led4_stk[TASK_STK_SIZE - 1], TASK_LED4_PRIO);
    OSStart();
    return 0;
}
```

关于标准外设库引用，只需要包含 stm32f10x_rcc.c 和 stm32f10x_gpio.c 两个模块，相应地，stm32f10x_conf.h 中只需将如下两项去除注释即可。

```
#include "stm32f10x_gpio.h"
#include "stm32f10x_rcc.h"
```

编译前要注意工程的包含文件和预定义常量如图 6-4 所示。

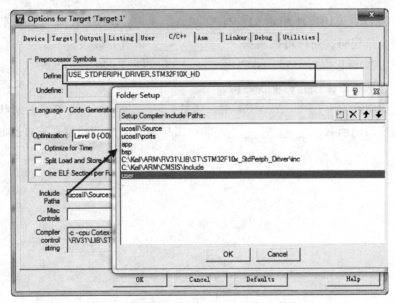

图 6-4　工程的包含文件和预定义常量

现在编译并下载到开发板，就可以看到 4 个 LED 以不同的时间间隔进行闪烁。

本章小结

本章介绍了 μCOS-Ⅱ 操作系统，并对其在 STM32F103ZE 上的移植方法作了说明，最后通过实例进行了对 μCOS-Ⅱ 操作系统下的项目设计作了介绍。

思考与练习

1. 说明 μCOS-Ⅱ 操作系统的体系结构。

2. μCOS-Ⅱ 操作系统的运行流程是怎样的？

3. 说明 μCOS-Ⅱ 操作系统在 STM32F103ZE 上的移植要点。

4. 填空题

（1）μCOS-Ⅱ 是一种＿＿＿＿＿＿内核。目前最新的 μCOS-Ⅱ 版本为＿＿＿＿＿，用户可以在网站 http：//www.ucos.com/中获取。

（2）μCOS-Ⅱ 操作系统支持最多＿＿＿＿＿个任务，但每个任务的优先级必须互不相同，优先级号小的任务比优先级号大的任务具有＿＿＿＿＿的优先级，并且 μCOS-Ⅱ 操作系统总是调度＿＿＿＿＿＿的就绪态任务运行。

（3）μCOS-Ⅱ 的源代码按照移植要求分为需要修改部分和不需要修改部分。其中需要修改源代码的文件包括头文件＿＿＿＿＿＿、C 语言文件＿＿＿＿＿＿以及汇编格式文件＿＿＿＿＿。

（4）头文件 OS_CPU.H 中定义了与＿＿＿＿＿＿相关的数据类型重定义部分和与处理器相关的少量代码。用户可以根据＿＿＿＿＿＿来进行修改。

（5）在 μCOS-Ⅱ 中，OSTaskCreate（）和 OSTaskCreateExt（）通过调用＿＿＿＿＿来初始化任务的堆栈结构。

（6）在汇编文件 OS_CPU_A.ASM 中，函数＿＿＿＿＿＿用于使就绪状态的任务开始运行。在用户调用函数＿＿＿＿＿＿之前，用户必须至少已经建立了自己的一个任务。

参 考 文 献

[1] Joseph Yiu［英］．ARM Cortex-M3 权威指南［M］．宋岩译．北京：北京航空航天大学出版社，2009．

[2] Cortex-M3™ Technical Reference Manual［EB/OL］．ARM Ltd.

[3] STM32F103xx 数据手册［EB/OL］．意法半导体．2007．

[4] 李宁．基于 MDK 的 STM32 处理器开发应用［M］．北京：北京航空航天大学出版社，2008．

[5] stm32f10x_stdperiph_lib_um 帮助［EB/OL］．意法半导体．2007．

[6] 任哲．嵌入式实时操作系统 μCOS-Ⅱ 原理及应用［M］．第 2 版．北京：北京航空航天大学出版社，2009．

[7] 马伟．计算机 USB 系统原理及其主/从机设计［M］．北京：北京航空航天大学出版社，2004．

[8] STM32 USB-FS-Device development kit［EB/OL］．STMicroelectronics，2011．

[9] User Manual-STM32F101xx and STM32F103xxadvanced ARM-based 32-bit MCUs［EB/OL］．STMicroelectronics，2007．

[10] 32 位基于 ARM 微控制器 STM32F101xx 与 STM32F103xx 固件函数库［EB/OL］．意法半导体，2007．